EXPOSITION UNIVERSELLE

1900

COLONIES FRANÇAISES

DAHOMEY

EXPOSITION UNIVERSELLE DE 1900

COLONIES

ET

Pays de Protectorats

J. CHARLES-ROUX

Ancien député, délégué des Ministères des Affaires étrangères et des Colonies

Marcel SAINT-GERMAIN,

Sénateur, Directeur adjoint au délégué.

Yvan Broussais

Sous-Directenr

Victor Morel

Secrétaire Général

Frédéric Basset

Chef de Cabinet du Délégué

SECTION

DU

Dahomey

et

Dépendances

M. MÉDARD-BÉRAUD.

Commissaire.

M. J.-L. BRUNET.

Commissaire-Adjoint.

M. L. SIFFERT.

Architecte.

M. Eugène ÉTIENNE
Député.
Président du Groupe parlementaire de Politique Extérieure et Coloniale.
Ancien Sous-Secrétaire d'État des Colonies.

En plaçant en tête de cette publication le portrait de M. Eugène Étienne, député d'Oran, président du groupe colonial de la Chambre, la colonie du Dahomey acquitte une dette de reconnaissance qu'elle a contractée envers l'homme politique aux vues larges, l'administrateur éminent qui a présidé à sa naissance comme sous-secrétaire d'Etat des Colonies de 1889 à 1892 et qui, depuis, n'a jamais cessé d'encourager son développement.

La Colonie française du Dahomey n'existait pas quand, en 1889, M. Étienne fut désigné par le ministère Tirard pour prendre la direction des affaires coloniales. La France ne possédait sur la Côte du Bénin que quelques comptoirs dont la légitime possession lui était contestée à la fois par l'Angleterre, du côté des lagunes de Porto-Novo, et par le roi du Dahomey, qui prétendait ne tenir aucun compte des traités par lesquels il nous avait cédé la plage inhospitalière de Cotonou.

M. Étienne, par la Convention du 10 août 1889, mit fin au conflit qui existait avec l'Angleterre: nous rappelons plus loin quel a été son rôle actif et vigilant dans la difficile période qui a précédé la campagne du Dahomey.

Seul, dès cette époque, il a cru à la nécessité qui s'imposait pour la France de prendre solidement pied sur cette partie de la Côte d'Afrique. Il a eu foi dans l'avenir d'une colonie, dont il pressentait la richesse et l'importance et dont il confia les jeunes destinées à l'administrateur distingué qui est aujourd'hui encore gouverneur du Dahomey. Le nom de M. Ballot, est, en effet, inséparable de l'œuvre accomplie par la France sur la Côte du Bénin.

Sur ce point, comme pour tant d'autres questions intéressant l'expansion coloniale de notre pays, les résultats acquis ont justifié la prévoyance et la hardiesse de l'homme politique qui est considéré, à juste titre, en France et à l'étranger, comme le chef du parti colonial français.

NOTICE

SUR

LE DAHOMEY

Publiée à l'occasion de l'Exposition Universelle

SOUS LA DIRECTION

DE

M. PIERRE PASCAL

Secrétaire Général
Gouverneur par intérim, du Dahomey

PAR

M. Jean Fonssagrives

Administrateur des Colonies
Secrétaire général par intérim, du Dahomey

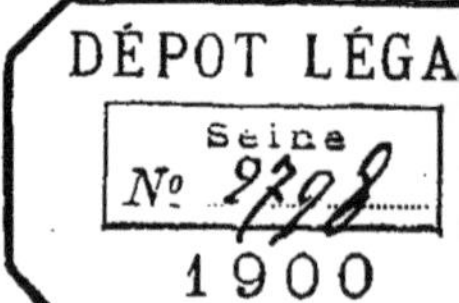

La colonie française du Dahomey et dépendances est située sur la côte occidentale d'Afrique, dans la partie du golfe de Guinée qui porte le nom de golfe de Bénin, c'est-à-dire entre l'embouchure du Niger et celle de la Volta. Bornée à l'est par les territoires anglais de Lagos, à l'ouest par le Togo allemand, elle comprend plusieurs royaumes et républiques confédérées. Ce sont, d'une manière générale : 1° le royaume d'Abomey; 2° le royaume de Porto-Novo; 3° les républiques Minas (Popos); 4° le pays des Mahis (Savalou); enfin le haut Dahomey, qui se compose du Borgou, du Gourma, du Djougou-Kouandé, du Yaga, du Toradi, et des régions habitées par les riverains du Niger jusqu'à Sansan-Aoussa.

CHAPITRE PREMIER

Les origines

ÉTABLISSEMENT DES EUROPÉENS DANS LE GOLFE DE GUINÉE. — LES ROYAUMES D'ALLADA, DU DAHOMEY, DE PORTO-NOVO. — LES POPOS.

La Côte du Dahomey, ou Côte des Esclaves, a été visitée dès le treizième siècle par les navigateurs dieppois, génois et portugais. Il semble toutefois que la priorité doive appartenir aux Français qui firent les premiers des voyages réguliers. En effet, le Père Labat (voyage du chevalier des Marchais, 1725), cite en faveur des marins dieppois le voyage à la Guinée, en 1635, d'un certain Jean Préault dont une chronique ancienne raconte ainsi l'histoire : « Alors Messire Jean demanda aux gens du pays la permission de prendre terre et de bâtir plusieurs maisons pour y mettre leurs marchandises en sûreté ; ce que les chefs lui accordèrent volontiers ; et de ce temps commença le commerce entre les navires de Normandie et les hommes noirs. » D'autre part, d'après le même auteur, le géographe hollandais Drapper décrivant les côtes de Guinée, écrit en 1686 : « Le fort de Las Minas est un bâtiment fort vieux, à en juger par les dates et les masures qui y sont attenantes. Sur la *batterie des Français*, une pierre porte gravés les deux premiers chiffres du nombre de 1300 ; impossible de distinguer les deux autres. »

Quoi qu'il en soit, il faut, pour retrouver la trace d'établissements certains, remonter presque à la fin du dix-septième siècle, époque à laquelle fut créé le fort actuel de Saint-Georges d'Elmina (1682). La date de la fondation du fort français de Ouidah est discutée : quelques auteurs la font remonter à 1670, au moment de la visite que fit au roi d'Ardres, à Offra, E. d'Elbée, Commissaire de la Compagnie des Indes ; d'autres seulement à 1707.

Au point de vue commercial, les différents comptoirs de la Côte furent rattachés en 1664, ainsi que le Sénégal, à la Compagnie des Indes occidentales (Edit du 28 mai 1664). La Compagnie du Sénégal, succédant à la Compagnie des Indes en 1685, céda ses comptoirs du Golfe de Guinée à la Compagnie de Guinée qui obtint dans cette région le monopole du commerce et de la vente des esclaves. Cette dernière Compagnie fut rétrocédée, suivant arrêt du Conseil du 27 septembre 1720, à l'ancienne Compagnie des Indes qui s'était substituée en 1719 à la Compagnie du Sénégal. Mais par suite de nos guerres avec différentes nations européennes, plusieurs comptoirs, entr'autres le Fort Saint-Georges d'Elmina, furent abandonnés. Il en fut de même pour le poste d'Assinie, fondé en 1700.

Pendant tout le cours du dix-huitième siècle, les comptoirs

français du Golfe de Guinée furent tour à tour évacués et repris. Le Fort Français de Ouidah notamment cessa d'être occupé militairement en 1797, mais le pavillon dont la garde a été confiée successivement à un ancien sous-officier, au chef du salam (quartier français), et en dernier lieu à une maison de commerce de Marseille, y a constamment été maintenu.

La date précise de la formation en Etats distincts des différentes peuplades établies à la Côte des Esclaves est assez difficile à déterminer. Il semble que dans ces régions, ainsi d'ailleurs que dans tout le reste de l'Afrique, les *nationalités* (si toutefois ce terme n'est pas excessif) se soient formées petit à petit du mélange des races autochtones vivant à l'état patriarcal avec les tribus venues des divers points de l'Afrique, chassées vers l'Océan par les conquérants noirs et tentées par la fertilité du sol. Nous reviendrons dans un autre chapitre sur la question des races ; mais c'est évidemment de cette manière qu'ont pris naissance les formations territoriales, plus ou moins importantes suivant le nombre des habitants ou l'intelligence des chefs, qui sont devenues, dans les temps modernes, les royaumes du Dahomey et de Porto-Novo dont l'origine est commune. Les Minas (Popos), au contraire, faute sans doute de direction, sont restés à l'état primitif de tribus confédérées, sans cohésion comme sans passé, subissant au gré des événements la loi de leurs voisins plus puissants.

Au commencement du dix-septième siècle, écrit le P. Bouche dans son très intéressant ouvrage : *La Côte des Esclaves et le Dahomey* (1885), dans lequel ont été puisés la plupart des renseignements qui vont suivre et qui ont été contrôlés sur place, le pays était divisé en trois Etats. Cette division dura encore un siècle ; nous la retrouvons dans la carte du seigneur d'Anville, insérée dans les voyages du chevalier des Marchais (1725).

Le royaume de Juda allait de la mer jusqu'au-dessus de

Savi qui en était la capitale. Au nord des marais de Co était le pays des Foins ou Foys. Le royaume d'Ardra, ou Ardres, s'étendait entre les deux premiers, touchant à la côte par Godomey et Cotonou. La capitale du royaume était Ardres (sans doute Allada) que des Marchais appelle Assem, d'autres Axim, et qu'il ne faut pas confondre avec la ville d'Axim située sur la côte d'Apollonie.

Il convient d'ajouter à ces royaumes celui de Djaquin, dont la capitale était Abomey-Calavi, conquis en 1725 par le Roi du Dahomey.

Royaume d'Allada. — Le royaume d'Allada fut créé par un nommé Yégou, appelé aussi Adjahouto, originaire du pays des Egbas, et qui, à la suite d'un meurtre, abandonna son pays et vint avec ses femmes et ses esclaves s'établir à Allada.

Il ne prit pas lui-même le titre de roi que commença seulement à porter son fils ou son petit-fils Kopon ou Topon, le premier souverain d'Allada sur lequel on ait quelques renseignements.

Kopon mourut en 1610.

A sa mort, ses trois fils se disputèrent le trône et, après de violentes luttes, le cadet dut se réfugier au Dahomey, l'aîné à Djaquin, tandis que le second, Hounougoungoung devenait roi d'Allada.

Ses successeurs furent :

Lamadjé Poconou,

Bagoué,

Dé-Achara ou Achada, dont le royaume fut envahi vers 1724 par Guadja-Troudo, roi d'Abomey et qui fut tué pendant la guerre..

A partir de ce moment, Ardres devint une simple province du Dahomey, qu'administrait au nom du Roi un chef féticheur appartenant à la famille royale.

Néanmoins, Bessa Abadée, appelé aussi Tegbessou, qui régna de 1732 à 1774, refit, à la demande de sa mère, un

Le roi d'ALLADA :

royaume de la province d'Allada et le donna à son neveu Midjo. A la mort de celui-ci, Ardres fut définitivement rattaché au Dahomey et administré jusqu'à nos jours par des chefs féticheurs qui furent successivement :

Deka,

Ganhoua,

Sindjé (de 1845 à 1879), père du roi actuel Gi-Gla.

Royaume du Dahomey.— Le troisième fils du roi d'Ardres, dont nous venons de voir l'histoire, vaincu dans sa lutte contre son frère, traversa la Lama et alla demander asile au roi du pays des Foys. Il en fut très bien accueilli ; le roi, nommé Da, lui accorda un vaste terrain ; il l'entoura d'une enceinte et s'y établit avec ses femmes, ses esclaves et ses partisans qui l'avaient suivi. Ce dernier frère s'appelait Tacoudounou ; il est le chef de la dynastie dahoméenne.

Voici, telle qu'elle a pu être reconstituée, la liste des rois du Dahomey, qui ont tous porté deux noms différents, avant et après leur accession au trône :

1625. — Tacoudounou s'empare du royaume de Foy et fonde l'empire du Dahomey.

1650. — Adanzou Ier (Onégbaja).

1680. — Vibagée (Acaba).

1708. — Guadja Troudo, ou Troudo-Audati (conquête des royaumes de Juda et de Djaquin).

1732. — Bessa Abadée (mort le 17 mai 1774) (Tegbessou).

1774. — Adanzou II (mort en 1789) (Pingba).

1789. — Winouhiou (régnait encore en 1791) (Ossou).

1807. — Ebomi (Agonglo).

1816. — Adandozan (Kpon).

1820. — Ghézo (Mandogoungoun),

1858. — Glé Glé (Bahadou).

1889. — Béhanzin Ahidjéré (Kondo), fils de Glé Glé, déchu du trône et banni le 3 décembre 1892.

1892. — Ago-li-Agbo (Goutchili), roi actuel.

Le Père Bouche pense, et cela paraît très vraisemblable, que jusqu'à la fin du dix-septième siècle, les Européens, en dehors du royaume d'Ardres, ne fréquentaient la Côte que pour s'y procurer des esclaves et qu'ils n'y possédaient pas d'autres établissements. Ainsi qu'il a été dit plus haut, le chevalier d'Elbée visita le Roi d'Ardres à Offra, au mois de janvier 1670, et y fut très bien accueilli. Le roi envoya, la même année, un ambassadeur à Paris. Cet ambassadeur (un certain Mattee Lopez) arriva en décembre ; il fut reçu par le roi et par la Compagnie des Indes. Au nom de son maître, il promit aux Français aide et protection, assurant qu'ils auraient dans son pays la prééminence commerciale.

Le commerce des Européens ne se faisait pas seulement avec le royaume d'Ardres, mais aussi avec celui de Juda. C'est à Savi que se trouvaient les comptoirs ; toutefois Savi étant trop éloigné de la côte, les Européens se virent obligés d'avoir à Ouidah des entrepôts gardés par des hommes en armes capables d'en empêcher le pillage. Telles furent l'origine et la destination de ces forts dont nous avons signalé l'existence. Rappelons que le Fort français fut bâti à l'époque à laquelle nous sommes arrivés (1671).

Nous avons raconté comment le troisième fils du roi d'Ardres s'était réfugié à Abomey auprès du roi Da, chef des Foys. Celui-ci, plus généreux que prudent, lui accorda une large hospitalité. Tacoudounou, qui avait pris soin d'amener avec lui de nombreux partisans auxquels vinrent se joindre les mécontents d'Allada, et qui s'était établi fortement entre Cana et Abomey, se montra bientôt si exigeant que Da commença à regretter de l'avoir accueilli. Il finit même par lui dire un jour raconte la légende : « Vous bâtissez partout des maisons, quand vous arrêterez-vous ? Si je vous accorde toujours du terrain, vous en viendrez à bâtir sur mon ventre ! » Il ne croyait pas si bien dire : Tacoudounou protesta tout d'abord de ses bonnes intentions et de la pureté de ses sentiments puis, un beau jour, se sentant prêt, il envahit à l'improviste le palais de Da, s'empara du malheureux prince, et, pour lui prouver qu'il avait bonne mémoire, lui fit ouvrir le ventre. Il jeta sur son cadavre les fondations d'un nouveau palais qui fut appelé Da homé (en Dahoméen, homé veut dire ventre).

L'histoire d'Adanzou Ier est peu connue. C'est sous son règne, paraît-il, que fut instituée la coutume des sacrifices humains.

Il n'y a rien de particulier à signaler sur le règne de Vibagée qui dura vingt-huit ans.

Il n'en est pas de même de celui de Guadja-Troudo ou Troudo-Audati. Monté sur le trône en 1708, il se préoccupa immédiatement de contracter alliance avec ses voisins. Ses avances étant repoussées, il employa la force et s'empara tout d'abord d'Allada (1724).

« De ce premier exploit à la conquête du pays de Quidda (Juda), dit le Père Borghère, fondateur de la Mission catholique de Ouidah, il n'y avait qu'un pas à faire. Il réclama au roi de Juda un passage libre pour ses marchandises. Ce dernier le lui ayant refusé, il marcha contre lui. Un marais très difficile séparant les deux royaumes et les fétiches ayant déclaré que les Dahoméens ne parviendraient pas à surmonter cet obstacle, le roi de Juda se crut en sûreté dans sa capitale de Savi et ne songea guère à une résistance sérieuse. Mais l'ennemi jeta un pont sur le marais et s'empara de Savi le 7 février 1727. La ville fut mise à feu et à sang, et le reste du royaume ne tarda pas à être réduit. »

En 1732, Bessa-Abadée monta sur le trône. Son règne dura quarante-deux ans. Après s'être débarrassé par des moyens radicaux de son frère aîné et de quelques chefs méocntents, il étendit sa domination à l'extérieur et lutta avec succès contre les dissidents de Djaquin et de Juda et contre les Popos, les Mahis et les Egbas. En 1741, il s'empara même du fort portugais de Ouidah dont la garnison fut toute entière massacrée (1er novembre 1741). A deux reprises différentes, Ouidah fut de nouveau attaqué par les Minas de Grand-Popo, mais sans succès. Enfin, en 1772, deux ans avant la mort de Bessa-Ahadée, le Dahomey signa la paix avec les Popos et les Mahis.

Les règnes d'Adanzou II, de Winouhiou et d'Ebemi ne présentent aucune particularité digne d'être signalée.

Il n'est pas de même de celui d'Adandozan.

Homme cruel, voluptueux et sanguinaire, ce dernier a laissé parmi ses sujets les plus tristes souvenirs. On raconte de lui tant d'atrocités que tout finit par être vraisemblable. C'est à tel point que les Dahoméens *rougissent* de le compter au nombre de leurs rois. On dit qu'il était sans retenue dans l'assouvissement de ses honteuses passions, que les viols et les enlèvements lui semblaient devoir être un privilège royal, qu'il se faisait un jeu du vol et du meurtre. *Il ne mangeait pas de maïs, s'il n'était venu dans un champ jonché de cadavres.* Du reste, il surexcitait tous ses instincts brutaux par une ivresse presque continuelle. Il n'avait guère de l'homme que la figure et le nom.

C'en était trop ! Les sacrifices humains absorbaient tous les prisonniers capturés à la guerre, et les négriers n'y trouvaient point leur bénéfice, parce que la traite leur devenait presque impossible, faute de marchandise humaine.

Deux hommes étaient venus s'établir au Dahomey, où ils ont acquis une certaine célébrité : l'un, mulâtre de Bahia (Brésil), avait nom Francisco-Félix de Souza et exerçait surtout son influence à Ouidah et dans les deux Popos ; l'autre, nommé Domingo Martins, jouissait d'un grand crédit à Godomey et à Cotonou. Le premier était estimé pour son bon sens, ses idées larges et souvent généreuses; le second maintenait son ascendant par la ruse et la cruauté. Tous deux s'adonnaient au trafic des esclaves. Riches l'un et l'autre, et puissants à cause de leurs richesses, nos deux négiers conçurent le dessein de détrôner Adandozan et de faire nommer à sa place son frère Ghézo. Celui-ci entra volontiers dans le complot, se prêta à des combinaisons si flatteuses pour lui et entraîna dans son parti un grand nombre de chefs et de nègres.

Cependant, les agissements ne furent pas tellement secrets qu'il n'en transpirât quelque chose. Adandozan n'osa sévir tout de suite : il crut prudent de dissimuler et d'attendre, donnant à Ghézo, en public, des témoignages d'une feinte amitié. De part et d'autre, on s'observait, on épiait le moment opportun.

Adandozan voulut user de fourberie. Il proposait de tuer un esclave sur le legba (fétiche) de Ghézo et de laisser la tête auprès de l'idole, afin de compromettre son frère en lui imputant une action que le roi seul peut se permettre d'après les coutumes du pays.

Ghézo était sur ses gardes et sut empêcher l'exécution de ce traître projet. Enfin, l'occasion se présenta à lui de tenter un coup de main. Le roi avait mis aux fers un des pages de son frère Ohoué, exerçant sur lui sa cruauté. Ghézo intervint en faveur du page et n'obtint qu'un redoublement de mauvais traitements. Le public, tenu au courant, éclate en plaintes et en murmures; on s'agite, on se soulève, on se porte en foule au palais dont on enfonce les portes; on permet aux femmes de regagner librement leurs demeures; on massacre ceux qui résistent, on arrive jusqu'au roi et on charge de chaînes ce tigre toujours avide de sang!

Ghézo n'avait plus qu'à accomplir le cérémonial de l'intro-

AGO-LI-AGBO, roi d'Abomey

nisation royale : il n'avait plus qu'à battre du tam-tam et à prendre possession du siège qui sert de trône au souverain ; Ghézo était roi (1820). Il envoya ses émissaires dans tout le royaume et partout il fut acclamé avec enthousiasme. Un soupir de soulagement s'échappa des poitrines ; la chute du monstre détestable qui avait nom Adandozan fut saluée de toutes parts par des fêtes et des réjouissances publiques. A peine quelques chefs osèrent-ils désavouer la révolution qui avait eu lieu : on les massacra sans pitié aussi bien que leurs partisans. On jeta en prison les enfants du roi déchu « et l'on n'a plus entendu parler ni d'eux ni de lui ! » (C'est ainsi que l'on s'exprime pour dire qu'on fait mourir quelqu'un en secret).

Ghezo se montra reconnaissant envers Francisco de Souza et Domingo Martins qu'il appelait tous les deux ses frères. Il était leur associé pour la traite, et il aimait surtout les conseils de Souza, pour lequel il créa le titre de Chacha lui accordant le premier pas parmi les blancs. Francisco mourut en 1848 et fut remplacé d'abord par son fils Isidore, mort en 1855, et ensuite par son second fils Chico.

Les débuts du règne de Ghezo furent, s'il faut en croire la chronique locale et les récits des missionnaires, consacrés à de sages réformes. Les intentions de ce prince étaient bonnes et il avait le désir sincère de faire oublier les crimes commis sous le règne d'Adandozan, mais il se heurta à la puissance redoutable des féticheurs. « Ce sont eux, dit le P. Borghère, qui ont établi ces lois atroces d'après lesquelles s'immolent des milliers de victimes humaines. Ghezo s'opposa tant qu'il put à ces sacrifices. Bien plus ses principales victoires ont été remportées sans effusion de sang...Dans la guerre sa tactique consistait à envelopper l'ennemi peu à peu et presque à son insu, et à ne lui laisser d'autre ressource que de se rendre... Pour apaiser la soif infernale des féticheurs, le roi Ghezo avait l'habitude de réserver les coupables condamnés à mort et de les faire exécuter tous à la fois. A ce que tout le monde dit, cette humanité du roi lui coûta la vie. Que cette opinion soit vraie ou fausse, peu importe; toujours est-il constant qu'après sa dernière guerre, au lieu de mettre à mort tous les prisonniers, comme les féticheurs l'exigeaient impérieusement, il en fit don aux personnes qu'il voulait enrichir : c'est alors que le « fétiche » (c'est-à-dire le poison des féticheurs) le tua, comme disent les Dahoméens.

A sa mort, arrivée en 1858, quand il fut question de son successeur, les chefs se trouvèrent partagés en deux partis : les uns voulaient le maintien des anciennes coutumes qui exigent tous les ans l'immolation de milliers de victimes; les autres en voulaient l'abolition. Un prince, fils de Ghézo, fut placé sur son trône, et avec lui les anciennes lois reprirent toute leur vigueur sanguinaire.

Le successeur de Ghézo prit le nom de Glé-Glé auquel il ajouta dans la suite, à l'époque des grandes guerres avec les Mahis et les Egbas, celui de Kini-Kini (le lion des lions). Il mourut à la fin de l'année 1889 et fut remplacé par Kondo (Béhanzin).

Royaume de Porto-Novo. — Ainsi que nous l'avons dit, les royaumes du Dahomey et de Porto-Novo ont une origine commune. En 1610, pendant qu'un des fils du roi d'Ardres (Tacoudounou), allait se fixer à Abomey auprès de l'infortuné Da, un autre s'installait dans les territoires situés à l'Est d'Ardres et y fondait le royaume de Porto-Novo (Adjaché ou Hogbonou). La preuve de cette communauté d'origine se retrouve dans ce fait que de tous temps les rois de Porto-Novo ont toujours, dans les cérémonies officielles, fait suivre leur nom du titre de « prince royal du Dahomey » que Tofa porte encore aujourd'hui. Interrogé un jour à ce sujet, au moment de l'expédition de 1892, Tofa répondit : « Je ne sais pas pourquoi mon cousin Kondo (Béhanzin) veut détruire mon royaume et tuer mes gens ; nous devrions être bons amis puisque nous sommes enfants des mêmes pères ; seulement voilà, lui est un roi guerrier, il veut toujours prendre des gens. Pour moi que le ciel a plutôt créé pour le commerce et l'industrie, je suis très ennuyé maintenant. C'est pour cela qu'il faut que la France casse le Dahomey et me délivre de Kondo qui ne me veut pas de bien. »

L'histoire des premiers rois de Porto-Novo est assez obscure. A peine la tradition orale en a-t-elle conservé le nom. D'après les indications données par le roi Tofa lui-même et les renseignements recueillis à Abomey et Allada, le fondateur de la dynastie aurait été un certain Até-Agbanlin, descendant de ce fils de Kopon, roi d'Ardres, qui, chassé par son frère, était venu se réfugier à Djéquin. Lors de la prise de ce royaume vers 1725, par Guadja Troudo, roi d'Abomey, Até-Agbanlin vint se réfugier à Porto-Novo « il y a cinq existences d'homme » ce qui correspond bien à peu près au commencement du dix-huitième siècle.

Até-Agbanlin mourut très vieux et eut cinq fils qui régnèrent successivement. Voici d'ailleurs, dans l'ordre chronologique, la liste de ces rois depuis l'exode d'Até-Agbanlin jusqu'à Tofa :

1° Déacpon, fils d'Até-Agbanlin, règne environ cinq ans.

2° Déloucpon, fils d'Até-Agbanlin, règne peu de temps.

3° Déhoudé, fils d'Até-Agbanlin.

4° Démécé, fils d'Até-Agbanlin, prince intelligent et énergique ; il lutta heureusement contre le Dahomey et conquit les villages de l'Ouémé. C'est sous le règne de Démécé que les indigènes prirent l'habitude de faire du commerce avec les européens.

5° Dehoungni. Sous le règne de ce prince les navires com-

Porto-Novo (quartier Est)

mencent à venir régulièrement chercher des esclaves sur les plages de Badagry et de Porto-Novo.

6° Decbegnon, fils de Déloucpon, lequel avait eu aussi pour fils Déoufon et Ouézé. Decbegnon fit la guerre aux Dahoméens et remporta sur eux plusieurs succès; il alla même à un certain moment ruiner Godomey et Abomey-Calavi mais perdit beaucoup de monde. Ce prince a dû régner très longtemps, car dans son expédition contre le Dahomey il était accompagné d'un de ses fils né depuis son accession au trône et alors âgé de plus de vingt ans.

7° Déaicpé, fils de Démécé. Règne très court et sans incident digne d'être rapporté.

8° Adjoan, fils de Déhoudé. La mémoire de ce prince est très respectée; c'était parait-il un bon roi. Il régna fort longtemps et le commerce des esclaves devint très prospère sous son règne.]

9° Afaton, fils de Déacpon. Prince faible et sans énergie. Il ne régna que très peu de temps et mourut empoisonné par les féticheurs.

10° Déoufon, fils de Déoucpon, père de Sodji et grand-père de Tofa Ier. Sous son règne, qui fut assez court, il fit sur une grande échelle le commerce des esclaves particulièrement avec les Portugais.

11° Tofa Ier, fils de Déhoungni. Régna trois ans environ. Prince très pacifique.

12° Ouézé, fils de Déloucpon. Fit la guerre contre Badagry, où s'étaient réfugiés un certain nombre de princes dissidents de Porto-Novo, mais ne réussit pas: les gens de Badagry, au contraire, s'emparèrent de tous les villages voisins de la lagune jusqu'à la rivière d'Adjarra.

13° Tognon, fils de Démécé, sembla avoir hérité quelques-unes des qualités de son père. Intelligent, énergique et possédant le sens de l'organisation, il s'occupa surtout de mettre de

Porto-Novo (quartier Ouest)

l'ordre dans le pays qui en avait besoin, à en juger par le nombre considérable de voleurs et d'assassins qu'il fit arrêter et exécuter. Il vécut en paix avec tous ses voisins.

14° Méhi, fils d'Adjoan et petit-fils de Déhoudé. Régna à peine un an ou deux et fut assassiné par les féticheurs.

15° En 1851, Sodji, fils de Déoufon et père de Tofa, monta sur le trône. Il fit tout d'abord la guerre contre Okéadan, ville importante située à l'Est de son royaume. C'est sous son règne que commença le commerce des huiles et des amandes de palme ; la traite des esclaves était devenue très dangereuse et très peu fructueuse à cause des croisières établies sur la côte par les nations européennes. C'est aussi vers cette époque (1851) que les Anglais vinrent s'installer à l'embouchure de la rivière Ougon où il fondèrent la Colonie de Lagos. Après avoir chassé le roi de cette région, Kosoko, dont les fils habitent encore Porto-Novo, ils firent dès 1853, des ouvertures à Sodji en vue de l'amener à signer un traité de protectorat, mais celui-ci, rendu circonspect par l'exemple de Kosoko, refusa de rien entendre. Quelques années après, sous un prétexte quelconque les Anglais bombardèrent Porto-Novo. Les Français venaient à ce moment de s'installer dans le pays et Sodji s'empressa de signer avec la France, par l'intermédiaire de M. Daumas, vice-consul de France à Porto-Novo, un traité de commerce et d'amitié transformé depuis en un traité de protectorat définitif. Sodji mourut le 3 février 1864.

16° Meppon, fils de Tognon, succéda à Sodji le 11 février 1864 et prit immédiatement, au point de vue politique, le contre-pied de son prédécesseur, c'est-à-dire qu'il se prêta de très bonne grâce aux intrigues des agents de Lagos. C'est sous son règne (le 23 décembre 1864), que se produisit l'incident à la suite duquel l'amiral Laffont de Ladébat fit amener le pavillon français à Porto-Novo et que le protectorat fut momentanément abandonné. Meppon, d'un caractère à la fois cruel et sournois, n'a pas laissé un très bon souvenir dans l'esprit de son peuple. Quant au fils de Sodji, Bassy, qui devait régner depuis sous le nom de Tofa, il fut obligé, pour échapper à une mort certaine, de se réfugier tout d'abord de l'autre côté de la lagune de Porto-Novo et ensuite à Lagos, où il attendit les

S. M. TOFFA II, roi de Porto-Novo

événements. Après avoir régné huit ans, Meppon mourut d'une manière assez mystérieuse, le 28 mai 1872, empoisonné, dit-on, par les féticheurs.

17° Méssy, fils de Guézo, succéda à Meppon, le 4 juin 1872. Ivrogne et paresseux, il disparaissait moins de deux ans après, au cours d'une escarmouche avec les Egbas.

18° Bassy, fils de Sodji, fut nommé roi le 16 septembre 1874, sous le nom de Tofa II. Il règne encore aujourd'hui.

Il parait intéressant, pour bien faire comprendre comment Tofa est devenu roi, d'expliquer le mode d'accession au trône des derniers roi de Porto-Novo : d'après la coutume du pays, le fils du roi défunt ne pouvait remplacer son père, du moins immédiatement. Chacune des trois branches de la famille devait être représentée successivement sur le trône; c'est de cette manière que Tofa dont les droits ont été, à l'instigation des Anglais, contestés par les partisans de Meppon, règne légitimement à son tour après Meppon, fils de Tognon et Messy, fils de Ouézé.

Le roi était nommé par les princes des Mattes (c'est-à-dire de la brousse) et par certains cabécères, ou chefs choisis d'avance en raison même de leurs fonctions, pour procéder à l'élection. Les princes des Mattes appartiennent à la famille de l'ancien roi ; quand ils lui ont donné un successeur ils sont obligés, leur présence pouvant être dangereuse pour le nouveau roi, d'aller habiter la brousse. Ils ne reviennent à Porto-Novo que pour l'élection d'un autre souverain et ils ne peuvent y séjourner que si un prince de leur famille est de nouveau élu. Dans ce cas, ce sont les parents du défunt qui vont à leur tour s'établir dans la brousse.

Les chefs ou cabécères qui participent à l'élection sont, par ordre d'importance : 1° le *Migan*, ministre de la justice et surtout exécuteur des hautes œuvres ; 2° le *Gogan*, chef du protocole. Il surveille les formes de l'élection et, en cas d'irrégularités,il peut, en vertu de la tradition, opposer son veto et annuler le scrutin ; 2° l'*Apologan*, ministre de la religion, parrain du roi qu'il consacre ; 4° le *Méhou*, chef de la maison du roi et des guerriers ; 5° le *Ligan*, féticheur du serpent. Viennent ensuite un grand nombre de comparses dont l'*Abazagan*, gardien du siège du roi, qui l'accompagne partout où il va ; le *Ouataca*, chargé d'annoncer la mort du roi ; le *Sogan*, chef du cheval du roi ; l'*Adjagan*, qui vient réveiller le roi chaque

Porto-Novo (quartier Sud)

matin et s'informe s'il a bien dormi, etc., etc. Il est bon d'ajouter que ces dernières dignités sont maintenant purement honorifiques, heureusement pour les titulaires, car ils devaient autrefois, ainsi que quelques femmes désignées d'avance à cet effet, accompagner le roi dans le tombeau. Il est vrai que dans les derniers temps les mœurs s'étant un peu relâchées, ils avaient obtenu l'autorisation de se faire remplacer par de simples esclaves. La dernière exécution de ce genre,

Féticheuses de Grand-Popo

accomplie d'ailleurs secrètement, aurait eu lieu, paraît-il, en 1875, après la mort de Messy.

Les principaux événements de cette dernière période sont connus ; ils seront racontés en détail dans les chapitres qui vont suivre.

Les Popos. — Les habitants de Grand Popo (en Mina Pla) sont en majeure partie des dissidents qui se sont réfugiés sur la bande de sable située à l'embouchure du Mono, en arrière de la Bouche du roi, pour échapper, comme les gens du vil-

Porto-Novo (quartier central)

lage d'Avansouri, sur le lac Nokoué, aux armées du Dahomey.

La fondation d'Agoué remonte seulement à l'année 1821. Un certain Félix de Souza ayant à se plaindre de Comlagan,

Femme catholique d'Agoué

chef de Petit Popo, excita contre lui une révolte. Georges de Souza mis à la tête du mouvement réussit à chasser Comlagan. Celui-ci vint s'établir avec ses partisans à l'endroit où se trouve Agoué et fonda un petit Etat qui a soutenu plusieurs fois son indépendance les armes à la main.

C'est surtout contre Petit Popo qu'Agoué eut à lutter ; mais,

Porto-Novo (quartier Nord)

en 1863, ces querelles qui avaient à différentes reprises compromis l'existence de la ville prirent fin, grâce à l'intervention des missionnaires catholiques. Les négociations engagées à ce sujet sont relatées tout au long dans la correspondance du P. Borghère, premier supérieur et fondateur de la mission de la Côte des Esclaves.

CHAPITRE II

Au dix-neuvième siècle, le Dahomey avant la conquête

LES ÉTABLISSEMENTS FRANÇAIS DU GOLFE DE BÉNIN. — TRAITÉS ET CONVENTIONS

Les Etablissements français du golfe de Bénin. — En 1856, sur le rapport de l'amiral Bouet-Wuillaumez, les comptoirs de la Côte d'Ivoire et du Gabon qui avaient été complètement délaissés, furent de nouveau occupés et divers traités de paix et d'amitié furent conclus entre le Gouvernement français et les chefs indigènes. Cet état de choses subsista, avec des alternatives diverses, jusqu'en 1883, époque à laquelle nos établissements de la Côte d'Ivoire et de la Côte des Esclaves furent placés sous la direction politique et administrative du Gabon. Dans l'intervalle (en 1861), le protectorat nominal avait été établi sur le royaume de Porto-Novo, et, en 1863, par une convention que confirma depuis le traité du 19 avril 1878, le territoire de Cotonou fut cédé à la France par le roi du Dahomey.

Les relations officielles de la France avec le royaume de Porto-Novo et ses dépendances remontent au 23 février 1861, date à laquelle fut signé le premier traité de protectorat et d'alliance entre l'Empire français et le roi Meppon, successeur de Sodji. Avant cette époque, nous n'avions dans ces contrées que des factoreries sur lesquelles flottait, il est vrai, notre pavillon. Le Gouvernement britannique essayait, à force de cadeaux, de se faire céder le protectorat de la région pour étendre la zone commerciale de son établissement de Lagos. Le 23 avril 1861, Porto-Novo avait même été bombardé par une canonnière anglaise : le roi Sodji craignant de se voir déposséder de ses domaines, comme l'avait été Kosoko, son collègue de Lagos, trancha le différend en arborant le pavillon français.

Malheureusement, des événements fâcheux se produisirent entre Meppon et les représentants de l'autorité française ; le 23 décembre 1868, l'amiral Laffont de Ladébat fit amener le pavillon tricolore à Porto-Novo. Depuis cette époque le royaume demeura livré aux intrigues des Anglais et aux incursions des Dahoméens. En 1878, Tofa, qui avait remplacé Meppon, fit des démarches auprès de notre gouvernement, par l'intermédiaire des maisons françaises. A cette époque, la politique coloniale était à l'ordre du jour ; le Département de la Marine s'intéressa à la question de Porto-Novo. Plusieurs de nos officiers de marine, parmi lesquels les lieutenants de vaisseau Brossard de Corbigny, Vallon et Guillevin, avaient relevé, en 1863, l'hydrographie de divers cours d'eau, en particulier celle de l'Addo et de l'Ouémé.

Les relations entre les souverains de Porto-Novo et d'Abomey et le Gouvernement français se firent tout d'abord par l'intermédiaire du représentant, à Porto-Novo, d'une des deux grandes maisons de commerce de Marseille (Régis et Fabre), investi à cet effet du titre d'Agent vice-consul de France. Les deux premiers vice-consuls furent MM. Daumas, de 1861 à 1864, et Médard-Béraud, de 1864 à 1866.

Ce système dura jusqu'en 1882. A cette date, sur la demande même du roi Tofa et des principaux habitants du pays, le protectorat devint effectif. Un décret du 14 avril 1882 institua

M. MÉDARD-BÉRAUD

Ancien agent consulaire de France au Dahomey, membre du conseil supérieur des colonies, délégué du Dahomey et dépendances au Comité consultatif de l'Agriculture, du Commerce et des Colonies, administrateur de l'Office colonial, conseiller du Commerce extérieur de la France, commissaire du Dahomey à l'Exposition de 1900.

un résident à Porto-Novo. Plus tard, en raison de l'importance commerciale de cette ville, le Résident chargé du Protectorat [devait exercer en même temps les fonctions de « Commandant particulier du Golfe de Bénin ». Il avait sous son autorité : 1° Porto-Novo ; 2° le territoire de Cotonou ; 3° les Popos, placés définitivement sous notre protectorat, par décret du 19 juillet 1883, et qui comprenaient alors Porto-Ségouro, Petit Popo, Agoué et Grand Popo.

Le lieutenant-colonel d'infanterie de marine Disnematin-Dorat fut nommé, par décision ministérielle du 29 mai 1884, Résident de France à Cotonou, chargé de l'exercice du protectorat sur le royaume de Porto-Novo. Le nouveau résident partit de Dakar le 29 juin 1884 sur le *Dumont-d'Urville*, et débarqua à Cotonou le 1er juillet avec un détachement de trente tirailleurs sénégalais. Comme ses prédécesseurs, il eut à se débattre contre les intrigues des Anglais, mais ses préoccupations se portèrent surtout du côté du Dahomey où la situation devenait très difficile. En effet, Glé-Glé, sollicité et abusé par les Allemands et surtout par les Portugais, ne refusait pas encore ouvertement de reconnaître le traité du 19 avril 1878, mais il opposait une résistance passive à l'occupation de Cotonou par le Gouvernement français. Diverses communications officielles adressées à son représentant à Ouidah, le Chacha Julio da Souza, petit-fils du feu Chacha Francisco da Souza, restèrent sans réponse. Ce silence était d'autant plus significatif que le Chacha, agent du roi Glé-Glé à Ouidah, était en même temps agent du Gouvernement portugais, et que c'est à son instigation que le protectorat sur le Dahomey fut proclamé par cette puissance le 18 janvier 1886. Il fut pour ce fait nommé lieutenant-colonel de l'armée portugaise et dès lors son ambitton ne connut plus de bornes. Un incident grave s'était même produit le 13 septembre 1885 à Cotonou où le pavillon portugais se trouva un beau matin arboré en face du pavillon français. Le lieutenant Roget, commandant le détachement et remplaçant intérimairement le colonel Dorat, absent pour raison de santé, protesta énergiquement contre cette violation flagrante de nos droits. Plus tard, après un échange de négociations qu'il serait trop long de reproduire ici, le cabinet de Lisbonne renonça à ses prétentions. Cette tentative n'avait pas, entre temps, porté bonheur au Chacha : sous un prétexte quelconque, Glé-Glé, à qui il avait cessé de plaire, le fit, pendant l'année 1887, arrêter et conduire à Abomey d'où il ne revint jamais. Il serait, paraît-il, mort en prison en 1892, quelques jours à peine avant l'arrivée des troupes françaises dans cette ville.

Vers la même époque, le protectorat français était déclaré et établi dans les Popos. Le lieutenant de vaisseau, adjudant de division du commandant supérieur du Gabon, fut délégué spécialement à cet effet. Le protectorat était proclamé à Grand Popo le 12 avril 1885, à Agoué le 15, et à Petit Popo le 17 du même mois. Le colonel Dorat reprenait ses fonctions le 7 décembre 1885 et, jusqu'au 7 mai 1886, s'occupait presque exclusivement de la question dahoméenne. A cette dernière date, il s'embarquait définitivement pour la France, laissant de nouveau au lieutenant Roget l'intérim des fonctions de commandant des Etablissements français du Golfe de Bénin, rattachés depuis au Sénégal par décret du 4 août 1886.

A la fin de la même année, M. le docteur Bayol, lieutenant-gouverneur du Sénégal, désigné pour procéder aux travaux de délimitation dans la Côte occidentale d'Afrique, débarquait aux Popos. Il avait pour mission spéciale de régler la mise en application de la Convention du 24 décembre 1885 en vertu de laquelle le gouvernement allemand accordait à la France certaines concessions dans les Rivières du Sud du Sénégal et prenait, en échange, possession des territoires de Porto-Séguro et Petit Popo qui forment aujourd'hui la colonie de

Togo. Ces travaux étant achevés, M. Bayol se rembarquait le 6 mars 1887, laissant à M. l'administrateur Pereton le commandement provisoire de nos établissements.

Au cours de l'année 1887, les difficultés avec les Anglais prirent un caractère si aigu, qu'il devint nécessaire, pour mettre fin à une situation dont les conséquences pouvaient être très graves, d'établir avec le gouvernement de Lagos un *modus vivendi* en attendant un arrangement définitif. M. Victor Ballot, directeur des Affaires politiques du Sénégal, fut chargé, le 3 juin 1887, par le Gouvernement, d'étudier sur place le règlement de cette question délicate. Il se rendit à Lagos et, le 2 janvier 1888, une convention provisoire fut signée par les représentants des deux puissances. Il était temps : nos tirailleurs sénégalais et les haoussas anglais échangeaient presque chaque jour des coups de fusil ; les indigènes n'osaient plus passer par le canal du Toché et les commerçants de Porto-Novo se plaignaient à très juste titre de cet état de choses qui portait un sérieux préjudice à leurs affaires.

Cet important résultat étant acquis, M. Ballot, dont le nom qui apparaît pour la première fois dans cette notice est destiné à occuper la plus large place dans l'histoire du Dahomey, consacra les derniers mois de son séjour à la Côte à jeter les bases de l'organisation politique et administrative du Protectorat, puis rentra en France au mois de mars 1889.

L'intérim de M. de Beckmann, et celui de M. le docteur Tautain qui lui succéda, furent très agités : Tofa, mal conseillé, accumula maladresses sur maladresses à l'égard de son cousin Glé-Glé, en dépit des observations que ne cessait de lui adresser le Résident, gêné lui-même dans son action par suite de la dualité d'attributions existant entre le commandant des troupes et lui. Au mois d'avril 1889, l'attitude du roi du Dahomey devint très menaçante : il déclara n'avoir jamais eu

Le Gouverneur BALLOT

connaissance des clauses du traité de 1878 et ses guerriers commencèrent à faire des incursions dans le royaume et dans la banlieue de Porto-Novo (Bedji et Vakon à dix kilomètres de la ville). Au mois de juin, M. Bayol, alors en France, reçut l'ordre de se rendre de nouveau au Bénin, avec des instructions spéciales. Il débarqua à Cotonou au commencement du mois de novembre, et, le 6 du même mois, accompagné de M. Angot, son secrétaire particulier, et de M. Xavier Béraud, interprète de la résidence, il partait pour Abomey rendre visite au roi Glé-Glé.

En même temps, M. Ballot, nommé par décision ministérielle du 12 octobre 1889, Résident de France dans les Etablissements français du Golfe de Bénin, revenait prendre la direction du Protectorat le 1er décembre 1889, jour de son débarquement à Cotonou. Pendant son séjour en France, la convention du 10 août 1889 fixant les limites respectives des possessions françaises et anglaises de la Côte jusqu'au neuvième degré était intervenue. Cet acte nous rendait Kéténou, c'est-à-dire l'accès direct à la mer et mettait fin à nos interminables démêlés avec les Anglais.

Traités et conventions. — Il a paru intéressant, à l'appui de ce qui précède, de reproduire ici le texte intégral des principaux traités passés soit avec les chefs indigènes par le Gouvernement français, soit entre les différentes nations européennes intéressées. Rien ne peut en effet donner une plus juste idée des origines de notre établissement à la Côte des Esclaves.

TRAITÉ *d'amitié et de commerce conclu à Abomey le 1er juillet 1851 entre la France et le roi de Dahomey.*

S. M. le roi de Dahomey voulant resserrer les liens d'amitié qui unissent depuis des siècles sa nation à la nation francaise a conclu le traité qui suit avec l'officier chargé des pleins pouvoirs de M. le Président de la République française :

Article premier. — Moyennant les droits et coutumes usités jusqu'à ce jour et stipulés dans l'article ci-après le roi de Dahomey assure toute protection et liberté de commerce aux Français qui voudront s'établir dans son royaume. Les Français, de leur côté, se conformeront aux usages établis dans le pays.

Art. 2. — Tout navire déchargeant une cargaison entière payera comme droits d'ancrage, savoir : 40 piastres de cauris blancs; 28 pièces de marchandises; 5 fusils; 5 barils de poudre et 60 gallons d'eau-de-vie. S'il ne décharge que moitié, il ne paiera que moitié; s'il ne décharge rien, il ne paiera rien, même en prenant à terre un chargement complet de marchandises du pays.

Art. 3. — Si une autre nation obtenait par un traité particulier, une diminution de droits quelconque, le roi accorderait sur le champ la même faveur aux Français.

Art 4. — Désirant prouver au gouvernement français toute sa bonne volonté pour ouvrir aux négociants étrangers de nouvelles branches de commerce, le roi promet sa protection toute particulière au trafic de l'huile de palme, des arachides et autres produits des contrées sous ses ordres.

Art. 5. — En cas de naufrage d'un navire français sur les côtes du Dahomey, le roi fera porter tous les soins possibles au sauvetage des hommes, du navire et de la cargaison. Une indemnité conforme aux usages du pays sera payée aux sauveteurs.

Art. 6. — Les gens dit du salam français de Ouidah, prétendant avoir seuls droit aux travaux des factoreries françaises, leurs salaires seront fixés par une convention spéciale, quelle que soit la nature de ces travaux. Par réciprocité, le roi fera punir très sévèrement tout homme du salam qui refuserait de travailler sans prétexte valable.

Art. 7. — Le roi s'engage à réprimer avec sévérité la fraude de l'huile de palme, laquelle fraude peut porter un préjudice notable à cette industrie naissante.

Art. 8. — Il ne sera plus permis à des agents subalternes, tels que les décimères, d'arrêter la traite de l'huile de palme, comme ils l'ont fait parfois sous le moindre prétexte. Le Roi jugera seul si elle doit l'être, ou au moins le gouverneur ou Yévoghan de Ouidah, et, conformément aux anciens usages les traitants seront prévenus de cette défense.

Art. 9. — Pour conserver l'intégrité du territoire appartenant au Fort français, tous les murs construits en dedans de la distance réservée (treize brasses à partir du revers extérieur des fossés d'enceinte) seront abattus immédiatement et il sera fait défense par le roi d'en construire de nouveaux.

Art 10. — Le roi prend l'engagement de donner toute sa protection aux missionnaires français qui viendront s'établir dans ses Etats, de leur laisser l'entière liberté de leur culte, de favoriser leurs efforts pour l'instruction de ses sujets.

M. le Président de la République française voulant reconnaître de son côté les bons offices et la protection accordée aux Français par S. M. le roi du Dahomey, saisira toutes les occasions de lui en prouver sa satisfaction, en lui adressant le plus souvent possible des officiers investis de sa confiance.

Fait double à Abomey, le 1er juillet 1851.

Marque du roi de Dahomey

+

Pour le Président :

l'officier français en mission,

A. Bouet.

TRAITÉ *du 19 mai 1868 (Cession à la France du territoire de Cotonou par le roi de Dahomey)*

L'an 1868, le 19 du mois de mai, les soussignés, Jean-Baptiste Bonnaud, agent vice-consul de France au Dahomey et à Porto Novo, assisté de M. Pierre Delay, négociant français à Ouidah, et Daba Jévoghan, gouverneur de Ouidah, agissant au nom et par les ordres du roi de Dahomey, assisté de Chaudaton, grand cabécère de Ouidah, en présence de leurs moces domestiques, des envoyés ordinaires et extraordinaires du roi de Dahomey et des moces des grands cabécères du royaume, absents de Ouidah, se sont réunis dans la maison du Jévoghan, siège du gouvernement du roi de Dahomey à Ouidah à l'effet de convenir ce qui suit : Le Jévoghan ayant pris la parole s'est exprimé ainsi : « Le roi de Dahomey, dans son désir de donner une preuve d'amitié à S. M. l'empereur des Français et de reconnaître les relations amicales qui ont existé de tout temps entre la France et le Dahomey, avait, vers la fin de l'année 1864 fait la cession à la France de la plage de Cotonou. Le 9 mars dernier il a envoyé à Ouidah un messager spécial, nommé Kokopé, porteur de son bâton royal, à l'effet de renouveler cette cession entre les mains de l'agent vice-consul de France, avec toutes les solennités en usage dans le Dahomey. Dans ces circonstances, il a été jugé nécessaire, tant par le roi du Dahomey que par l'agent vice-consul de France, qu'un acte écrit constatât la confirmation de la cession faite antérieurement par le roi de Dahomey de la plage de Cotonou et l'acceptation par la France de cette cession. L'agent vice-consul a répondu, au nom du gouvernement de l'empereur, en exprimant toute sa gratitude au roi de Dahomey pour cette nouvelle preuve d'amitié.

Il a ajouté qu'il acceptait cette cession dans la pensée qu'elle favoriserait l'extension des relations commerciales existant entre les deux pays, et serait ainsi profitable à tous les deux, mais que, et quel que fut le désir du roi de Dahomey de voir Cotonou occupé militairement par la France le gouvernement de l'empereur n'avait pas cru devoir jusqu'à présent réaliser cette occupation et qu'il ne la réaliserait qu'autant que cela conviendrait à ses intérêts, que jusqu'à ce moment rien ne devait être changé à l'état de chose actuel en ce qui concerne les indigènes du pays et la perception des droits de douane.

Le Jévoghan, les grands cabécères, les envoyés du roi de Dahomey et les moces présents de tous les grands cabécères du royaume, ayant manifesté leur adhésion aux paroles prononcées par M. l'agent vice-consul, les articles suivants ont été rédigés d'un commun accord entre les parties contractantes.

Article premier. — Le roi de Dahomey, en confirmation de la cession faite antérieurement, déclare céder gratuitement à S. M. l'empereur des Français le territoire de Cotonou avec les droits qui lui appartiennent sur ce territoire, sans aucune exception ni réserve et suivant les limites qui vont être déterminees. Au Sud, par la mer. A l'Est, par la limite naturelle des deux royaumes de Dahomey et de Porto Novo. A l'Ouest, à une distance de 6 kilomètres de la factorerie V. Régis ainé, sise à Cotonou sur les bords de la mer. Au Nord, à une distance de 6 kilomètres de la mer, mesurée perpendiculairement à la direction du rivage.

Art. 2. — Les autorités établies par le roi de Dahomey à Cotonou continueront d'administrer le territoire nouvellement cédé, jusqu'à ce que la

France en ait pris effectivement possession. Rien ne sera changé à l'état de choses actuellement existant; les impôts et les droits de douane continueront, comme par le passé à être perçu au profit du roi de Dahomey.

Art. 3. — Le présent traité sera soumis à l'approbation du gouvernement de S. M. l'empereur, mais la cession du territoire de Cotonou est considérée d'ores et déjà comme définitive au présent traité par l'empereur des Français.

Fait et signé par les parties contractantes à Ouidah, les jour, mois et an que dessus.

Signature de l'agent vice-consul de France et la marque du Jévoghan.

P. C. C. : Le lieutenant de vaisseau commandant la canonnière française le Gabès.

Signé : P. Arnoux.

Traité *du 19 avril 1878 (cession de Cotonou)*

Entre le capitaine de frégate Paul Serval, chef d'état-major du contre-amiral commandant en chef de la division navale de l'Atlantique sud, au nom de la République française, d'une part, et le Jévoghan de Ouidah Glé-Glé, et le cabécère Chaudaton, au nom de S. M. roi de Dahomey, lequel a préalablement pris connaissance du projet de traité et lui a donné son approbation, d'autre part, il a été convenu ce qui suit :

Article premier. — La paix et l'amitié qui règnent et n'ont cessé de régner entre la France et le Dahomey depuis le traité de 1868 sont confirmées par la présente convention qui a pour objet d'élargir les bases de l'accord entre les deux pays.

Art. 2. — Les sujets français auront plein droit de s'établir dans tous les ports et villes faisant partie des possessions de S. M. Glé Glé et d'y commercer librement, d'y occuper et posséder des propriétés, maisons et magasins pour l'exercice de leur industrie; ils jouiront de la plus entière et de la plus complète sécurité de la part du roi de Dahomey, de ses agents et de son peuple.

Art. 3. — Les sujets français résidant ou commerçant dans le Dahomey recevront une protection spéciale pour l'exercice plein et entier de leurs diverses occupations, de la part de tous les sujets de S. M. Glé Glé et des étrangers résidant au Dahomey. Il leur sera permis d'arborer sur leurs maisons et factoreries le drapeau du Dahomey, seul ou associé au pavillon français, et le roi Glé Glé s'engage à faire connaître à tous ses sujets et à tous les étrangers qui habitent ses domaines, qu'ils aient à respecter les personnes et les propriétés des français sous peine d'un sévère châtiment.

Art. 4. — Les sujets français jouiront, pour l'admission et la circulation des marchandises et produits introduits par eux et par leur soin au Dahomey, du traitement de la nation la plus favorisée.

Art. 5. — Aucun sujet français ne pourra désormais être tenu d'assister à aucune coutume du royaume de Dahomey, où seraient faits des sacrifices humains.

Art. 6. — Toutes les servitudes imposées aux français résidant au Dahomey et particulièrement aux habitants de Ouidah sont et demeurent supprimées.

Art. 7. — En confirmation de la cession faite antérieurement, S. M. le roi Glé-Glé abandonne en toute souveraineté à la France, le territoire de

Cotonou avec tous les droits qui lui appartiennent, sans aucune exception ni réserve et suivant les limites déterminées : au Sud par la mer, à l'Est par la limite actuelle des deux royaumes de Porto Novo et de Dahomey, à l'Ouest à une distance de 6 kilomètres de la factorerie Régis aîné, sise à Cotonou, sur le bord de la mer, au Nord, à une distance de 6 kilomètres de la mer, mesurée perpendiculairement à la direction du rivage.

Fait à Ouidah, en double expédition, le 19 avril 1878.

Signé : P. SERVAL.

Marques du Jévoghan de Ouidah et du cabécère Chaudaton.

Les témoins au traité :

Signé : B. Colonna de Lecca, agent en chef de Régis aîné et Cie ; Francisco F. Sousa (Chacha); G. Ferrat, lieutenant de vaisseau commandant le Bruat.

P. C. C.: le capitaine de frégate, commandant supérieur des établissements français du golfe de Guinée.

Signé : G. PRADIER.

TRAITÉ *d'amitié avec le roi de Porto Novo (23 février 1863).*

Le roi et la population de Porto-Novo ayant toujours conservé fidèlement le souvenir des liens d'amitié qui unissaient autrefois leurs pères et les Français, à l'époque où il existait à Porto Novo un établissement dépendant du Fort français de Ouidah et désirant aujourd'hui reprendre des relations si favorables au développement de leur bien être matériel et moral, se sont adressés à M. Marius Daumas, agent vice-consul de France à Porto Novo, pour établir de concert les bases d'un traité de commerce et d'amitié et donner satisfaction aux vœux et aux intérêts des deux parties ; ledit traité devant provisoirement servir de base aux relations commerciales et politiques entre la France et le royaume de Porto Novo en attendant que le gouvernement de S. M. l'empereur des Français ait définitivement arrêté les mesures suivant lesquelles devra s'exercer la suzeraineté à laquelle le roi de Porto Novo a fait appel dans sa supplique du 5 juillet 1862.

En conséquence, le traité dont les clauses suivent a été conclu et arrêté entre le roi, ses cabécères et chefs, et

M. Daumas, agent vice-consul de France à Porto Novo, au nom du gouvernement de S. M. l'empereur des Français.

Article premier. — Le roi de Porto Novo ses cabécères et chefs.

Confirment et renouvellement en tant que besoin l'obligation qu'ils ont contracté d'interdire sur les territoires qui dépendent de leur autorité toute opération de traite des noirs et toute exportation d'esclaves. Ils s'engagent solennellement à s'y opposer de tout leur pouvoir, quels qu'en soient les auteurs ou fauteurs, comme aussi à proscrire et à empêcher toute coutume ou pratique ayant pour résultat des sacrifices humains.

Art. 2. — Tous sujets ou protégés français peuvent librement résider dans le royaume de Porto Novo, y faire sans entraves tout commerce licite, y entreprendre des cultures et y posséder des propriétés de quelque nature que ce soit, avec entière faculté d'en disposer par vente, cession, don ou héritage.

Art. 3. — Le roi, ses cabécères et chefs s'engagent solennellement à respecter la propriété et à assurer la sécurité des biens et des personnes. Ils promettent dans tous les cas où il sera fait appel à leur autorité de rechercher ou punir conformément aux lois et aux usages du pays tout individu qui y porterait atteinte.

Art 4. — Le roi, ses cabécères et chefs promettent de fournir, suivant leurs moyens, les travailleurs et ouvriers nécessaires aux diverses entreprises fondées sur leur territoire. Une convention particulière qui ne pourra être modifiée que d'un commun accord fixera les conditions d'engagement de ces travailleurs.

Art. 5. — En cas de question litigieuse qui ne pourrait être résolue de gré à gré, entre un sujet ou protégé français et les autorités indigènes, l'affaire sera remise à la décision de l'agent consulaire français qui s'entendra préalablement avec le roi.

Art. 6. — Le roi, ses cabécères et chefs s'engagent formellement, non seulement à ne mettre ni obstacles, ni entraves d'aucune sorte, en quelque circonstance que ce soit, à la circulation intérieure des produits et des marchandises et aux travaux de culture, mais au contraire, ils promettent de rendre par tous les moyens en leur pouvoir, cette circulation encore plus facile en quelque lieu que ce soit de leur territoire.

Art. 7. — Le roi, ses cabécères et ses chefs s'engagent à faire rechercher les débiteurs indigènes de mauvaise volonté évidente et à user de toutes mesures en leur pouvoir pour les forcer à se libérer le plus promptement possible.

Art. 8. — Réciproquement, l'agent consulaire de France usera de toute son auterité pour garantir les indigènes contre toute exigence injuste ou mal fondée et contre tout mauvais traitement de la part des sujets ou protégés français.

Art. 9. — Le roi, ses cabécères et chefs consentent à admettre dans les territoires sous leur dépendance, des missionnaires catholiques et leur garantissent, ainsi qu'à leurs adhérents, le libre et plein exercice de leur religion et la liberté sans restriction ni entraves d'ouvrir des écoles et d'enseigner.

Art. 10. — Le roi, ses cabacères et chefs désireux de donner un commencement de consécration à la demande de suzeraineté adressée à S. M. l'empereur des Français en date du 5 juillet 1862, déclarent spontanément et de leur plein gré faire cession à l'agent vice-consul de France à Porto Novo de tous droits de douane et autres coutumes quelconques perçus jusqu'à ce jour au nom du roi. En attendant et jusqu'à ce que le gouvernement de S. M. l'empereur ait définitivement réglé les conditions d'exercice qui découlent de la supplique du roi, l'agent vice-consul de France à Porto Novo laisse au roi, à titre d'indemnité provisoire le soin de percevoir ces droits et d'en disposer selon ses besoins ou ses convenances, se réservant cependant la surveillance du mode employé pour le règlement et la perception de ces droits, comme aussi il réserve la volonté très expresse et très formelle du gouvernement français pour tous changements aux droits actuels qui sont de deux piastres cowries par ponchon de cent-cinquante gallons d'huile exportée et quatre-vingts cowries par livre d'ivoire.

Art. 11. — Dans tous les cas et quelles que soient les circonstances ultérieures, les sujets ou protégés français jouiront de plein droit et sous tous les rapports du traitement concédé à la nation la plus favorisée.

Art. 12. — Les articles qui précèdent règlent pour l'avenir les conditions du commerce français dans les états du roi de Porto Novo, mais pour qu'il ne reste aucun doute sur la portée de leurs intentions, le roi, ses cabécères et chefs reconnaissent valables tous actes et concessions de terrain faits en faveur de sujets français, antérieurement à la signature du présent traité.

Art. 13. — Le présent traité commencera à régler dès aujourd'hui les rapports d'intérêt de chacune des deux parties contractantes envers l'autre, mais il ne deviendra définitif qu'après qu'il aura reçu la haute approbation du gouvernement de S. M. l'empereur des Français.

Fait à Porto Novo, le 23 février 1863 en présence du commandant en chef de la division navale qui, à la demande du vice-consul de France, a assisté à la discussion et à la signature du présent traité.

Le vice-consul de France :
Signé : DAUMAS.

Le commandant en chef de la division navale :
Signé Baron DIDELOT.

Marque du roi de Porto Novo.
Les cabécères du roi de Porto Novo : Migan Apologan et Gogan.
Suivent les signatures d'un grand nombre de témoins.

TRAITÉ *du 25 février 1863 réglant provisoirement les rapports entre les agents du gouvernement protecteur et le roi de Porto Novo.*

En conséquence de la manifestation spontanée par laquelle le roi, les cabécères et chefs de Porto Novo avec l'assentissement unanime de la population ont déclaré de nouveau et de la manière la plus formelle leur ferme volonté de placer leur pays sous la protection de la France, et se référant d'ailleurs à la supplique qu'ils ont adressée dès le 5 juillet 1862 à S. M. l'empereur Napoléon III.

L'agent vice-consul de France à Porto Novo a consenti à accepter au nom de son gouvernement et à consacrer le vœu de la population de Porto Novo, en déclarant toutefois qu'il réserve expressément le droit du gouvernement français de déterminer comme il lui conviendra, les conditions et les formes suivant lesquelles le gouvernement et l'administration de Porto Novo devront fonctionner à l'avenir.

Les articles suivants convenus et acceptés de part et d'autre règleront jusqu'à décision du gouvernement de l'empereur les rapports entre les agents du gouvernement protecteur et le roi de Porto Novo.

Article premier. — Le roi de Porto Novo, ses cabécères et chefs déclarent de nouveau spontanément et de leur plein gré se placer sous la protection de la France.

Art. 2. — L'agent vice-consul de France au nom de son gouvernement prend acte de cette déclaration et l'accepte provisoirement aux conditions de la supplique adressée le 5 juillet 1862 à S. M. l'empereur Napoléon III.

Art. 3. — L'agent vice-consul de France déclare toutefois réserver expressément pour le gouvernement de l'empereur, le droit et la liberté pleine et entière de déterminer les conditions et les formes suivant lesquelles la suzeraineté qu'il accepte par le présent acte devra s'exercer. Le roi de Porto Novo, ses cabécères et chefs se soumettent d'avance et sans réserve ni restriction à toutes les conditions que le gouvernement de l'empereur jugera nécessaires à l'exercice de son autorité.

Art 4. — En signe de la protection accordée par la France au royaume de Porto-Novo et sur la demande expresse du roi, l'agent vice-consul de France avec l'assentissement du commandant en chef de la division navale française consent à ce que le roi de Porto Novo place les couleurs françaises à l'angle supérieur de son pavillon.

Art. 5. — Le roi conserve le gouvernement des indigènes conformément aux lois et usages en vigueur, mais il remet entre les mains de l'agent vice-consul de France ou de tout autre représentant du gouvernement français nommé pour l'assister ou le remplacer, la direction de toutes les affaires avec les gouvernements étrangers, de même que tout ce qui concerne les résidents étrangers, les règlements de port, etc., etc.

Art. 6. — Sauf décision ultérieure de S. M. l'empereur des Français, la présente convention laisse intacte et en pleine vigueur les stipulations convenues dans le traité de commerce signé le 23 février 1863, et notamment en ce qui concerne l'administration et la perception des droits de douane.

Fait à Porto Novo, le 25 février 1863.

L'agent vice-consul de France
M. Daumas.

Marque du roi de Porto Novo.

Marques des cabécères du roi de Porto Novo : Gogan, Mighan, Apologan.

Suivent les signatures de divers témoins.

Le commandant en chef de la division navale française déclare s'associer en ce qui peut le concerner à l'acceptation de la suzeraineté offerte au Gouvernement dans les termes et les conditions de la convention ci-dessus.

Signé : Baron Didelot.

Décret *du 14 avril 1882 établissant en fait le protectorat sur le royaume de Porto-Novo*

Le Président de la République française ;

Sur le rapport du Ministre de la Marine et des Colonies,

Vu le décret du 4 février 1879 qui rattache administrativement et financièrement le territoire de Cotonou à la colonie du Gabon;

Décrète :

Article premier. — Le Protectorat de la France sur le territoire de Porto-Novo est rétabli en fait à la demande du roi et des chefs de ce pays.

Art. 2. — Le Résident chargé, aux termes du décret du 4 février 1879, de la garde du pavillon de Cotonou, exerce le Protectorat sur Porto-Novo. Il relève à ce double titre de l'autorité du Gabon avec lequel il correspond directement.

Art. 3. — Le Ministre du Commerce et des Colonies est chargé de l'exécution du présent décret.

Fait à Paris, le 14 avril 1882.

Signé : J. Grévy.

PROCLAMATION *du Protectorat sur Porto-Novo* (2 avril 1883)

Aujourd'hui, 2 avril 1883, en présence de :

Toffa, roi de Porto-Novo et dépendances, des cabécères et des chefs du pays d'une part;

De M. Masseron, Henri, lieutenant de vaisseau, adjudant de division, délégué de M. le capitaine de vaisseau Bories, commandant en chef la division navale de la Côte occidentale d'Afrique;

De M. Bonaventure Colonna de Lecca, résident français à Porto-Novo et Cotonou;

Des négociants français et étrangers établis à Porto-Novo;

D'autre part :

Le décret du 14 avril 1882 accordant le Protectorat de la France au roi Toffa et aux chefs du pays, a été proclamé et le pavillon français a été hissé à Porto-Novo.

En foi de quoi, le présent procès-verbal, dressé en triple expédition a été signé les jours, mois et an que dessus par :

LE ROI TOFFA,
Le lieutenant de vaisseau, adjudant de division,
Signé : M. MASSERON.
Le Père supérieur des missions africaines à Porto-Novo,
Signé : A. DURIEUX.

LES PRINCIPAUX CHEFS,
Le résident français à Porto-Novo et Cotonou,
Signé : B. COLONNA DE LECCA.
Les principaux négociants :
H. GUILMIN, A. BARRENNA, etc.

TRAITÉ *du 25 juillet 1883 sur le fonctionnement du protectorat et les attributions du résident*

Afin de préciser les bases sur lesquelles pourra être établi le protectorat de Porto Novo, et de faciliter l'exercice des fonctions du résident en attendant une organisation définitive, le traité suivant a été passé entre :

Toffa, roi de Porto Novo, d'une part, et Masseron, Henri, lieutenant de vaisseau, adjudant de M. le capitaine de vaisseau Bories, commandant en chef la division navale des côtes occidentales d'Afrique, et Germa, Pierre, résident par intérim.

D'autre part :

Article premier. — Le roi conserve son autorité sur ses sujets; il l'exerce conformément aux coutumes de son pays et en observant l'article premier du traité du 23 février 1863.

Art. 2. — Le roi ne peut faire acte d'autorité sur les Français, les étrangers de toute nationalité, les créoles et le personnel noir étranger au royaume de Porto Novo sans l'assentissement du résident.

Art. 3. — Le roi s'engage à suivre les conseils du résident sur la direction de la politique extérieure du royaume de Porto Novo; il abandonne entièrement au résident la direction de la politique avec l'Angleterre.

Art. 4. — Le roi continue à percevoir les droits actuellement établis; il s'engage à n'établir aucun nouveau droit sans le consentement du résident, à n'apporter aucune entrave au commerce, à ne fermer ni les chemins, ni les maisons des commerçants français, étrangers et créoles.

Art. 5. — Le Gouvernement établira les droits nouveaux qu'il jugera nécessaire pour couvrir les frais de fonctionnement des services du protectorat.

Art. 6. — Le résident s'abstient de toute intervention directe dans les affaires indigènes.

Art. 7. — Le résident peut exercer directement son autorité sur les Français, les étrangers, les créoles et le personnel noir étranger au royaume de Porto Novo.

Le roi lui prête au besoin son appui.

Art. 8. — Le résident règle à l'amiable les palabres qui peuvent survenir entre personnes relevant de son autorité et entre les mêmes personnes et les indigènes.

Art. 9. — Quand il sera impossible de régler ces palabres à l'amiable et en attendant l'organisation de tribunaux réguliers, le résident pourra les faire juger par un jury qu'il formera en s'entourant de toutes les garanties possibles de compétence et d'impartialité.

Des chefs désignés par le roi pourront être membres du jury, si un indigène est partie intéressée.

Art. 10. — Le résident rend compte de tous ses actes au commandant en chef de la division navale; il se réfère à son autorité dans les cas graves et attend sa décision.

Art. 11. — Le présent traité sera immédiatement exécutoire; mais aucun des articles ne sera définitif avant d'avoir reçu l'approbation du ministre.

Porto Novo, le 25 juillet 1883.

Croix du roi de Porto Novo

+

Le lieutenant de vaisseau,
adjudant de division
Signé : MASSERON.

Le résident par intérim,
Signé : GERMA.

L'interprète du résident,
Signé : EPAMINONDAS.

ARRANGEMENT *du 24 décembre 1885 fixant les limites des possessions françaises et allemandes dans les Popos*

Le gouvernement de Sa Majesté l'empereur d'Allemagne et le gouvernement de la République française ayant résolu de régler, dans un esprit de bonne entente mutuelle les rapports qui peuvent résulter entre eux de l'exécution de leurs droits respectifs de souveraineté ou de protectorat sur la Côte occidentale d'Afrique et en Océanie, les soussignés :

Le comte de Bismarck Schoenhausen, sous-secrétaire d'Etat au département des Affaires étrangères, et le baron de Courcel, ambassadeur extraordinaire de la République française auprès de Sa Majesté l'empereur d'Allemagne, dûment autorisé à cet effet, sont convenus des stipulations suivantes :

1° Golfe de Biafra.

2° Côte des Esclaves.

Le gouvernement de la République française, en reconnaissant le protectorat allemand sur le territoire de Togo, renonce aux droits qu'il pourrait faire valoir sur le territoire de Porto Seguro, par suite de ses relations avec le roi Mensa.

Le gouvernement de la République française renonce également à ses droits sur le Petit Popo et reconnait le protectorat allemand sur ce territoire.

Les commerçants français à Porto Seguro et au Petit Popo conserveront pour leurs biens, de même que pour les opérations de leur commerce, jusqu'à la conclusion de l'arrangement douanier prévu ci-dessous, le bénéfice de traitement dont ils jouissent actuellement, et tous les avantages ou immunités qui seraient accordés aux nationaux allemands leur seront également acquis. Ils conserveront notamment la faculté de transporter et d'échanger librement leurs marchandises entre leurs comptoirs ou magasins de Porto Seguro et du Petit Popo et le territoire français limitrophe sans être astreints au paiement d'aucun droit. La même faculté sera accordée à titre de réciprocité auu négociants allemands.

Les gouvernements allemand et français se réservent d'ailleurs de se concerter après enquête faite sur les lieux, afin d'arriver à l'établissement de règlements douaniers communs aux deux pays sur les territoires compris entre les possessions anglaises de la Côte d'Or à l'Ouest, et le Dahomey à l'Est.

La limite entre les territoires allemands et les territoires français de la Côte des Esclaves sera fixée sur les lieux par une commission mixte. La ligne séparative partira d'un point sur la Côte à déterminer entre les territoires du Petit Popo et d'Agoué. Dans le tracé de cette ligne vers le Nord, il sera tenu compté des délimitations des possessions indigènes.

Le gouvernement allemand s'engage à s'abstenir de toute action politique à l'Est de la ligne ainsi déterminée

Le gouvernement français s'engage à s'abstenir de toute action politique à l'ouest de la même ligne.

3° Côtes de Sénégambie. Rivières du Sud.

4° Océanie.

Fait en double à Berlin, le vingt-quatre décembre mil huit cent quatre-vingt cinq.

Signé : Comte de Bismarck.

Signé : Alph. de Courcel.

Procès-verbal *des travaux de la commission franco-allemande de délimitation à la Côte des Esclaves (1er février 1887).*

Conformément à l'article 2 du protocole signé à Berlin le 24 décembre 1885, les soussignés : le lieutenant gouverneur du Sénégal et dépendances, chevalier de la Légion d'honneur, officier d'académie, et le commissaire impérial du Togo, M. Ernest Falkenthal, désignés par leurs gouvernements respectifs comme commissaires de délimation, dûment autorisés à cet effet, après s'être réunis sur les lieux, ont fixé d'un commun accord comme ligne séparative entre les territoires anglais et les territoires allemands de la Côte des Esclaves, le méridien qui, partant de la Côte, passe par le point Ouest de la petite île nommée île Bayol, située dans la lagune entre Agoué et Petit Popo, un peu à l'Ouest du village de Hillacondgi, prolongé jusqu'à la rencontre du 9e degré de latitude Nord.

Sur cette pointe de l'île Bayol, un poteau français et un poteau allemand ont été placés par les soins de la Commission mixte.

Deux autres poteaux seront élevés sur les rives de la lagune et deux autres sur la plage dans la direction de la ligne frontière. D'autres poteaux complétant la ligne séparative pourront être placés par l'un ou l'autre des représentants des deux protectorats après entente mutuelle.

Fait en double à Petit Popo, le premier février mil huit cent quatre-vingt-sept.

Signé : JEAN BAYOL,
ERNST FALKENTHAL.

MODUS VIVENDI *entre Lagos et Porto-Novo (du 2 janvier 1888)*

Entre Son Excellence Cornélius Alfred Moloney, compagnon de l'ordre très distingué de Saint-Maurice et de Saint-Georges, gouverneur pour Sa Majesté britannique et commandant en chef de la colonie et protectorat de Lagos,

D'une part,

Et l'administrateur Victor Ballot, chevalier de la Légion d'honneur, directeur des affaires politiques de la colonie du Sénégal, chargé du commandement des Etablissements français du golfe de Bénin et du protectorat du royaume de Porto-Novo,

D'autre part,

Lesquels, munis, etc., ont provisoirement adopté ce qui suit, en attendant la conclusion de la convention définitive réglant les différends concernant le territoire du protectorat français de Porto-Novo et la colonie anglaise de Lagos, afin de mettre fin à la situation regrettable actuelle et établir d'un commun accord le *modus vivendi* qui devra, à l'avenir, exister entre les deux protectorats.

Article premier. — Les pavillons et postes militaires français d'Afotonou et de Zumé seront retirés.

Art. 2. — Les pavillons et postes militaires anglais de Zumé (Nord) et de Zumé (Sud), Aguégué Kandji et de Ouetah seront retirés.

Art. 3. — Le canal de Zumé sera absolument libre.

Art. 4. — Le canal de Toché sera ouvert aux commerçants et aux officiers sans uniforme.

Art. 5. — Aucune nouvelle occupation n'aura lieu. Les deux parties s'engagent mutuellement à ne pas arborer, à l'avenir, le pavillon national sur les points où il n'existerait déjà.

Art. 6. — Les stipulations de la présente convention seront exécutées dans les huit jours qui suivront sa signature.

Art. 7. — La durée dudit article est subordonnée aux décisions que croiront devoir prendre les cabinets de Paris et de Saint-James.

Fait à Lagos, en quadruple expédition, le 2 janvier 1888.

(*Signatures*)

ACTE *additionnel à la convention du 2 janvier 1888*

Son Excellence, M. le gouverneur Cornélius Alfred Moloney et M. l'administrateur Victor Ballot, après s'être communiqués leurs instructions respectives.

Déclarent :

1° Qu'il n'existe pas de poste anglais à Pokrah.

2° Que les postes de Seimi et d'Etah, désignés dans les instructions françaises et le poste de Seimi seulement désigné dans les instructions anglaises n'ont également jamais existé.

En foi de quoi ont signé la présente déclaration, à Lagos, le 2 janvier 1888.

(*Signatures*)

ARRANGEMENT *du 10 août 1889 délimitant les possessions françaises et anglaises sur la côte occidentale d'Afrique. (Approuvé par décret du 12 mars 1890).*

Les soussignés délégués par le gouvernement de la République française et par le gouvernement de S. M. la reine de Grande-Bretagne et d'Irlande à l'effet de préparer un accord général destiné à régler l'ensemble des questions pendantes entre la France et l'Angleterre, au sujet de leurs possessions respectives sur la Côte occidentale d'Afrique, sont convenus des dispositions suivantes :

Article premier. — En Sénégambie, etc., etc.....

Art. 2. — Au Nord de Sierra-Léone, etc., etc....

Art. 3. — Sur la Côte d'Or, etc., etc.....

Art. 4. — § 1er. — Sur la Côte des Esclaves, la ligne de démarcation entre les sphères d'influence des deux puissances se confondra avec le méridien qui coupe le territoire de Porto-Novo à la crique d'Adjarra, en laissant le Pokrah, ou Pokéa, à la colonie anglaise de Lagos. Elle suivra le méridien précité pour s'arrêter au Nord, au 9e degré de latitude Nord. Au Sud, elle ira aboutir à la plage, après avoir traversé le territoire d'Appah, dont la capitale restera à l'Angleterre.

La navigation de l'Adjarra et celle de la rivière d'Addo seront libres et ouvertes aux habitants et aux embarcations des deux protectorats.

§ 2. — Des garanties seront stipulées en vue d'assurer aux commerçants français toute liberté pour leurs échanges avec les pays qui ne seraient pas compris dans la sphère d'influence de la France et, notamment, avec les Egbas.

Réciproquement, des garanties seront stipulées en vue d'assurer aux commerçants anglais toutes libertés pour leurs échanges avec les pays qui ne seraient pas compris dans la sphère d'influence de l'Angleterre.

§ 3. — Des garanties seront également stipulées en faveur des habitants de Cotonou et de la partie française du territoire d'Appah. Ces habitants seront libres d'émigrer s'ils le désirent, et ceux qui resteraient seraient protégés par les autorités françaises contre toute atteinte de la part du roi de Porto-Novo ou de ses gens, à leur personne, leur situation et leurs biens.

Les mêmes garanties sont stipulées en faveur des habitants du territoire de Pokrah.

§ 4. — Il est convenu en outre : que l'action politique du gouvernement français s'exercera librement à l'Ouest de la ligne frontière. et que l'action politique du gouvernement anglais s'exercera libre ment à l'Est de la ligne frontière.

§ 5. — Comme conséquence de l'entente qui vient d'être ainsi définie, et pour éviter les conflits auxquels les rapports journaliers des populations du pays de Porto-Novo avec les habitants de Pokrah pourraient donner lieu si un poste de douane devait être établi par l'une ou l'autre des parties contractantes à la crique d'Adjarra, les délégués français et anglais s'accordent à recommander à leurs gouvernements respectifs la neutralisation, au point de vue douanier, de la partie du territoire de Pokrah comprise entre la crique d'Adjarra et l'Addo, en attendant qu'un accord douanier définitif puisse intervenir entre les établissements français de Porto-Novo et la colonie de Lagos.

Art. 5. — Les deux gouvernements se réservent de nommer des commissions spéciales de délimitation pour tracer sur les lieux, là où ils le jugeront utile, la ligne de démarcation entre les possessions françaises et anglaises, en conformité avec les dispositions générales qui précèdent.

En foi de quoi les délégués soussignés ont dressé le présent arrangement, sous réserve de l'approbation de leurs gouvernements respectifs et y ont apposé leur signature.

Fait à Paris, en double expédition, le 10 août 1889.

Signé : A. NISARD, JEAN BAYOL.

Signé : EDWING, H. EDGERTON AUGUSTUS,
W. L. HERMING.

ANNEXE n° 1

. . . .

ANNEXE n° 2

Porto-Novo, § 1. — « Le méridien qui coupe le territoire de Porto-Novo à la crique d'Adjarra doit signifier :

1° (Au Nord de la lagune de Porto-Novo), le milieu de la rivière Ajarra ou Ajara, jusqu'au point où cette rivière cesse de séparer le royaume de Porto-Novo de celui de Pokrah, et de là, le méridien de ce point, au Nord jusqu'au neuvième parallèle de latitude Nord.

2° (Au Sud de la lagune de Porto-Novo) le méridien du milieu de la rivière Ajarra à son embouchure dans la lagune de Porto-Novo ;

3° La ligne frontière a été décrite dans cette convention d'après le Sketch survey of de inland water communications in the colony of Lagos by harbour master Speeding, 1886. »

CHAPITRE III

La conquête militaire. — Première période (1890)

ORGANISATION DU PROTECTORAT — VOYAGE DE M. BAYOL A ABOMEY. — OCCUPATION DE COTONOU. — LES PREMIÈRES HOSTILITÉS. — LE CAPITAINE DE VAISSEAU FOURNIER ; L'AMIRAL CAVELIER DE CUVERVILLE ; LES NÉGOCIATIONS. — L'ARRANGEMENT DU 3 OCTOBRE 1890.

Organisation du protectorat. — Au moment ou M. Ballot reprit le commandement des établissements du Bénin (le 1er décembre 1889), le pays paraissait tranquille. Il était permis d'espérer que les résultats de la visite faite au roi Glégié par le lieutenant gouverneur Bayol seraient satisfaisants et que les difficultés pendantes entre le Dahomey et la France pourraient, de la sorte, être réglées pacifiquement. L'attention du résident se porta donc exclusivement sur la mise en vigueur des dispositions du décret du 1er août 1889 applicables à partir du 1er janvier 1900. Cet acte séparait virtuellement les Rivières du sud de la colonie même du Sénégal, sans toutefois les ériger en colonie distincte, et accordait à nos établissements de la Côte-d'Or et du Golfe de Bénin, sous l'autorité générale du lieutenant gouverneur des Rivières du Sud, une autonomie administrative et financière à peu près complète. Il convient de reproduire *in extenso* le décret du 1er août 1889, dont les considérants font ressortir d'une manière très nette l'origine de la formation en groupes indépendants de nos établissements de la côte occidentale d'Afrique qui sont devenus aujourd'hui les colonies de la Guinée française, de la Côte d'Ivoire et du Dahomey et dépendances.

RAPPORT *au Président de la République française, suivi d'un décret réglant l'organisation politique et administrative des Rivières du Sud, du Sénégal, des Etablissements français de la Côte d'Or et des Etablissements français du golfe de Bénin.*

Paris, le 1er août 1889.

(Sous-Secrétariat d'Etat des Colonies, cabinet du Sous-Secrétaire d'Etat.)

Monsieur le Président,

L'administration des colonies s'est préoccupée depuis plusieurs années de la nécessité de donner à nos établissements des Rivières du Sud, de la Côte d'Or et du golfe de Bénin une organisation administrative en rapport avec l'importance croissante que tendent à prendre ces possessions françaises sur la Côte occidentale d'Afrique. Le système actuel de rattachement pur et simple au Sénégal est condamné par l'expérience et doit être remplacé par un régime nouveau, plus approprié aux besoins et à la situation du pays.

Très éloignées de la Côte proprement dite, n'entretenant avec elles que des relations peu suivies, les Rivières du Sud en font toutefois partie intégrante au point de vue administratif.

Il y a là encore une anomalie d'autant plus frappante que les intérêts du Sénégal et ceux des Rivières du Sud sont le plus souvent distincts et quelquefois même opposés au point de vue commercial.

En plaçant ces possessions sous l'autorité du lieutenant-gouverneur du Sénégal, le décret du 12 octobre 1882 n'avait pas défini, d'ailleurs, d'une manière précise les attributions de ce haut fonctionnaire qui est resté, dans la pratique, en dehors des missions spéciales dont il se trouvait chargé, un simple intermédiaire entre les services installés dans la région et le gouvernement du Sénégal. Il n'en pouvait être autrement du moment que le décret plaçait les Rivières du Sud sous la dépendance complète du gouverneur au point de vue politique, administratif et financier.

Cet état de choses a paru défectueux à tous ceux qui, connaissant le pays, savent qu'il est appelé à un grand développement commercial. Il importait donc d'étudier dans quelles mesures une nouvelle organisation permettrait de doter ces régions d'un régime autonome, condition indispensable de leur prospérité.

Telle est la mission qui a été confiée par M. le Sous-Secrétaire d'Etat des colonies à une commission dont les travaux et les enquêtes ont permis de préparer, en connaissance de cause, un projet complet d'organisation.

La commission a dû examiner, tout d'abord, si les Rivières du Sud avaient les ressources financières nécessaires à l'alimentation d'un budget spécial sans avoir recours soit au Sénégal, soit à la métropole,

L'étude de la question n'a laissé aucun doute sur ce point et a montré qu'en l'état actuel les ressources des Rivières du Sud, telles qu'elles figurent même au budget du Sénégal, permettraient de couvrir leurs propres dépenses.

J'ai été dès lors amené à penser qu'il y avait un intérêt très sérieux à accorder à cette région la gestion d'un budget propre et de lui attribuer une autonomie complète au point de vue administratif et financier, tout en laissant subsister entre les Rivières du Sud et le Sénégal une sorte de lien politique qui, sans gêner en rien leur action respective, tendrait uniquement à régler leur situation dans l'éventualité possible d'une action commune sur certains points.

D'accord avec la Commission, j'estime que cette autonomie doit s'arrêter à la limite que je viens d'indiquer et qu'il serait inutile, et non peut-être sans inconvénients pour le moment, de séparer complètement du Sénégal les Rivières du Sud en les érigeant en colonie distincte.

Placé directement sous les ordres de la métropole, jouissant d'une indépendance réelle et de pouvoirs propres bien définis, disposant d'un budget spécial, le lieutenant-gouverneur sera réellement en mesure d'assurer, d'une manière utile et complète, le développement des intérêts considérables dont il aura la charge.

La réorganisation administrative des Rivières du Sud doit avoir pour conséquence naturelle une importante modification dans l'organisation de nos Etablissements de la Côte d'Or et du golfe de Bénin qui, bien que considérés comme dépendances du Sénégal, sont, tant par leur éloignement que par la différence de leurs intérêts politiques et économiques, restés en dehors de l'action directe de la colonie.

Ces Etablissements rattachés tantôt à nos possessions du Gabon, tantôt à la colonie du Sénégal, ont été placés par le décret du 16 juin 1886 dans la sphère d'action du lieutenant-gouverneur des Rivières du Sud.

Ces rattachements successifs témoignent des efforts infructueux qui ont été faits pour donner à nos comptoirs de Grand-Bassam et de Porto-Novo une organisation en rapport avec leur situation géographique.

Aussi éloignés du Sénégal que du Gabon, ces établissements ne doivent en réalité faire partie intégrante ni de l'une ni de l'autre de ces colonies, et il m'a paru, en effet, qu'il convenait de leur accorder la plus grande autonomie au point de vue administratif et financier. Les résidents chargés de représenter le gouvernement, tant à la Côte d'Or qu'au golfe de Bénin, correspondraient directement avec le département; mais comme il pourrait y avoir des inconvénients à laisser ces fonctionnaires sans contrôle, sans direction supérieure, ils seraient placés sous l'autorité du lieutenant-gouverneur des Rivières du Sud auxquels ils transmettraient la copie de leur correspondance.

En résumé, la nouvelle organisation prévoit l'institution de trois groupes distincts au point de vue financier et administratif; les Rivières du Sud, les Etablissements de la Côte d'Or et les Etablissements du golfe de Bénin sous la réserve, d'une part, qu'au point de vue politique le gouverneur du Sénégal continuera à être au courant des affaires des Rivières du Sud; d'autre part, que l'autorité générale du lieutenant-gouverneur des Rivières du Sud s'étendra également sur nos Etablissements de la Côte d'Or et du golfe de Bénin.

Veuillez agréer, monsieur le Président, l'hommage de mon profond respect.

Le président du conseil,
ministre du commerce, de l'industrie et des colonies.
P. TIRARD.

DÉCRET *réglant l'organisation politique et administrative des rivières du Sud, des établissements français de la Côte-d'Or et des établissements français du Golfe de Bénin (1er août 1889.)*

Le Président de la République française;
Sur le rapport du président du Conseil, ministre du Commerce, de l'Industrie et des Colonies;
Vu l'article 18 du Sénatus-consulte du 3 mai 1854,
Décrète :

CHAPITRE PREMIER

Administration des Rivières du Sud

Article premier. — Le lieutenant-gouverneur du Sénégal est spécialement chargé de l'administration des Rivières du Sud. Les territoires placés sous son autorité s'étendent des limites de la Guinée portugaise à celles de la Colonie anglaise de Sierra Léone.

Art. 2. — Le lieutenant-gouverneur correspond directement avec le sous-secrétaire d'Etat des colonies pour les diverses parties du service; toutefois il doit adresser au gouverneur du Sénégal copie de ses rapports politiques et le tenir régulièrement au courant de tous les faits se rattachant à la situation générale de la Colonie.

Art. 3. — Le lieutenant-gouverneur exerce dans les Rivières du Sud, les pouvoirs politiques, administratifs et financiers dévolus au gouverneur du Sénégal par les décrets et règlements en vigueur et notamment par l'ordonnance organique du Sénégal du 7 septembre 1840.

Art. 4. — Il est créé pour les Rivières du Sud un budget local spécial distinct du budget du Sénégal.

Ce budget préparé par le lieutenant-gouverneur avec le concours d'un Conseil consultatif dont la composition sera ultérieurement fixée, est, après approbation du sous-secrétaire d'Etat, rendu exécutoire par le lieutenant-gouverneur qui est ordonnateur de toutes les dépenses.

Art. 5. — Pour les affaires administratives et financières, le lieutenant-gouverneur est assisté d'un fonctionnaire qui prendra le titre de secrétaire général et qui est choisi dans le personnel supérieur des directions de l'intérieur ou parmi les administrateurs coloniaux.

Un agent du Trésor est chargé du service de trésorerie.

Art. 6. — Tout le personnel en service dans les Rivières du Sud relève uniquement du lieutenant-gouverneur qui en dispose suivant les besoins du service.

Art. 7. — Le lieutenant-gouverneur a à sa disposition, pour assurer la police des territoires qui lui sont dévolus, les gardes civiles indigènes et les milices qui seront organisées, ainsi que les bâtiments de la Marine locale qui pourront être armés au compte de la colonie.

Art. 8. — Le lieutenant-gouverneur a sa résidence à Conakry ; il doit visiter deux fois l'an les différents postes des Rivières du Sud; il rend compte immédiatement du résultat des tournées au sous-secrétaire d'Etat des Colonies et au gouverneur.

Art. 9. — Le lieutenant-gouverneur des Rivières du Sud est chargé de l'exercice du protectorat de la République sur le Fouta Djallon, conformément aux traités en vigueur.

Art. 10. — En cas de décès ou d'absence de la colonie, le lieutenant-gouverneur est remplacé par le secrétaire général à moins d'une désignation spéciale faite par le sous-secrétaire d'État.

CHAPITRE II

Administration des établissements français de la Côte d'Or.

(Mêmes dispositions que ci-dessous pour le Bénin).

CHAPITRE III

Administration des établissements français du golfe de Bénin.

Art. 13. — L'administration des établissements français du golfe de Bénin est confiée à un représentant du Gouvernement portant le titre de résident choisi dans le corps des administrateurs et qui est placé sous l'autorité du lieutenant-gouverneur des Rivières du Sud.

Ce résident correspond directement avec le sous-secrétaire d'Etat et adresse une copie de sa correspondance au lieutenant-gouverneur qui fait parvenir, s'il y a lieu, ses observations au sous-secrétaire d'Etat.

Art. 14. — Il est créé, pour les établissements français du golfe de Bénin, un budget local spécial distinct de celui des Rivières du Sud.

Ce budget, préparé par le résident, est soumis par le lieutenant-gouverneur à l'approbation du sous-secrétaire d'Etat.

Il est rendu exécutoire par arrêté du lieutenant-gouverneur qui est ordonnateur des dépenses et qui peut, en cette qualité, déléguer ses pouvoirs au résident.

CHAPITRE IV

Dispositions générales

Art. 15. — La nouvelle organisation des Rivières du Sud, des établissements français de la Côte-d'Or et du golfe de Bénin entrera en vigueur à compter du 1er janvier 1890.

Art. 16. — Toutes les dispositions contraires au présent décret sont abrogées.

Art. 17. —. Le président du Conseil, ministre du Commerce, de l'Industrie et des Colonies est chargée de l'éxécution du présent décret qui sera inséré au *Journal Officiel* de la République Française, au *Bulletin des Lois* et au *Bulletin Officiel* de l'Administration des Colonies.

Fait à Paris, le 1er août 1889.

Signé : CARNOT.

Par le Président de la République,
Le Président du Conseil,
Ministre du Commerce, de l'Industrie et des Colonies
Signé : P. TIRARD.

Le premier point qu'il convenait de régler dès le début de cette nouvelle organisation était la question financière. M. Ballot demanda en conséquence au sous-secrétariat d'Etat des colonies que les crédits inscrits au budget colonial pour le protectorat puissent être ordonnancés directement par le Bénin. Il estimait, à très juste titre, qu'il ne devait pas continuer à prendre à cet égard les instructions du chef du service administratif de Saint-Louis (Sénégal); le Résident de France devant, d'après l'esprit et la lettre du décret du 1er août 1889, exercer par délégation les pouvoirs financiers dévolus au lieutenant gouverneur. Il demandait également que les fonctions de préposé du Trésor fussent confiés à l'administrateur adjoint du Résident, en remplacement du Résident lui-même qui opérait jusqu'à ce moment comme délégué du trésorier particulier du Sénégal. Sur ces deux points, M. Ballot obtenait quelque temps après complète satisfaction.

Il établissait en même temps le budget local pour l'exercice 1890. Ce document, établi pour la première fois sur des bases définitives, était arrêté à la somme de 123,000 fr. Les recettes provenaient en partie du produit des douanes de Grand Popo, en partie des patentes ; le reste se composait des perceptions opérées au titre de l'enregistrement, des postes et télégraphes, du droit d'ancrage, etc.

Une imprimerie officielle était créée à Porto-Novo, et le

premier numéro du *Journal officiel des Etablissements et Protectorats français du Golfe de Bénin* paraissait le 1er janvier 1890. Quant à l'administration elle-même, elle était constituée comme suit par arrêté local du 14 décembre 1889 : 1re section : Secrétariat et Trésorerie ; 2e section : Affaires politiques, justice et détails administratifs ; 3e section : Vice-Résidence du Grand Popo et Agoué.

Pendant tout le courant du mois de décembre le Résident prit divers arrêtés dont voici les principaux : 1o arrêté instituant un Comité de commerce (8 décembre) ; 2o arrêté instituant une commission des mercuriales chargée de déterminer la valeur à la consommation des marchandises et denrées françaises et étrangères ; (9 décembre) ; 3o arrêté créant une Commission des contributions en exécution de l'arrêté du Gouverneur du Sénégal du 17 septembre 1889 étendant au territoire de Porto-Novo le décret du 6 avril 1881 en ce qui concerne les patentes ; 4o arrêté instituant un Conseil d'hygiène et de salubrité, etc.

Un peu plus tard, en raison des évènements, un arrêté du 5 février formait une milice, recrutée parmi les européens et les indigènes résidant sur le territoire français du Bénin, pour la protection du pays. Cette milice se composait de quatre Compagnies de cent hommes chacune, pouvant être mobilisées par le lieutenant-gouverneur ou, en cas d'urgence et d'évènements graves, par le Résident de France. Ceci, bien entendu, en supplément des cinquante gardes civils créés par arrêté local du 9 novembre 1899.

Le 18 février paraissait un arrêté, encore en vigueur aujourd'hui, sur les concessions territoriales.

Enfin, le 5 mars 1890, l'arrangement douanier franco-allemand, prévu par le décret du 6 février 1890, était mis en application. Le 3 avril, un second arrêté établissait le régime douanier dans les territoires de Cotonou, Porto-Novo et à l'est de Grand-Popo, conformément aux prescriptions du décret du 1er avril 1890. Dans le courant du même mois le personnel douanier étant arrivé du Sénégal, le service des contributions indirectes commença à fonctionner régulièrement.

Diverses autres dispositions d'ordre administratif ou municipal, dont il serait trop long de donner ici la liste, furent également prises par le Résident à la même époque. Nous en retrouverons du reste trace dans les chapitres suivants.

Voyage du lieutenant gouverneur Bayol à Abomey. — Cependant M. Bayol, parti de Porto-Novo, comme nous l'avons dit dans les premiers jours de novembre, était arrivé à Abomey où il fut tout d'abord très bien reçu. On lui donna comme logement la maison du Chacha disgracié; mais tout en l'entourant de beaucoup d'égards et en lui laissant une certaine liberté apparente, on le soumit à une surveillance très étroite. Il ne fut reçu par Glé-Glé qu'une seule fois au moment de son arrivée et, sous un prétexte d'étiquette, ne put pas l'entretenir de l'objet de sa mission dès cette première entrevue. Ce n'était que le début et sa patience devait, pendant les jours qui suivirent, être mise à une rude épreuve. Les rois du Dahomey avaient en effet pour habitude de faire traîner les choses en longueur de manière à décourager les Européens chargés de traiter avec eux des questions importantes ou simplement embarrassantes. Ce système se pratique évidemment ailleurs qu'au Dahomey; mais à Abomey c'était paraît-il la perfection du genre, en tout cas, il fut appliqué sans aucun ménagement à M. Bayol. Il était bien invité à venir tous les après-midi au tamtam royal et tous les soirs à prendre le thé chez le prince Kondo, depuis Béhanzin, on le fit même assister, bien malgré lui, à quelques exécutions mais ce fut tout; quant aux négociations il n'en était nullement question. Enfin, à bout de patience, il protesta énergiquement contre le procédé dont il était la victime (cinquante-quatre jours s'étaient écoulés depuis son départ de Cotonou) et il insista d'une manière très pressante pour parler au roi Glé-Glé. Kondo lui fit répondre que Glé-Glé était très malade, et dans l'impossibilité de le recevoir, mais qu'il était chargé de régler avec lui les questions en litige. Le 29 décembre au soir, une grande réunion, à laquelle assistaient tous les chefs, eut lieu chez Kondo. M. Bayol commença à expliquer catégoriquement le but de sa mission, mais il n'eut même pas plutôt commencé à parler du traité de 1878 que Béhanzin se leva très en colère, excité par l'alcool qu'il avait absorbé à très haute dose, et déclara que la bonne foi de Glé-Glé avait été surprise, que la coutume du pays interdisait au roi d'aliéner la moindre parcelle du territoire dahoméen et que pour ce motif les chefs signataires du traité qui s'étaient laissé circonvenir avaient été punis. Il conclut enfin en disant que le Gouvernement français avait renoncé à l'espoir d'occuper Cotonou. Après avoir essayé vainement de l'apaiser, M. Bayol comprit avec raison qu'il n'avait plus qu'à se retirer. Il prit congé de Béhanzin, rentra chez lui, demanda le récadère (messager du roi) chargé de lui faire ouvrir les routes, plia bagages et redescendit très rapidement sur Allada et Abomey-Calavi. Il eut raison de hâter sa marche, car il n'avait pas encore quitté Allada que des messagers partirent à sa poursuite avec l'ordre de l'arrêter en route et de le ramener à Abomey. Ils ne purent, heureusement pour le représentant de la France, le rejoindre ; toute velléité de résistance eût été vaine et, d'autre part Glé-Glé étant mort la nuit même du départ, nul ne peut savoir ce qui serait arrivé si M. Bayol avait été obligé de retourner dans la capitale. Les intentions de Kondo qui, dit-on, n'avait pas été étranger à la mort assez mystérieuse de son père, n'étaient à ce moment rien moins que pacifiques.

Revenu à Cotonou, M. Bayol rendit compte de sa mission au mintstre et demanda d'urgence des renforts. L'occupation militaire de Cotonou fut décidée. C'était la guerre.

Occupation de Cotonou. — Dès le 3 janvier 1890, un renfort de soixante tirailleurs et deux officiers arrivaient à Cotonou. Le 18 février le *Sané* y amenait également quatre-vingts tirailleurs gabonais; le lendemain arrivaient du Sénégal deux compagnies et deux sections d'artillerie sous les ordres du lieutenant-colonel Terrillon. A la date du 20 février, la colonne concentrée à Cotonou se composait de 15 officiers, 27 sous-officiers, 317 caporaux et soldats (dont 18 européens et 299 indigènes) en tout 359 hommes tout compris.

Le 22 février le débarquement des troupes étant achevé, M. Bayol fit appeler l'agorigan (chef) du village dahoméen de Cotonou et il lui signifia l'intention de la France d'occuper définitivement ce point. Il ajouta que le roi du Dahomey ayant manqué à ses engagements, le gouvernement avait envoyé des troupes pour assurer par la force l'exécution des clauses du traité de 1878. Il s'assura ensuite de la personne des chefs. Le lendemain, le village ayant fait des démonstrations hostiles, était attaqué par les tirailleurs, brûlé en partie et évacué par les Dahoméens.

En vue d'un retour offensif, la garnison employa la journée du 23 à des préparatifs divers; un ouvrage fut élevé à la hâte sur le bord de la lagune de manière à en protéger le passage.

Les premières hostilités. — Les factoreries Fabre et Régis ainsi que la maison du télégraphe étaient mises en état de défense. Ces précautions n'étaient pas inutiles car le 24 février les Dahoméens attaquent les retranchements mais ils sont repoussés et se retirent vers Zobbo et Godomey. Le 1er mars, une reconnaissance est effectuée dans la direction de ce dernier village; après une action assez vive les soldats de Béhanzin sont mis en fuite.

Le 4 mars, au point du jour, Cotonou est de nouveau attaqué, cette fois avec une véritable furie; la situation était très périlleuse, les dahoméens étant dix fois supérieurs en nombre à nos troupes, car si nos lignes avaient été percées,

La lagune de Cotonou

grâce à la confusion du premier moment, nos hommes étaient jetés à la mer sans aucune espérance de salut malgré la présence sur rade du *Sané*. Le lieutenant Compérat, de l'infanterie de marine, put heureusement tenir bon et, bien que grièvement blessé dès le début de l'affaire, résister au premier choc. On peut dire que c'est grâce au courage et à la présence d'esprit de ce brave officier, aujourd'hui administrateur colonial, que l'attaque de l'ennemi échoua. Après un combat acharné au cours duquel ils subirent de grosses pertes, les Dahoméens durent se retirer.

Les défenses de Cotonou furent augmentées en vue d'une troisième attaque possible mais pendant quelques jours il ne se produisit aucun incident nouveau. Le 21 mars, une reconnaissance fut dirigée sur Godomey, mais elle ne rencontra aucune résistance. Le 25, du côté de Godomey-plage, nos soldats se heurtaient à une troupe de dahoméens qui fut mise en déroute après un court engagement. Il devenait évident que le roi Béhanzin avait modifié son plan et qu'il avait concentré ses troupes du côté de l'Ouémé avec l'intention de tenter un coup de main sur Porto-Novo. Pour s'en assurer, le lieutenant-colonel Terrillon se rendit avec un fort détachement un peu au nord d'Aguéué et rencontra les Dahoméens au village de Décamé. Le capitaine Oudart et le lieutenant Mousset furent tués dans cette affaire. Après avoir brûlé le village, l'expédition revint à Cotonou. Peu de temps après avait lieu le combat d'Atchoupa. Nous en donnons, ci-après la relation officielle *(Journal Officiel du Dahomey du 1er mai 1890)* :

Le 17 avril, les troupes dahoméennes occupaient la banlieue de Porto-Novo, dont les villages étaient incendiés et les habitants massacrés. Le gros de l'armée ennemie était signalé entre Bedgi et Gomé, à dix kilomètres N.-N.-E. de Porto-Novo.

M. Victor Ballot, résident de France, chargé du service des renseignements, prévenait aussitôt à Cotonou le lieutenant-colonel Terrillon, commandant les troupes expéditionnaires. Dès le 18, les troupes de Porto-Novo recevaient de Cotonou les premiers renforts consistant surtout en artillerie.

Le 19, le lieutenant-colonel Terrillon et son chef d'état-major, le capitaine breveté Septans, arrivaient à Porto-Novo. Après entente avec le résident, les ordres étaient donnés pour la journée du lendemain. La sortie projetée avait pour but, non seulement de reconnaître la force de l'ennemi et surtout la présence du roi Béhanzin, mais encore de rassurer la population de Porto-Novo.

Le 20, à six heures du matin, la colonne prenait sa formation de rendez-vous à l'est du fort Oudart, face au Nord, et s'ébranlait dans l'ordre de marche suivant :

500 guerriers du roi Toffa, sous le commandement du prince Bénou Patoutou, chargés de prendre le contact de l'ennemi;

10e compagnie de tirailleurs sénégalais (capitaine Arnoux), formant l'avant-garde;

Suivait le gros de la colonne, en tête de laquelle marchaient le lieutenant-colonel Terrillon, le résident de France, l'état-major (capitaine Septans et lieutenant Collombier) et une section de gardes civils de la résidence, un peloton de disciplinaires des colonies (capitaine Pérez), trois pièces de quatre de montagne (lieutenant d'artillerie Roos), 4e compagnie de tirailleurs sénégalais (capitaine Pansier), ambulance (docteurs Dodart et Roux-Fraissineng), convoi de vivres et de munitions;

Un peloton de la 2e compagnie de tirailleurs sénégalais (capitaine Lemoine);

En tout, 350 soldats réguliers.

A sept heures et demie, à sept kilomètres au N.-N.-E. de Porto-Novo, à l'entrée du village d'Atchoupa, les guerriers du roi Toffa qui couvraient le front et les ailes, sont accueillis par une vive fusillade; huit de ces auxiliaires, dont le prince Bénou Patoutou, sont tués. La 10e compagnie de tirailleurs se déploie aussitôt et couvre, par des feux à commandement bien ajustés, la retraite des auxiliaires; le capitaine Arnoux et son sous-lieutenant Szymansky sont obligés de tenir tête pendant quelques instants à une véritable nuée de Dahoméens qui, dissimulés derrière les murs en terre du village d'Atchoupa et derrière d'épais taillis, font pleuvoir une grêle de projectiles sur les tirailleurs.

Le lieutenant-colonel Terrillon fait aussitôt former le carré et le ait appuyer à droite, de façon à se ménager un champ de tir découvert en avant de chaque face.

A huit heures, l'action est engagée à fond; l'ennemi, dont la force a, depuis, été estimée à 7.000 guerriers et 2.000 amazones, cherche à entamer le carré. Tirailleurs et disciplinaires les attendent l'arme au pied, et, à 200 mètres, ouvrent le feu; les trois pièces crachent la mitraille.

Aux assauts répétés des Dahoméens, nos tirailleurs et nos disciplinaires opposent leur sang-froid et leurs feux de salve. L'énergie des officiers, la solidité des troupes, la discipline du feu et la supériorité de notre armement ont raison de ces nombreux ennemis qui, de leur côté, montrent une grande énergie dans leurs attaques.

Il n'y a bientôt plus de doute : toute l'armée dahoméenne est devant nous; les amazones, garde royale de Béhanzin, donnent avec la même furie qu'au combat du 4 mars à Cotonou, où elles se firent tuer sur les palanques du fortin Compérat. Ces harpies, ivres de gin de traite, montrent un acharnement incroyable. Les capitaines Arnoux, Perez et Pansier, les lieutenants Lagaspie, Ganaye et Szymansky tiennent leurs hommes dans la main et ont raison de leurs féminins, mais redoutables adversaires.

Les Dahoméens, désespérant de rompre le carré, le tournent et gagnent la route de Porto-Novo ; ils veulent profiter de leur supériorité numérique pour nous harceler sur place et, en même temps, tenter un coup de main sur la ville et surtout sur le roi Toffa, dont ils voudraient rapporter la tête à Béhanzin.

Le soleil est déjà haut, l'atmosphère est lourde ; l'eau manque ; les munitions d'infanterie et d'artillerie s'épuisent rapidement ; la colonne a déjà plusieurs hommes hors de combat ; le résident de France, à cheval au milieu du carré, toujours aux côtés du colonel Terrillon, a le casque traversé par une balle ; le mouvement enveloppant de l'ennemi s'accuse de plus en plus. Le colonel Terrillon, craignant une diversion sur Porto-Novo, donne au carré l'ordre de marcher face en arrière.

Il est neuf heures du matin ; le carré s'ébranle lentement, serré de près par les amazones qui cherchent à gagner les flancs. Aux sonneries alternatives du clairon : Halte ! et : En avant ! le carré s'arrête pour foudroyer les ennemis qui le serrent de trop près et reprend tranquillement sa marche lorsque la fusillade de l'adversaire semble mollir quelque peu.

L'ennemi ne cessa ses attaques que vers dix heures du matin ; à onze heures, la colonne se dispersait et reprenait ses postes de combat autour de la ville.

La sortie du colonel Terrillon a sauvé Porto-Novo ; les Dahoméens ont subi des pertes très sensibles évaluées, d'après les rapports des espions, au quart de l'effectif engagé.

Béhanzin, désespéré d'avoir subi des pertes encore plus considérables que celles du combat du 4 mars à Cotonou, se retire dans le nord, vers Dangbo et Azouicé.

De notre côté, le combat d'Atchoupa nous coûte : 8 guerriers de Toffa tués au début de l'action et 53 blessés, dont le lieutenant Szysmansky, 15 Européens, 17 tirailleurs et 20 guerriers du roi Toffa.

L'honneur de la journée revient à la 10e compagnie de tirailleurs sénégalais qui subit, dès le début de l'action, le choc de l'adversaire, tint pendant tout le combat et protégea la retraite repoussant énergiquement les assauts furieux des amazones.

Le lendemain l'ordre suivant était lu à la colonne expéditionnaire :

« Officiers, sous officiers et soldats,

« Hier vous avez lutté pendant deux heures et demie avec une bravoure admirable contre les meilleures troupes de l'armée du roi « du Dahomey, au nombre de 6.000 guerriers et de 2.000 amazones. « Vous vous êtes battus un contre vingt et confiants dans l'expérience « de vos chefs qui vous ont, depuis deux mois, conduits huit fois à « l'ennemi, vous avez opposé à ces attaques furieuses une barrière « insurmontable. Honneur à vous, tirailleurs, artilleurs, disciplinaires, et ce sera pour moi un précieux souvenir d'avoir été appelé

« à l'honneur de vous commander. La 10e compagnie de tirailleurs, « électrisée par ses deux braves officiers, MM. le capitaine Arnoux « et le lieutenant Szymansky, a fait des prodiges de valeur pendant « la retraite; et je suis sûr d'être l'interprète de tous en la citant tout « particulièrement à l'ordre de la colonne.

Le lieutenant-colonel commandant la colonne,

TERRILLON.

Le rôle brillant joué dans cette affaire par le résident de France a été fort bien décrit par le lieutenant-colonel Terrillon, obligé de rentrer en France quelques jours après l'affaire de Atchoupa, pour y rétablir sa santé très ébranlée : « Je ne « veux pas, dit-il, quitter notre jeune et belle colonie sans « adresser tous mes remerciements à M. Ballot, résident de « France, qui, par la sûreté de ses renseignements, m'a « permis, avec de faibles effectifs, de faire face sur tous les « points à l'armée dahoméenne, et qui, par sa brillante « conduite et l'énergie déployée pour remettre de l'ordre « parmi les soldats auxiliaires pendant le combat du 20 avril, « a contribué au succès de la journée. » (Ordre no 9 du 1er mai 1890, *Journal officiel.*)

On sait avec quel soin la saine tradition de l'abnégation personnelle et de l'entente parfaite a été dès lors établie et maintenue depuis par les représentants de l'autorité civile et militaire au Dahomey. On sait aussi quels heureux résultats elle a produit au point de vue de la pacification du pays et de l'expansion de la Colonie.

Le capitaine de vaisseau L. Fournier. — L'amiral Cavelier de Cuverville. — Les négociations. — L'arrangement du 3 octobre 1890. — M. Bayol était rentré en France au commencement du mois d'avril, laissant la direction des affaires au capitaine de vaisseau Fournier, commandant du *Sané*.

Le 7 avril, le blocus fut établi sur la côte conformément à la déclaration ci-dessous :

Nous soussigné, Léopold Fournier, commandant supérieur des forces navales françaises dans le golfe de Benin,

Vu l'état de guerre existant entre la France et le Dahomey, agissant en vertu des pouvoirs qui nous appartiennent;

Déclarons :

Qu'à partir du 7 avril 1890, la côte et les ports compris entre la limite des possessions françaises et allemandes des Popos par 6° 14' 45" de latitude Nord et 0° 40' 36" de longitude Ouest de Paris (ou 1° 39' 38" de longitude Est de Greenwich) et la limite orientale des possessions françaises de Porto-Novo déterminée par le prolongement jusqu'à la mer du méridien passant par la crique d'Ajarra, seront tenus en état de blocus effectif par les forces navales placées sous notre commandement et que les bâtiments neutres auront un délai de trois jours pour achever leur chargement et quitter les lieux bloqués.

Il sera procédé contre tout bâtiment qui aura tenté de violer le dit blocus, conformément aux lois internationales et aux traités en vigueur avec les puissances neutres.

A bord du *Sané*, rade de Cotonou, le 7 avril 1890.

Léopold Fournier.

A Porto-Novo, depuis le combat d'Atchoupa, la situation était satisfaisante; ainsi que l'écrivait M. Ballot au sous-secrétaire d'Etat des Colonies, les affaires n'avaient pas été interrompues un seul instant et le budget local de 1890 promettait de se solder par un important excédent de recettes. D'autre part, le service douanier était organisé et les travaux de construction de la ligne télégraphique Porto-Novo-Cotonou étaient poussés activement. Cette ligne put, de la sorte, être livrée au public le 1er juillet 1890. Sans pour cela négliger son service de renseignements politiques, le résident faisait procéder, d'accord avec le colonel Klipfel, qui était arrivé du Sénégal le 24 avril et qui avait remplacé le lieutenant-colonel Terrillon comme commandant de la colonne expéditionnaire, à l'achèvement du mur d'enceinte et du fossé de Porto-Novo.

Enfin, le 8 juin 1890, le contre-amiral Cavelier de Cuverville, commandant en chef des forces de terre et de mer et remplissant les fonctions de gouverneur dans les établissements français du Benin, arrivait sur la *Naïade* en rade de Cotonou.

Les instructions du département de la marine prescrivaient à l'amiral de chercher par tous les moyens à conclure avec le Dahomey un arrangement réglant définitivement la question de Cotonou : « Aucun succès, disait le ministre, ne saurait « vous faire plus d'honneur que la clôture par voie transac- « tionnelle de l'incident du Dahomey. » Il ne pouvait résulter de cette manière d'envisager les choses qu'une transaction, comme le désirait le ministre, mais non un règlement définitif de la question dahoméenne. On s'en aperçut bientôt, car moins de deux ans après, Béhanzin, qui avait pris pour de la faiblesse les très larges concessions que, dans sa loyauté bien connue et aussi dans un esprit de discipline très louable, l'amiral avait cru de son devoir de lui accorder, recommença les hostilités.

Dans ces conditions, l'amiral de Cuverville pensa qu'il pourrait employer utilement la bonne volonté du Père Dorgère, qui possédait, d'ailleurs, une certaine influence auprès des Cabécères de Ouidah et auprès du roi lui-même. Le 23 juillet, après avoir tâté le terrain, le Père Dorgère se rendit à Abomey pour négocier.

Nous verrons un peu plus loin quels furent les résultats de sa mission. Pendant ce temps, et pour parer à tout événement l'amiral se faisait rendre compte de la position des forces dahoméennes ; il essayait également, mais sans succès, de leur opposer les Egbas, leurs ennemis de plusieurs générations. Le 26 juin, le Résident l'informait que six mille guerriers, divisés en trois groupes de deux mille hommes environ se tenaient à Kétou, à Ouéré et à 12 kilomètres au nord de Sakété. Vers le

16 juillet, il signalait au contraire un commencement de détente dans l'esprit de Béhanzin : le roi avait essayé de son côté de contracter alliance avec les Mahis, mais avait échoué dans ses démarches et semblait plus disposé, parait-il, à prêter l'oreille aux propositions de paix qui lui avaient été portées tout d'abord par l'interprète Bernardin Durand, envoyé auprès de lui par le Résident. En tous cas, à ce moment, ses soldats reçurent l'ordre de se replier vers le Nord et de se concentrer au camp de Zagnanado. Il dut changer bientôt d'idée puisque quelques jours après les mêmes troupes dessinaient un nouveau mouvement vers le Sud. Le Résident exprimait, d'ailleurs, des doutes sur la réussite de la mission confiée au Père Dorgère et sur la sincérité du roi : « Une marche en avant, écrivait-il peut seule nous faire obtenir une concession de Béhanzin. Il est mal conseillé par son entourage et ne voit pas nettement la situation..... Je suis convaincu que tout traité sérieux et durable avec la cour d'Abomey est, en l'état actuel des choses, presque impossible. » Quoi qu'il en soit les mouvements de troupes dahoméennes continuaient, tantôt plus près, tantôt plus loin de Porto-Novo, mais toujours inquiétants.

Enfin à la fin du mois de septembre le Père Dorgère, revenu à Ouidah annonçait à l'amiral que ses pourparlers avec le roi avaient réussi et le 3 octobre un arrangement était signé par le commandant du croiseur le *Roland*, M. de Montesquiou, assisté du capitaine d'artillerie Decœur, sur les bases ci-après :

ARRANGEMENT *conclu entre la France et le Dahomey (3 octobre 1890.)*

En vue de prévenir le retour des malentendus qui ont amené entre la France et le Dahomey un état d'hostilité très préjudiciable aux intérêts des deux pays.

Nous soussignés :

Aladaka } *Messagers du roi.*
Do-de-dji }

assistés de :

Kussugan, *Faisant fonctions de Jèvoghan.*
Zizidoqué } *Cabécères*
Zononhoncon }
Ainadou, *Trésorier de la Gore.*

désignés par Sa Majesté le roi Béhanzin-Ahidjéré,

et le capitaine de vaisseau de Montesquiou-Fezensac, commandant le croiseur le *Roland*, assisté du capitaine d'artillerie Decœur, délégués par le contre-amiral Cavelier de Cuverville, commandant en chef les forces de terre et de mer, faisant fonctions de gouverneur dans le golfe de Bénin, agissant au nom du gouvernement français.

Avons arrêté d'un commun accord l'arrangement suivant qui laisse intacts les traités ou conventions antérieurement conclus entre la France et le Dahomey :

I

Le roi du Dahomey s'engage à respecter le protectorat français du royaume de Porto-Novo et à s'abstenir de toute incursion sur les territoires faisant partie de ce protectorat.

Il reconnait à la France le droit d'occuper indéfiniment Cotonou.

II

La France exercera son action auprès du roi de Porto-Novo pour qu'aucune cause légitime de plainte ne soit donnée à l'avenir au roi de Dahomey.

A titre de compensation pour l'occupation de Cotonou, il sera versé annuellement par la France une somme qui ne pourra en aucun cas dépasser vingt mille francs (or ou argent).

Le blocus sera levé et le présent arrangement entrera en vigueur à compter du jour de l'échange des signatures. Toutefois cet arrangement ne deviendra définitif qu'après avoir été soumis à la ratification du gouvernement français.

Fait à Ouidah, le 3 octobre 1890.

Aladaka +, Zizidoque +, Dodedji +, Zononhoncon +, Kussugan +, Ainadou +,

Les témoins :

CANDIDO J RODRIGUEZ, ALEXANDRE.

Signé : H. DECŒUR, *capitaine d'artillerie, chef du service de l'artillerie et du génie.*

DE MONTESQUIOU, *capitaine de vaisseau, commandant le croiseur le* « Roland ».

T. d'AMBRIÈRES, *aspirant de 1re classe.*

DORGÈRE, *Supérieur de la mission catholique de Ouidah.*

Le document qui précède fut notifié comme suit :

ORDRE DU JOUR

Le contre-amiral commandant en chef les forces de terre et de mer, faisant fonctions de gouverneur dans le golfe de Bénin :

Est heureux de porter à la connaissance des forces de terre et de mer et des services placés sous ses ordres, que la paix a été signée le 3 octobre entre la France et le Dahomey ; le blocus est levé aux termes d'un arrangement soumis à la ratification du gouvernement français ; tous les traités antérieurs conclus entre la France et le Dahomey restent en vigueur. Le roi du Dahomey s'est engagé à respecter le protectorat français du royaume de Porto-Novo et à s'abstenir désormais de toute incursion sur les territoires faisant partie de ce protectorat ; il reconnait à la France le droit d'occuper indéfiniment Cotonou.

Au moment où les forces maritimes et militaires en service au Dahomey vont être disloquées, le commandant en chef tient à les féliciter de l'abnégation avec laquelle elles ont supporté de longs mois d'épreuves ; il considère que les mérites n'ont pas été moindres en supportant courageusement les atteintes d'un climat malsain sans avoir les émotions de la lutte, qu'en affrontant les balles d'un ennemi imparfaitement armé. Il s'efforcera de faire récompenser tous les services rendus.

La compagnie de fusiliers marins va être immédiatement rapatriée et le commandant en chef en lui adressant ses adieux, est heureux de s'associer aux appréciations flatteuses dont elle a été l'objet de la part du lieutenant colonel délégué, si bon juge en pareille matière.

Le présent ordre sera lu aux troupes de terre et de mer assemblées par compagnies formées en carré ; il sera lu également à bord de tous les bâtiments au moment de l'inspection.

A bord de la *Naïade*, Cotonou, le 6 octobre 1890

Le contre-amiral commandant en chef les forces de terre et de mer, faisant fonctions de gouverneur dans le golfe de Bénin.

CAVELIER DE CUVERVILLE.

L'arrangement étant signé, il fallait en assurer l'exécution et tout d'abord faire opérer le retrait des troupes dahoméennes qui, dans les derniers jours d'octobre, interceptaient encore les routes de l'intérieur et occupaient le territoire de Porto-Novo à une distance de quelques kilomètres de la ville. Sur la demande de l'amiral, M. Ballot parvint rapidement à réglee cette situation difficile et délicate. Il proposa tout d'abord d'envoyer à Ouidah un officier de marine ou le Père Dorgère accompagné des principaux personnages de Porto-Novo, de manière à bien montrer que les difficultés entre Porto-Novo et le Dahomey étaient terminées. De son côté, après avoir visité la banlieue de Porto-Novo et s'être rendu compte que, sur ce point, la tranquillité était complète, il se rendit avec le capitaine Decœur dans l'intérieur du Dahomey, à Fanvié et Azaouissé, où il eut une entrevue avec Kékédé, roi du Décamé, qui avait pendant la guerre pris fait et cause pour le Dahomey contre Tofa. Le Résident remit à Kékédé une lettre pour Béhanzin l'informant de la réconciliation du roi de Décamé avec Tofa et l'engageant à donner, de son côté, des preuves de ses bonnes intentions en retirant ses troupes. Kékédé se chargea de faire parvenir cette lettre à destination, et quelques jours après (le 24 novembre), M. Ballot transmettait à l'amiral la réponse à sa lettre. En même temps, les soldats dahoméens quittaient définitivement la banlieue de Porto-Novo.

Les opérations étant terminées, la colonne expéditionnaire était disloquée, et le 23 décembre 1890 l'amiral de Cuvervillr quittait la rade de Cotonou et faisait paraître l'ordre suivant :

Le contre-amiral commandant en chef les forces de terre et de mer faisant fonctions de Gouverneur dans le Golfe de Bénin :

A l'honneur d'informer les différents services placés sous ses ordres qu'en exécution des instructions du gouvernement, il remet à M. le résident de France Ballot, à compter du 23 décembre, les pouvoirs de

Gouverneur dont il était investi. La *Naïade* fera route ce même jour pour Dakar. Le *Roland*, tout en prêtant son concours lorsqu'il en sera requis, restera indépendant et attendra l'arrivée du *Talisman* pour rallier Rochefort.

Avant de quitter le Golfe de Bénin, le commandant en chef renouvelle l'expression de sa satisfaction et de sa gratitude au résident et aux chefs de service qui l'ont assisté avec tant de dévouement dans sa tâche laborieuse; ils se feront son interprète auprès de leurs subordonnés. Tous les services rendus ont été signalés et le contre-amiral commandant en chef aime à espérer qu'ils recevront leur récompense. Le dévouement avec lequel la Société des Missions africaines de Lyon a mis tout ce qu'elle possédait à la disposition du corps expéditionnaire ne saurait être oublié; nos religieux ont montré une fois de plus que, dans leur affection, ils ne séparent jamais l'amour de Dieu de l'amour de la Patrie, qu'ils en soient remerciés!

Le présent ordre sera communiqué aux différents services et lu à bord du *Roland* au moment de l'inspection.

Fait à bord de la *Naïade*, Cotonou, le 20 décembre 1890.

Le contre-amiral commandant en chef,
CAVELIER DE CUVERVILLE.

CHAPITRE IV

La conquête militaire. — Seconde période (1892-1893)

L'ANNÉE 1891. — LE RETOUR DE M. BALLOT. — L'ATTAQUE DE LA « TOPAZE ». — LE GÉNÉRAL DOODS. — LES OPÉRATIONS. — L'OCCUPATION. — LA PACIFICATION.

L'année 1891. — Au début de l'année, M, Ballot dut rentrer en France pour y rétablir sa santé. Il s'embarqua le 11 janvier, laissant l'intérim à M. Ehrmann, administrateur des colonies, arrivé depuis quelque temps au Bénin, et qui, après avoir rempli les fonctions de Vice-Résident de Grand-Popo et Agoué, avait été, en dernier lieu, détaché dans les fonctions d'Administrateur adjoint au Résident.

D'autre part, le lieutenant-colonel Klipfel était retourné au Sénégal le 12 décembre et avait été remplacé comme commandant des troupes par le chef de bataillon Schneider et ensuite par le capitaine Decœur, en attendant l'arrivée du commandant Audéoud.

A ce moment le pays était fort calme et la situation générale satisfaisante. « Si le roi du Dahomey, écrivait M. Ehrmann, est « fidèle aux engagements que ses représentants ont signé pour « lui à Ouidah, les traces de la dernière guerre seront vite effa- « cées. Malheureusement la confiance ne règne pas; l'indigène

« est toujours craintif, s'attendant à être attaqué de jour en « jour. » Il est bon d'ajouter que l'inquiétude manifestée par la population de Porto-Novo ne reposait, à ce moment du moins, sur aucun fondement réellement sérieux.

Le 31 janvier 1891, M. le gouverneur Ballay, en mission spéciale dans les Rivières du sud et dépendances, arriva dans la colonie en même temps que le commandant Audéoud. Il s'occupa de régler certaines questions d'ordre administratif et en même temps de mettre en route la mission chargée, comme suite à l'arrangement du 3 octobre 1890, de porter à Béhanzin les cadeaux du Président de la République; puis il s'embarqua à Cotonou au mois d'avril pour retourner à Conakry.

Béhanzin avait envoyé, dès le mois de janvier, des messagers chargés de prévenir M. Ballot, à qui l'amiral de Cuverville avait confié tout d'abord la mission d'aller à Abomey, que les routes étaient ouvertes et que tout était préparé pour recevoir solennellement la mission. M. Ehrmann ne put répondre qu'une chose : c'est que M. Ballot, malade, venait de rentrer en France et que lui-même s'empresserait de régler cette question dès que M. Ballay, attendu sous quelques jours, serait arrivé. Les envoyés porteurs du bâton du roi repartirent pour Ouidah en promettant d'attendre la réponse pendant un mois.

La mission fut prête dès les premiers jours de février ; le 4, M. Ehrmann prévenait le Coussougan de Ouidah qu'elle serait le 9 au soir à Cotonou et partirait le 10 pour Ouidah. Il l'invitait à envoyer dès le 8, ainsi qu'il était convenu, les hamacaires et porteurs nécessaires pour effectuer le voyage.

La mission était composée comme suit :

Le commandant Audéoud, chef de mission ;

Le capitaine Decœur ;

Le sous-lieutenant Chasles ;

L'aspirant d'Ambrières ;

L'interprète Alexandre da Silva.

Le Père Dorgère les accompagnait selon le désir exprimé, paraît-il, par le roi lui-même.

La mission fut très bien reçue à Abomey, où elle resta pendant environ un mois, et où elle assista à des fêtes et à des réjouissances de toute sorte.

Du mois de février au mois de mai, il ne se passa rien de particulier, si ce n'est quelques vexations et quelques abus d'autorité tels que : arrestations de courriers, entraves apportées aux transactions commerciales, assez habituels aux gens de Ouidah. Le Résident, ne voulant pas envenimer les choses, se contentait, chaque fois qu'un de ces faits se produisait, de protester. Il écrivait d'ailleurs à M. Ballay que la situation n'avait pas changé depuis son départ. Le Coussougan chargé, paraît-il, par Béhanzin d'une commission très importante, demandait qu'on lui envoyât un officier; M. Ehrmann refusa et se contenta de lui expédier l'interprète Bernardin qui revint, quelques jours après, lui dire qu'il ne s'agissait, comme il l'avait bien pensé, que d'une fantaisie vaniteuse du Coussougan. Il signalait en même temps à M. Ballay l'importation de plus en plus fréquente d'armes et de munitions effectuées par les maisons allemandes de Ouidah. « Les armes introduites « par Ouidah sont déjà entre les mains des Dahoméens, qui « sont en train d'en expérimenter les effets au détriment des « Egbas. Il est évident en tous les cas que le Dahomey arme « avec activité : en ajoutant aux 800 fusils Snider et aux 15.000 « cartouches livrées par la maison Vohlber et Brohm 400 fusils « livrés par MM. Trangott, Sollner et Cie, 3.000 fusils avec « munitions et quatre canons (marché Barth), et 600 fusils « Goedelt, on arrive au chiffre de 5.000 fusils à tir rapide. »

Les Dahoméens dirigèrent, vers la fin d'avril, une expédition contre Abéokoutah. « Il paraît, dit à ce propos notre « Résident, que jamais le Dahomey n'a mis sur pied une ar-

« mée aussi considérable que celle qui est actuellement en « campagne ; le ban et l'arrière ban de la population ont été « mobilisés et l'on estime que l'effectif actuel doit dépasser « 20,000 soldats des deux sexes. » Cette expédition dura jusqu'à la fin de juin, mais son issue ne parait pas avoir été très favorable aux dahoméens : les Egbas auraient résisté et les soldats de Béhanzin auraient été obligés de se retirer après avoir éprouvé des pertes assez sérieuses, ce qui n'empêcha pas le roi d'envoyer un de ses cabécères au Résident, chargé de cet insolent message : « Béhanzin fait saluer tout le monde, la « Résidence, officiers, soldats, tous les français en général. Il « est revenu de la guerre et jamais, depuis qu'il est au monde, « il n'a eu une guerre aussi heureuse. 160 villages sont tombés « en son pouvoir, et s'il n'a pas tué beaucoup de monde il a, « par contre, fait des prisonniers en très grande quantité. Il « attribue ce succès à la visite des officiers à Abomey qui lui « a porté bonheur, c'est pourquoi il croit nécessaire d'envoyer « ses remerciements au Gouvernement français. »

En dépit de ce chant de triomphe destiné à dissimuler une réelle déception, Béhanzin, qui venait d'éprouver également un échec du côté des Baribas, ne donna plus signe de vie pendant quelque temps, mais il continua d'acheter secrètement une très grande quantité de fusils à tir rapide, des munitions et même de l'artillerie.

Il engagea en outre comme instructeurs plusieurs anciens sous-officiers allemands.

De notre côté, pour parer à tout événement, le corps des tirailleurs haoussas avait été créé par décret du 23 juin 1891, pour concourir à la défense et à la sécurité intérieure des Etablissements du Bénin. Cette troupe, qui a rendu depuis de si bons services, aussi bien pendant la campagne qui a amené la chute de Béhanzin qu'à la Côte d'Ivoire et plus récemment à Madagascar, comprenait au début deux compagnies portées un peu plus tard à l'effectif d'un bataillon. Le capitaine de Lupé, chargé de l'organisation première de ce corps, en poursuivait le recrutement avec autant d'activité que de succès.

Au mois d'août, le bruit courut que le roi Béhanzin avait décidé de s'opposer par la force à la construction du blockhaus et du wharf de Cotonou. Il semble peu probable que Béhanzin ait eu l'intention de pousser les choses jusque là, mais, quoi

Fort de Cotonou

qu'il en soit, dès que l'un et l'autre de ces travaux furent commencés, les autorités de Ouidah ne cessèrent de faire tous leurs efforts pour soulever à chaque instant des incidents désagréables; tantôt, à Ouidah, on interdisait la vente des vivres aux kroumen (manœuvres) des factoreries Fabre et Régis, tantôt à Cotonou, le Yévoghan déclarait que le tir du canon sur la plage effrayait les habitants et offensait le fétiche. Le mieux était de ne pas tenir compte de ces querelles absurdes et d'en atténuer les effets par une attitude pleine de sang-froid et de patience. C'est ce que fit très sagement le Résident. « Je ne crois pas, disait-il, qu'il y ait danger immédiat, « mais seulement des symptômes très sérieux qu'il serait im« prudent de ne pas prendre en considération, car qui peut « dire à quelles extrémités est capable de se porter un peuple « orgueilleux et guerrier sous des influences étrangères hostiles « à notre domination. Ces agissements n'ont en effet jamais, « depuis que je suis au Bénin, présenté un caractère aussi ac« cusé d'intensité.

« Je ne crois pas qu'il y ait actuellement lieu de s'attendre « à une attaque du Dahomey, mais il est évident que l'arrivée « du matériel du warf est présenté sous un jour très sombre « au roi Béhanzin par les commerçants étrangers, intéressés à « en empêcher la construction : les uns parcequ'ils craignent « qu'une fois l'appontement terminé nous n'envahissions le « Dahomey et en fassions la conquête ; les autres, parce que « le warf portera un préjudice considérable au port de Lagos. « On fait croire au roi que nous allons nous en servir pour « débarquer immédiatement des troupes et lui déclarer la « guerre. Il doit en résulter chez lui une certaine inquiétude « qui contribue certainement à lui faire hâter l'instruction de « ses troupes. Il serait prématuré à coup sûr de fonder des « projets d'avenir sur la construction de notre appontement, « mais, dans les circonstances actuelles, il est impossible de se « dissimuler que nous serons contraints, dans un avenir peut« être peu éloigné, d'en arriver à l'affirmation de nos droits « pourtant indiscutables, par un acte de vigueur qui mettra « pour toujours un terme à une situation équivoque dont savent « si bien tirer parti nos adversaires. »

Tout à coup le bruit se répand dans le pays que Béhanzin a réuni tous ses guerriers à Abomey et qu'il se prépare à entreprendre une nouvelle expédition, dont le but est encore inconnu. Béhanzin se trouvait en effet dans une situation assez fausse : il s'était fait livrer, ainsi que nous l'avons dit, d'impor-

tantes commandes d'armes et de munitions qu'il comptait payer non pas en esclaves, « mais en travailleurs libres », pour le Cameroun allemand, la Colonie portugaise de San-Tomé et le Congo belge, et il se trouvait sur le point, ayant épuisé presque toutes ses ressources, de manquer à ses engagements et de ne plus pouvoir payer ses fournisseurs. Pour comble de malechance, il était dans l'impossibilité, faute de captifs, de célébrer les funérailles de son père. « Somme toute, disait notre Rési-
« dent, la situation du Dahomey est très précaire : les déser-
« tions continuent et le pays se dépeuple de jour en jour. Com-
« ment tout cela se terminera-t-il, je ne puis le dire, mais il
« est à craindre que le roi Béhanzin ne cherche à sortir de sa
« mauvaise situation par un coup de tête qui rétablira son
« prestige tant soit peu compromis. »

Cette prédiction ne tarda pas à se réaliser : battu par les Egbas, repoussé par les Baribas, n'osant rien entreprendre contre Porto-Novo ou Cotonou, Béhanzin se décida tout d'un coup à jeter ses troupes dans la région située au nord de Grand Popo. Le 29 novembre, M. Ehrmann et M. Cornilleau, vice-résident de Grand Popo, reçurent chacun une lettre du roi et des autorités de Ouidah disant que les indigènes du village de Ouatchicomé et de Aglazoumé s'étaient emparés de trente-deux femmes du palais du roi venues chez eux faire des provisions, en avaient tué quatorze et se préparaient à vendre le reste. Le Résident de Porto-Novo et celui de Grand Popo étaient amicalement priés, dans le cas où ces femmes seraient vendues sur leur territoire, de les racheter à n'importe quel prix. Il est bon d'ajouter qu'au moment ou ces lettres étaient expédiées, le pays des Ouatchis était déjà envahi par les dahoméens ce qui prouve amplement, à défaut d'autres preuves, la fausseté du prétexte invoqué par le roi. Il voulait mettre le représentant du Gouvernement français en face du fait accompli dont il se réservait ensuite de discuter les causes et les conséquences. En même temps, pour laisser aux soldats du roi le temps d'agir en toute liberté, les courriers étaient inter ceptés entre Grand Popo et Ouidah. Quant aux malheureux Ouatchis, ils essayaient vainement de résister comme ils l'avaient déjà fait autrefois, mais pris au dépourvu par la soudaineté de l'attaque et déconcertés par l'effet des armes nouvelles ils étaient bientôt accablés. Tout ce qui ne fut pas tué sur place fut emmené en captivité pour être vendu ou sacrifié aux mânes de Glé Glé. Le nombre de ces malheureux atteignait dit-on près de deux mille !

Cette expédition avait naturellement produit une impression pénible sur les populations placées sous notre protectorat. D'autre part le détachement de Grand Popo était trop faible pour pouvoir prendre l'offensive en cas de besoin. Il fallut même retirer un petit poste de six hommes que nous entretenions à Athiémé. Le Résident qui s'était fait transporter par mer à Grand Popo dès la première nouvelle se rendit compte de notre fâcheuse posture, mais il dut se borner à protester auprès du roi, ce qu'il fit en termes très énergiques. Béhanzin se contenta de répondre qu'il n'avait aucune mauvaise intention contre Grand Popo, mais qu'il avait simplement voulu en détruisant le village de Ouatchicomé venger une injure personnelle. La présence du *Héron* et celle du *Talisman* ramena heureusement un peu de calme parmi la population de Grand Popo dont une partie avait déjà pris la fuite et s'était réfugiée à Agoué. A ce moment l'opinion personnelle de M. Ehrmann était que les dahoméens n'oseraient pas nous attaquer franchement, du moins tant que nos deux navires de guerre seraient sur la côte, mais il déclarait « que la situation des européens aux Popos, sous le coup d'une menace perpétuelle, était devenue intolérable ».

Telle était la situation à la fin du mois de décembre de l'année 1891.

Le retour de M. Ballot. — Le 15 février 1892, M. Ballot, nommé lieutenant gouverneur par décret du 23 décembre 1891, débarquait à Cotonou et reprenait la direction de la colonie, dont l'organisation politique et administrative venait de subir, en exécution d'un décret du 17 décembre, d'importantes modifications. Voici le texte de ce document.

RAPPORT *au Président de la République française*

Paris, le 17 décembre 1891.

Monsieur le Président,

L'organisation actuelle des Rivières du Sud et de nos établissements de la Côte-d'Or et du golfe de Bénin, telle qu'elle a été réglée par le décret du 1er août 1889, prévoyait trois groupes de colonies ayant leur administration et leurs budgets propres.

L'autonomie administrative et financière que le rapport précédant le décret précité signalait avec raison comme la condition indispensable de la prospérité de ces possessions a produit en peu de temps les heureux résultats que l'administration des colonies attendait.

Après deux ans à peine de fonctionnement les effets du nouveau régime se sont fait sentir à la fois dans l'ordre politique, commercial et financier. Il est certain que la tranquillité la plus complète a régné en particulier dans les Rivières du Sud, ou trop souvent des colonnes militaires venaient autrefois rétablir l'ordre. Les relations avec le Fouta Djallon, rompues pour ainsi dire depuis 1888, ont repris leur ancienne cordialité depuis que les almamys savent être de ce côté à l'abri d'une occupation militaire.

Quant au développement commercial il se manifeste d'une manière évidente par l'augmentation croissante des importations dont la valeur s'est élevée en 1890 à plus de 9 millions alors que les chiffres des années précédentes ne dépassaient pas 6 millions. Pour l'année courante les résultats déjà obtenus font prévoir un accroissement analogue qui portera le mouvement commercial des Rivières du Sud à environ 12 millions. Il en est de même dans nos établissements de la Côte-d'Or et du golfe de Bénin dont le développement économique s'affirme de jour en jour.

Enfin l'augmentation des recettes locales constitue l'indice le plus irrécusable d'une situation politique et commerciale prospère. A ce point de vue les renseignements que les inspecteurs en ce moment en mission dans la colonie ont transmis au département sont des plus satisfaisants et permettent de prévoir qu'à la fin du présent exercice, aussi bien dans les Rivières du Sud que dans les établissements de la Côte-d'Or et du golfe de Bénin, d'importantes réserves seront cons tituées dans les caisses locales.

On peut donc affirmer hautement aujourd'hui que l'expérience qui vient d'être faite dans nos possessions de la Côte de Guinée est concluante et qu'il convient d'assurer l'existence du nouveau régime en l'établissant sur des bases définitives.

Tel est le but du projet de décret que j'ai l'honneur de vous soumettre et qui constitue, sous une dénomination plus conforme à la réalité des choses, la colonie de la Guinée française et dépendances, en plaçant à sa tête un gouverneur complètement indépendant et jouissant des pouvoirs dévolus à ses collègues des autres colonies. Il a paru nécessaire de consacrer la nouvelle organisation par une nouvelle appellation qui fasse disparaître la dénomination de Rivières du Sud usitée jusqu'à ce jour et qui se comprenait lorsque cette région était rattachée au Sénégal, dont elle constituait la partie méridionale. Aujourd'hui que la colonie est autonome, cette appellation n'a plus de sens propre : il est à remarquer d'ailleurs que les anglais la désignent par rapport à Sierra-Léone, sous le nom de Rivières du nord, ce qui peut tout au moins prêter à la confusion.

Pour une raison de même nature, il importait que nos établissements de Grand Bassam, d'Assinie, de Dabou, de Lahou, de Fresco, etc., tirassent leur nom de la Côte d'Ivoire sur laquelle ils sont situés et non plus, comme par le passé, de la Côte d'Or qui est presque complètement occupée par la colonie anglaise voisine.

L'ensemble de la colonie de la Guinée française comprendra donc comme aujourd'hui trois groupes distincts au point de vue administratif et financier : le maintien de cette autonomie leur permettra de se développer, comme ils l'ont fait sous l'empire du décret du 1er août 1889, tout en leur assurant le bénéfice d'une direction supérieure unique confiée à un gouverneur chargé de concilier les intérêts des trois fractions différentes qui constituent la colonie.

Vous remarquerez une innovation dans la désignation d'un lieutenant-gouverneur placé à la tête des Etablissements du golfe de Bénin. Il a paru nécessaire de donner au chef de ce groupe un titre et une autorité en rapport avec l'importance des services militaires et civils qui y sont installés.

Il convient de signaler, du reste, que pour les établissements du golfe de Bénin, aussi bien que pour les deux autres groupes, l'organisation proposée n'entraînera aucune dépense nouvelle; c'est le cas d'ajouter que nos possessions de la Guinée française, de la Côte d'Ivoire et du golfe de Bénin ne suffisent à elles-même sauf en ce qui concerne bien entendu les dépenses militaires qu'entraîne notre situation vis-à-vis du Dahomey, réalisant ainsi l'idéal d'une colonie prospère qui est de n'imposer absolument aucune charge à la Métropole.

Dans ces conditions vous n'hésiterez pas, Monsieur le Président, à donner votre haute sanction au projet de décret que j'ai l'honneur de vous soumettre et qui est de nature à favoriser le développement progressif des intérêts français sur la côte occidentale d'Afrique.

Je vous prie d'agréer, Monsieur le Président, l'hommage de mon profond respect.

Le ministre du commerce, de l'industrie et des colonies,

Signé : Jules Roche.

Décret *du 17 décembre 1891*

Le Président de la République française :

Sur le rapport du ministre du Commerce, de l'Industrie et des Colonies ;

Vu l'article 18 du Sénatus-consulte du 3 mai 1854;

Vu le décret du 1er août 1889, réglant l'organisation politique et administrative des Rivières du Sud, des établissements de la Côte-d'Or et du golfe de Bénin;

Vu le décret du 2 février 1890;

Décrète :

Article premier. — L'ensemble des possessions françaises de la Côte occidentale d'Afrique situées entre la Guinée portugaise et la colonie anglaise de Lagos, constitue une colonie qui prendra la dénomination de Guinée française et dépendances et qui sera classée parmi les colonies du premier groupe énumérées par l'article 4 du décret du 2 février 1890.

L'administration supérieure de cette colonie est confiée à un gouverneur qui est en outre chargé de l'exercice du protectorat de la République française sur le Fouta Djallon.

Art. 2. — Le gouverneur exerce dans toute l'étendue de la colonie de la Guinée française et dépendances les pouvoirs déterminés par les décrets et règlements en vigueur et notamment par l'ordonnance organique du 7 septembre 1840.

Art. 3. — La colonie de la Guinée française et dépendances comprend trois groupes distincts qui sont administrés,

savoir :

1° La Guinée française proprement dite (actuellement dénommée Rivières du Sud) par un secrétaire général;

2° Les établissements de la Côte d'Ivoire (actuellement dénommés établissements de la Côte d'Or) par un résident;

3° Les établissements du golfe de Bénin par un lieutenant-gouverneur.

Art. 4. — Ces fonctionnaires représentent l'autorité métropolitaine dans leurs établissements respectifs. Ils sont placés sous les ordres directs du gouverneur qui peut leur déléguer tout où partie de ses pouvoirs.

Art. 5. — Chacun des trois groupes constituant la colonie de la Guinée française et dépendances conserve son administration propre et son budget local spécial.

Le gouverneur est ordonnateur de toutes les dépenses mais il peut déléguer ses pouvoirs au secrétaire général de la Guinée française, au résident des établissements de la Côte d'Ivoire et au lieutenant-gouverneur des établissements du golfe de Bénin.

Les dépenses communes aux trois groupes sont fixées, chaque année, par le ministre chargé des colonies sur la proposition du gouverneur et nscrites au budget de la Guinée française qui reçoit en compensation un contingent d'égale somme des deux autres budgets.

Les services locaux de la colonie pourront se faire mutuellement sur leur caisse de réserve des avances remboursables sans intérêt. Le ministre chargé des colonies fixera le montant de ces avances.

Art. 6. — Le service du trésor dans la colonie est centralisé par un Trésorier-payeur en résidence à Conakry, assisté par un trésorier particulier à Porto-Novo et un préposé à Grand Bassam.

Art. 7. — Un conseil d'administration est constitué dans la Guinée française et dans les Etablissements du golfe de Bénin.

Art. 8. — Le Conseil d'administration de la Guinée française comprend :

Le secrétaire général, président.

Un administrateur désigné par le gouverneur,

Le trésorier payeur et deux habitants notables désignés par le gouverneur pour une période d'un an.

Deux membres suppléants sont désignés pour remplacer les deux habitants notables en cas d'absence.

Art. 9. — Le Conseil d'administration des établissements du golfe de Bénin comprend :

Le lieutenant gouverneur, président,

Le commandant des troupes,

Le chef du service administratif,

Un administrateur désigné par le gouverneur.

Deux membres suppléants ayant la même origine sont désignés pour remplacer les deux habitants notables en cas d'absence.

Art. 10. — Le Gouverneur préside le conseil d'administration dans l'établisement où il se trouve

Dans les établissements de la Côte d'Ivoire le gouverneur peut réunir en comité consultatif les fonctionnaires de la colonie et les habitants notables.

Art. 11. — Le conseil d'administration de la Guinée française peut se constituer en conseil de contentieux administratif pour juger les affaires des trois groupes. Dans ce cas il fonctionne conformément aux dispositions des décrets des 5 août et 7 septembre 1881 qui sont rendus applicables dans toute l'étendue de la colonie de la Guinée française et Dépendances.

Les deux membres qui seront adjoints au Conseil d'administration siégeant au contentieux devront être choisis, à défaut des magistrats prévus par l'article premier du décret du 5 août 1881, parmi les fonctionnaires de la colonie pourvus autant que possible du diplôme de licencié en droit.

Les fonctions de ministère public sont remplies par un fonctionnaire désigné par le Gouverneur.

Art. 12. — Sont abrogées toutes les dispositions contraires au présent décret.

Fait à Paris, le 17 décembre 1891.

CARNOT.

Par le Président de la République :

Le Ministre du Commerce, de l'Industrie et des Colonies,

Jules ROCHE.

Quelques jours après son arrivée M. Ballot se rendait à Ouidah dans le but d'examiner la situation, de concert avec les autorités dahoméennes, et de voir quelles mesures il convenait de prendre pour mettre un terme aux graves incidents qui venaient de se produire dans la région des Popos. Il avait à peine commencé à négocier qu'il devait revenir précipitamment à Cotonou pour assister aux obsèques de M. Ehrmann décédé le 28 février des suites d'une insolation; il retournait ensuite à Ouidah. Il y fut reçu solennellement. Le Coussougan, après lui avoir fait de grandes protestations d'amitié et souhaité la bienvenue au nom du Roi, lui déclara publiquement que son maître l'avait chargé de l'assurer de ses bons sentiments à l'égard du président de la République et de son amitié pour les français. « Béhanzin, disait M. Ballot, me faisait informer que les villages qu'il avait chatiés : Ouatchicomé, Aglazoumé et Abopa étaient depuis des siècles sous la « suzeraineté du Dahomey et qu'il était fort étonné de recevoir « une lettre de M. Ehrmann lui déclarant que la région s'étendant au nord de Grand Popo avait été placée sous notre protectorat; il ajoutait qu'il se faisait fort de prouver que les « chefs signataires du traité du 10 juin 1885 n'avaient aucune « autorité sur les villages précités mais qu'il regrettait cependant de les avoir attaqués puisqu'il s'était ainsi exposé à « mécontenter le Gouvernement français avec lequel il tenait « à vivre en paix. Il promettait enfin de ne plus intervenir « dans la région des Popos avant que les villages français et « dahoméens eussent été nettement délimités. »

Le lieutenant-gouverneur répondit que, de son côté, le Gouvernement français était disposé à vivre en bonne intelligence avec lui, mais qu'il avait été très mécontent de l'affaire des Ouatchis.

Cependant ces excellentes dispositions apparentes n'avaient pas d'autre objet que de dissimuler une intention très arrêtée de la part du roi de saisir la première occasion de nous surprendre, d'enlever Porto-Novo et Cotonou et de nous rejeter à la mer. On en trouve la preuve dans ce qui se passa quelques jours à peine après l'amicale réception de Ouidah.

L'attaque de la « Topaze ». — Le 26 mars, M. Ballot, informé par un chef du Bas Ouémé que des guerriers dahoméens avaient attaqué et détruit trois villages des bords du fleuve, résolut de se rendre sur les lieux pour constater par lui-même l'exactitude de ces faits. Le 27 mars au matin, il appareillait de Porte Novo à bord de la canonnière *Topaze*, accompagné du chef de bataillon Riou, commandant des troupes, du lieutenant Caillaux et de 25 tirailleurs sénégalais. Arrivés sans incident au village de Danko, ils descendirent à terre et constatèrent que le village avait été pillé, mais que les habitants avaient dû s'enfuir à l'approche des Dahoméens sans faire aucune résistance. Ils remontèrent à bord. Vers midi, ils étaient en train de déjeuner lorsqu'un groupe de Dahoméens en armes parut à une certaine distance semblant se diriger vers la canonnière. Le lieutenant gouverneur se préparait à aller à terre avec le commandant Riou pour parlementer quand une balle vint frapper le bord de l'embarcation dans laquelle ils se disposaient à prendre place. En présence de cette manifestation hostile, le lieutenant gouverneur donna l'ordre au patron de la *Topaze* de monter sur la plateforme du navire où se trouvaient deux canons revolver Hotchkiss et de se tenir prêt à toute éventualité, mais de ne commencer le feu que sur une attaque véritable des Dahoméens. On leva l'ancre et la canonnière s'éloigna lentement de la rive droite où avait eu lieu l'agression et où se trouvaient groupés environ 600 soldats dahoméens. Pendant ce temps, le commandant Riou était monté avec le lieutenant Caillaux et les tirailleurs sénégalais sur la plate-forme et M. Ballot lui-même avait pris la barre du navire à la place du pilote indigène à moitié mort de peur. Le feu, très énergique, commença *du côté des Dahoméens*; il y fut répondu très vigoureusement et après deux heures de combat l'ennemi se retira, trois tirailleurs, deux laptots et un domestique indigène seulement avaient été atteints malgré la courte distance et la vivacité de la fusillade.

Dès son retour à Porto-Novo, le gouverneur prévint le Gouvernement de ce qui venait de se passer. Il demandait en même temps des explications au Yévoghan de Cotonou. Celui-ci répondit d'abord par des défaites, puis il finit par déclarer que tout l'Ouémé appartenait au roi du Dahomey et que les Français n'avaient aucun droit sur ces régions, si ce n'est sur la ville même de Porto-Novo.

Le lendemain, 28 mars, le lieutenant-gouverneur réunit le conseil d'administration de la colonie et lui fit part de la situation. Il fit remarquer que l'attaque des Dahoméens revêtait un caractère d'autant plus grave qu'à son passage à Ouidah les ministres de Béhanzin lui avaient fait, de la part du roi, les plus grandes promesses d'amitié. Il soumit ensuite au Conseil la protestation ci-après :

Porto-Novo, le 28 mars 1892.

Le lieutenant gouverneur des établissements français du golfe de Bénin au roi du Dahomey.

A mon passage à Ouidah, le 2 de ce mois, vous avez envoyé le Coussougan porteur de votre bâton me saluer et me déclarer publiquement et solennellement votre intention formelle d'observer fidèlement les clauses du traité du 3 octobre 1890 afin de toujours vivre en paix avec le gouvernement français.

Aussi ai-je été fort étonné d'apprendre que le 26 de ce mois vos troupes avaient pénétré en armes sur le territoire du protectorat français de Porto-Novo, attaqué, pillé et détruit les villages de Ahanta, Biko et Danko.

Afin de m'assurer de l'exactitude des faits qui m'étaient rapportés, j'ai remonté le Ouémé jusqu'à Danou à bord d'un navire français. Après avoir reconnu que les villages précités avaient en effet été saccagés, je me disposais à retourner à Porto Novo quand le navire qui me portait a été lâchement attaqué par plus de 600 de vos soldats et nous n'avons dû notre salut qu'à la bravoure de nos soldats et à la maladresse de vos guerriers.

L'article 1er du traité du 3 octobre 1890 auquel vous avez donné votre entière adhésion, puisque vous avez envoyé toucher le 9 octobre 1891 votre rente de 20.000 francs, est ainsi conçu :

« Le roi du Dahomey s'engage à respecter le protectorat français du royaume de Porto-Novo et à s'abstenir de toute incursion sur les territoires faisant partie de ce protectorat. »

En conséquence, j'ai l'honneur de vous informer que je rends compte à mon gouvernement de la violation des engagements que vous avez contractés et de l'offense grave que vous avez faite au drapeau français arboré sur le navire et les villages que vos soldats ont attaqués.

Victor Ballot.

En attendant les ordres de Paris, M. Ballot exprima l'avis qu'il y avait lieu, par prudence et dans l'intérêt de nos compatriotes restés à Godomey, Abomey-Calavi et Ouidah, d'attendre la réponse à cette lettre, tout en prenant des dispositions de défense dont le plan élaboré par le commandant des troupes fut adopté le lendemain.

L'affaire de la *Topaze*, disait M. Ballot, n'était que le prélude des graves événements qui allaient se précipiter. En effet, dans les jours qui suivirent, non seulement l'attaque des villages de l'Ouémé se confirma, mais le 30 mars le gouverneur apprenait que les routes étaient fermées, que le roi concentrait ses troupes à Allada, que la population du Bas-Ouémé abandonnait les villages, et qu'enfin les commerçants français de Ouidah étaient consignés dans leurs factoreries, où ils étaient étroitement surveillés. Il recevait, le lendemain, des autorités de Ouidah une lettre dont voici la teneur :

Ouidah, le 30 mars.

A Monsieur Ballot, gouverneur de Porto-Novo.

Le message que vous avez fait porter au chef de Cotonou a été reçu par nous chefs de Whydah, appartenant à S. M. le roi Béhanzin du Dahomey. Nous pouvons vous dire peu de choses maintenant au sujet de votre message.

L'amiral Cavelier de Cuverville a envoyé le Père Dorgère à S. M. le roi du Dahomey pour régler les affaires du temps du blocus. Le roi du Dahomey a ordonné au Père Dorgère d'écrire à l'amiral, et celui-ci a répondu le 18 août 1890. Nous avons cette lettre. Il est écrit dans cette lettre que le Dahomey ne cessera jamais de se battre contre le pays de Ouémé; la raison en est que, du temps des anciens rois, le Ouémé a fait une guerre contre le Dahomey! C'était au temps du roi Akaban! Le roi du Ouémé qui a fait cette guerre se nommait Yazahé. C'est lui qui a brûlé et complètement détruit le palais du roi à Abomey.

Le Ouémé dont je parle n'a jamais fait partie de votre royaume et n'appartient pas à Porto-Novo, mais est bien au Dahomey. Si l'amiral ne vous a jamais montré cette lettre, vous pouvez envoyer un messager à Ouidah pour en prendre copie.

Maintenant, nous vous disons, nous les chefs, au sujet du message que vous avez envoyé au roi par le chef Zohoncon, que si les Français ont l'intention de faire la guerre au Dahomey, vous serez cause que Porto-Novo sera détruit ainsi que toutes les villes de l'intérieur. Nous vous faisons savoir encore une fois que Porto-Novo n'étant pas dans la mer mais bien sur terre, est au roi du Dahomey; car tout ce qui est sur terre appartient au roi du Dahomey. Ce que nous pouvons vous conseiller, nous, chefs de Ouidah, c'est de monter voir S. M. le roi Béhanzin du Dahomey, vous-même si vous voulez arranger votre affaire.

YEVOGHAN, COUSSOUGAN et les autres chefs de l'Agora.

Le 2 avril, le lieutenant-gouverneur est prévenu que les troupes dahoméennes descendent l'Ouémé, se rapprochant de Décamé. Le 3 avril, elles n'étaient plus qu'à quatre heures de marche de Porto-Novo, et une attaque de la ville paraissait imminente. Toutes les précautions étaient prises dès lors par le commandant des troupes pour mettre la ville à l'abri d'un coup de main.

Le 4, M. Ballot recevait du roi du Dahomey une lettre insolente dont voici la traduction :

Dahomey, le 29 mars.

A Monsieur Ballot, gouverneur de Porto-Novo.

Je vous adresse ces deux lignes pour savoir des nouvelles de votre santé et en même temps vous dire que je suis bien étonné du récade que Bernardin a apporté au cabécère Zohocon pour m'être communiqué au sujet des six villages que j'avais détruits il y a trois ou quatre jours.

Je vous garantis que vous vous êtes bien trompé. Est-ce que j'ai été quelquefois en France faire la guerre contre vous? Moi, je reste dans mon pays, et toutes les fois qu'une nation africaine me fait mal, je suis bien en droit de la punir. Cela ne vous regarde pas du tout. Vous avez eu bien tort de m'envoyer ce récade, c'est une moquerie; mais je ne veux pas qu'on se moque de moi, je vous répète que cela ne me fait pas plaisir du tout. Le récade que vous m'avez envoyé est une plaisanterie et je la trouve extraordinaire. Je vous défends encore et ne veux pas avoir de ces histoires.

Si vous n'êtes pas content de ce que je vous dis, vous n'avez qu'à faire tout ce que vous voudrez, quant à moi, je suis prêt. Vous pouvez venir avec vos troupes ou bien descendre à terre pour me faire une guerre acharnée.

Rien autre.

Agréez, monsieur le gouverneur, mes salutations sincères.

BEHANZIN,
Roi de Dahomey.

Le 5 avril, toute l'armée se retirait subitement sur Allada. La rive droite de l'Ouémé était complètement évacuée; un millier d'hommes était resté entre Abomey-Calavi et Godomey. Le bruit courut à ce moment que ce mouvement en arrière était causé par la préparation d'une expédition contre les Egbas d'accord avec les Anglais, avec lesquels les Egbas se trouvaient en état d'hostilité. Pendant quelque temps, en effet, il ne se produisit rien de nouveau. Dans la région des Popos tout était calme.

Le 22 avril, M. Ballay, gouverneur de la Guinée française, arrivé à Porto-Novo, écrivait au sous-secrétaire d'Etat des Colonies pour lui expliquer la situation à cette date : il lui confirmait les derniers télégrammes de M. Ballot et lui envoyait le texte d'une nouvelle lettre du roi Béhanzin ainsi conçu :

Dahomey, 10 avril 1892.

S. M. le roi Béhanzin Ahidjéré à M. Ballot, à Porto-Novo

Je viens d'être informé que le gouvernement français a déclaré la guerre au Dahomey et que la chose a été décidée par la Chambre de France. Je vous préviens que vous pouvez commencer sur tous les points que vous voulez et que moi-même je ferai de même, mais je vous avise que si un de nos villages est touché par le feu de vos canons tels que : Cotonou, Godomey, Abomey Calavi, Avrékété,

Ouidah et Agony, je marcherai directement pour briser Porto-Novo et tous les villages appartenant au Porto-Novo.

Pour ce qui s'est passé dans la rivière Ouémé, c'est vous qui en êtes cause car lorsque les Dahoméens sont en campagne il faut que personne ne puisse les voir ou les déranger. Si vous n'étiez pas venu me faire la guerre sur le chemin d'Atchoupa, je ne vous aurais rien fait le premier. Lorsqu'un étranger vient chez moi, il faut m'en aviser et comme vous êtes venu chez moi avec un canot à vapeur, mes troupes ont cru que vous veniez leur faire encore la guerre; c'est pourquoi elles ont commencé à tirer des coups de fusil sur le vapeur.

Au sujet de la rivière Ouémé, je vous ai dit plusieurs fois et prévenu par lettre qu'il ne faut pas y aller parce que j'avais toujours des troupes de ce côté et c'est par là que les Dahoméens passent pour aller combattre leurs ennemis. Je vous ai dit plusieurs fois que ce fleuve m'appartenait et non à Porto-Novo ni à personne autre que moi.

Maintenant je viens vous dire : si vous restez tranquille moi aussi je resterai tranquille et nous resterons en paix. Si par exemple vous faites quelque chose, je ruinerai tout en général et le commerce aussi et je ferai commerce avec d'autres nations.

La première fois je ne savais pas faire la guerre, mais maintenant je sais. J'ai tant d'hommes qu'on dirait des vers qui sortent des trous. Je suis le roi des noirs et les blancs n'ont rien à voir à ce que je fais. Les villages dont vous parlez sont bien à moi, ils m'appartiennent et voulaient être indépendants alors j'ai envoyé les détruire et vous venez toujours vous plaindre.

Je désirerais savoir combien de villages français indépendants qui ont été brisés par moi, roi du Dahomey? Veuillez rester tranquille, faire votre commerce à Porto-Novo, comme cela nous resterons toujours en paix comme auparavant. Si vous voulez la guerre, je suis prêt. Je ne la finirai pas quand même elle durerait cent ans et me tuerait 20.000 hommes.

Personne ne saura jamais rien de ce que je viens de vous écrire. J'attends votre réponse; mais si la France veut me faire la guerre, je ne veux pas que vous m'avertissiez car je suis toujours prêt sur tous les points.

Je suis informé de tout; je connais le nombre des millions que la France veut dépenser pour commencer la guerre. Je suis très bien informé. J'ai reçu la lettre que vous m'avez envoyée par Zodohocon, de Cotonou, à Ouidah, ainsi que celle que vous aviez confiée au chef de Décamé. Je les ai reçues toutes les deux et j'ai pris note.

BEHANZIN AHIDJERE,
Roi du Dahomey.

A ce moment les troupes dahoméennes avaient repassé l'Ouémé le 17 avril et campaient à environ trois jours de marche de Porto-Novo pendant qu'un groupe évalué à 4.000 hom-

7

mes continuait à stationner entre Abomey-Calavi et Godomey. D'une manière générale, les troupes du Dahomey étaient réparties comme suit : 4.000 hommes devant Cotonou ; 4.000 sur la rive gauche de l'Ouémé ; 2.000 entre Ouidah et Savi ; 2.000 à Allada et 4.000 à Abomey. Il y avait en outre huit canons à Godomey et quatre à Ouidah. Béhanzin, d'après les rapports de nos espions avait eu l'intention de profiter des nuits noires de la fin de mars pour enlever Porto-Novo par surprise, mais l'affaire de la *Topaze* avait fait échouer ce projet. Le lieutenant-gouverneur écrivait à Paris : « La situation s'aggrave de jour en jour. Dans ces conditions l'envoi d'importants renforts devient d'une nécessité absolue et je vous prie instamment, Monsieur le sous-secrétaire d'Etat, de bien vouloir prendre les mesures nécessaires pour qu'ils arrivent au Bénin dans le plus court espace de temps possible. »

Ces craintes ne se réalisèrent heureusement pas tout de suite. Pendant les premiers jours du mois de mai l'armée dahoméenne conserva les mêmes positions ; elle paraissait vouloir se tenir strictement sur la défensive. Le roi, conseillé paraît-il par des négociants étrangers, cherchait à gagner le plus de temps possible en attendant l'arrivée d'Europe d'une importante fourniture d'armes et de munitions. Il forçait même M. Hoquetis, agent de la maison Fabre à Ouidah, à écrire au Gouverneur que les intentions du roi étaient très pacifiques. Singulière prétention après les lettres arrogantes dont nous avons donné le texte.

Pendant ce temps M. le Gouverneur constituait par arrêté du 12 avril le conseil de défense et faisait arrêter deux espions venus à Porto-Novo pour faire soi-disant des achats à la maison Régis, ainsi que l'ancien chef de Kétenou convaincu d'entretenir des intelligences avec les autorités d'Abomey-Calavi. Il insistait également auprès du sous-secrétaire d'Etat des colonies pour la mise en état de blocus du littoral dahoméen, les navires allemands y débarquant librement des approvisionnements d'armes et de munitions.

Le 2 mai, le croiseur le *Sané* arrivait sur rade de Cotonou et le lendemain le *Ville de Céara* débarquait sur ce point une compagnie de tirailleurs sénégalais. La garnison totale du Bénin se composait alors de 915 hommes et 27 officiers ainsi répartis : à Cotonou, 6 officiers et 166 hommes ; à Porto-Novo 21 officiers et 729 hommes. La région des Popos était tranquille.

Le général Dodds. — Le 30 avril 1892, le ministre de la marine, après avoir pris l'avis du Conseil des ministres, dont le Président était M. Loubet, adressait au Président de la République le rapport suivant :

Monsieur le Président,

Les événements qui viennent de se produire au Dahomey ont conduit le Gouvernement à décider qu'un officier supérieur du grade de colonel soit envoyé au Bénin. J'ai en conséquence l'honneur de vous prier de vouloir bien désigner pour ce poste M. Dodds, colonel du 4e régiment d'infanterie de marine, et de décider que cet officier exercera les pouvoirs civils et militaires avec le titre de commandant supérieur des Etablissements français du Bénin.

Je vous prie d'agréer, Monsieur le Président, l'hommage de mon respectueux dévouement.

Le ministre de la marine,
G. CAVAIGNAC.

M. Carnot ayant approuvé cette proposition, le colonel Dodds partit pour Dakar et Cotonou, où il arriva le 28 mai 1892. Le lendemain le Gouverneur de la Guinée française et dépendances, lui faisait remise de ses attributions et repartait pour Conakry.

Le nom du commandant supérieur était connu avantageusement depuis longtemps à la Côte d'Afrique et dans les troupes de la marine. Né au Sénégal, en 1842, sorti de Saint-Cyr en 1864, chef de bataillon à 36 ans, colonel à 45, M. Dodds était à peine âgé de 50 ans. Chef énergique, intelligent et tenace, homme loyal et bienveillant, il justifiait pleinement par ses remarquables services antérieurs et ses brillantes qualités militaires le choix du Gouvernement. Le colonel Dodds devait réussir dans sa mission, non seulement à cause de ses aptitudes personnelles et du mérite des officiers d'élite qu'il avait su choisir et grouper autour de lui, mais aussi grâce à la collaboration franche, loyale et désintéressée du lieutenant-gouverneur, M. Ballot. De l'union de ces deux bons français : Dodds et Ballot, devait naitre forcément un résultat heureux. M. Ballot fut en effet, pour le plus grand bien de la colonne expéditionnaire, l'auxiliaire dévoué du colonel Dodds comme il l'avait été du lieutennant-colonel Terrillon et de l'amiral de Cuverville. Depuis cette époque, ainsi que nous l'avons déjà fait remarquer, l'entente parfaite entre l'autorité civile et l'autorité militaire n'a jamais cessé d'exister au Dahomey où elle constitue en quelque sorte une tradition.

Le 29 mai, le commandant supérieur rendit l'ordre ci-après :

ORDRE GÉNÉRAL N° 1

« En prenant à compter d'aujourd'hui 29 mai, et conformément à la décision du Président de la République en date du 30 avril dernier, les fonctions de commandant supérieur des Etablissements français du Bénin, je tiens tout d'abord à adresser mes félicitations aux différents corps et services pour l'énergie et l'activité dont ils ont fait preuve pendant la période critique que vient de traverser la Colonie.

« Je félicite en particulier le lieutenant-gouverneur Ballot et le chef de bataillon Riou, commandant des troupes, pour la bonne impulsion qu'ils ont su donner aux efforts communs, sous la haute direction de M. le gouverneur Ballay.

« La tâche que nous avons à accomplir dans ce pays n'est qu'amorcée. Je sais que je peux compter sur le dévouement et l'ardeur de tous pour la mener à bonne fin.

« A Porto-Novo, le 29 mai 1892.

« *Le colonel commandant supérieur des Etablissements français du Bénin,*

« A. DODDS. »

Le général DODDS

Le colonel écrivait en même temps à Béhanzin la lettre suivante :

Porto-Novo, le 2 juin 1892.

« Nommé par M. le président de la République au commandement supérieur des Etablissements français situés sur la côte des-Esclaves, je suis arrivé à Cotonou le 28 mai.

« Mon étonnement a été grand d'apprendre en débarquant qu'au mépris du droit des gens vous déteniez illégalement trois commerçants français à Ouidah et que vous aviez de nouveau violé les engagements librement consentis par vos représentants le 3 octobre 1890, en envahissant le territoire du protectorat français que vos troupes occupent encore aujourd'hui à Cotonou, à Zobbo et dans le Décamé.

« Je crois devoir vous rappeler les termes de l'article premier de l'arrangement du 3 octobre 1890 :

« Le roi du Dahomey s'engage à respecter le protectorat du royaume de Porto-Novo et à s'abstenir de toute incursion sur les territoires faisant partie de ces protectorats.

« Il reconnait à la France le droit d'occuper indéfiniment le territoire de Cotonou.

« En conséquence des stipulations de la convention précitée je vous prie, dans votre intérêt :

« 1° De mettre en liberté et de renvoyer soit à Cotonou, soit à Grand-Popo, les trois Français actuellement détenus à Ouidah.

« 2° De retirer de Cotonou, de Zobbo et des rivages de la rive gauche de l'Ouémé, de Dogla à Dogba, les postes et détachements qui s'y trouvent.

« J'espère que vous voudrez bien faire droit le plus tôt possible à mes justes revendications.

« Salut.

« DODDS. »

Béhanzin évita de répondre immédiatement à cette mise en demeure et expédia tout d'abord au commandant supérieur, des émissaires chargés de l'entretenir de questions insignifiantes de manière à gagner du temps ; le colonel reçut fort bien ses envoyés et eut l'habileté, en flattant leur vanité et aussi un peu leur penchant pour l'alcool, d'en obtenir de bons renseignements. Il se confirma notamment dans l'idée que Béhanzin était fort mal conseillé par certains commerçants étrangers intéressés politiquement ou commercialement à lui persuader que, depuis la guerre de 1870, nous étions un peuple incapable d'oser seulement résister à un aussi grand roi que lui. Le colonel, par la même occasion, put se rendre un compte à peu près exact de l'importance et de la situation des troupes dahoméennes : le roi avait environ 15,000 hommes de troupes régulières ainsi réparties : 600 hommes dans le Dékamé ; 2.000 dans le Zoumbomé ; 3.000 à Zagnanado ; 4.000 sur la route de Cana à Poguessa ; 2,000 entre Cotonou et Godomey ; 3.000 à Allada, le tout armé d'environ 8.000 fusils à tir rapide et de 15 canons. Elles semblaient ainsi disposées pour couvrir Ouidah et Allada et en même temps garder les points par lesquels les Français pourraient se diriger sur Abomey. A ce moment la famine et la misère étaient extrêmes au Dahomey ; c'est pour ce motif que le roi n'avait pu mettre en ligne un nombre plus considérable de guerriers. En outre, il attendait de jour en jour de Hambourg de nouvelles armes qu'il espérait pouvoir faire débarquer secrètement à Ouidah. L'établissement du blocus l'empêcha fort heureusement de mettre ce dernier projet à exécution.

Le 17 juin, le commandant supérieur écrivait au Yévoghan et au Coussougan de Ouidah :

« J'ai reçu votre lettre du 14 juin adressée à M. Ballot à Porto-Novo et qui m'était probablement destinée.

« Je suis surpris de l'assurance avec laquelle vous affirmez que le roi du Dahomey est l'ami de tous les Européens.

« Il faut croire que dans votre pensée il est fait exception des Français, car je ne m'expliquerais pas sans cela l'attitude du roi Béhanzin depuis quelques mois ; je suis étonné qu'il n'ait pas encore répondu à la lettre que je lui ai adressée dans laquelle je l'informais de mon arrivée au Bénin comme représentant du Gouvernement français.

« Je ne vois aucune raison pour cesser d'interdire l'accès de nos possessions aux Dahoméens lorsque ceux-ci ont ouvert les hostilités en attaquant sans motif et dans des eaux françaises une canonnière que montaient le lieutenant-gouverneur et le commandant des troupes ; lorsqu'ils continuent encore à soutenir des princes de Porto-Novo ennemis de la France, et surtout lorsqu'ils entretiennent des guerriers sur les territoires dépendant de notre protectorat.

« Salut.

« A. Dodds. »

Le premier message du général Dodds au roi eut au moins ce résultat que les prisonniers de Ouidah furent relâchés, mais il n'était nullement fait droit à ses justes revendications en ce qui concernait le retrait des troupes des territoires de Cotonou et de Porto-Novo. Le colonel écrivit à ce propos au roi, le 20 juin, la lettre suivante :

Votre lettre du 10 juin m'est parvenue à Porto-Novo, le 18 du courant. Vous avez bien voulu me l'adresser en réponse à ma lettre du 2 du même mois par laquelle je vous invitais de la façon la plus conciliante :

1° A mettre en liberté les trois Français détenus illégalement par votre ordre à Ouidah.

2° A retirer de Cotonou, Kobbo et des villages de la rive gauche de l'Ouémé, de Dogla à Dogba, les postes et détachements de votre armée qui s'y trouvent encore aujourd'hui.

Je vous remercie d'avoir fait droit immédiatement à mon premier *desideratum*, mais permettez-moi de m'étonner de la réponse étrange, puérile et même ironique que vous avez cru devoir faire à ma seconde demande.

L'arrangement du 3 octobre 1890, dont vous assurez avoir toujours scrupuleusement observé les engagements, stipule « que les traités ou conventions antérieurement conclus entre la France et le Dahomey restent intacts ». Or la convention du 19 avril 1878 concède en toute propriété au Gouvernement français un territoire de six kilomètres de côte sur lequel se trouvent les villages de Cotonou et de Zobbo. Vous me permettrez donc, en conséquence, de considérer comme peu sérieuses vos prétentions sur ces deux villages français.

D'autre part, nous sommes en droit de ne pas attacher plus d'importance à vos prétendus droits de propriété sur la province du Bas-Ouémé car le dernier de vos sujets sait fort bien que la limite de vos possessions du côté de l'est est la rivière de So ou Zounou jusqu'à la lagune du Tjibé-Akpomé et la lagune de Ouovimé jusqu'à Dogba.

Quinto, Zougomé, Donkoli, Ahenta, Denko, Biko, Agloloué, Agongué, Dawémé et Kétin-Sota que vous avez pillés et incendiés au mois de mars dernier sont bien sur le territoire français et vos troupes ne pouvaient l'ignorer puisqu'elles ont enlevé, lacéré et détruit les drapeaux français qu'arboraient ces villages du roi Tofa. Il en est de même de la rive gauche de l'Ouémé, de Dogla à Dogba, que vos soldats occupent illégalement encore aujourd'hui ; le chef du Dékamé que vous avez poussé à la rébellion et que vous soutenez encore n'est-il pas un sujet révolté du roi de Porto-Novo ?

Je n'insisterai pas davantage sur l'importance qu'il faut attacher à vos affirmations ni sur la valeur des sentiments dont vous dites être animé à l'égard des Français, sentiments qui sont peu d'accord, vous l'avouerez :

1° Avec l'attaque inqualifiable dont le lieutenant-gouverneur Ballot et le commandant des troupes ont été l'objet lorsqu'ils naviguaient paisiblement à bord d'une canonnière française dans des eaux appartenant sans contestation à la France ;

2° Avec les lettres antérieures que vous ou vos chefs avez adressées, du 29 mars au 1er mai au représentant de la République à Porto-Novo.

Quoi qu'il en soit, et malgré le peu de crédit qu'il convient d'accorder à vos revendications j'ai cru devoir les transmettre à mon gouvernement qui les appréciera et me fera connaître sa décision à leur égard, décision que je m'empresserai de vous communiquer dès qu'elle me parviendra. En attendant, non seulement je maintiens la défense formelle faite aux Dahoméens de circuler sur les routes et lagunes de Porto-Novo, mais encore je vous fais connaître que cette mesure est complétée par l'interdiction de toute communication avec les ports du Dahomey, le gouvernement français ayant décidé et notifié aux puissances étrangères qu'à partir du 18 de ce mois le blocus serait établi sur les côtes de nos possessions du golfe de Bénin.

Salut.

A. Dodds.

En réponse à cette communication, le commandant supérieur en recevait une du roi le 29 juin tout à fait évasive et contenant des plaintes vagues contre des sujets du roi Tofa qui auraient fait arrêter des Dahoméens.

Pendant ce temps l'échange des négociants français à Ouidah contre des prisonniers dahoméens s'était accompli par l'intermédiaire du capitaine Vicente da Rosa Rolim, gouverneur du fort Portugais. Nos compatriotes s'étaient sans trop de difficulté embarqués à Ouidah sur le *Brandon* qui les avait ramenés à Cotonou.

Ce point important étant acquis, le colonel Dodds continua activement ses préparatifs. Il réunit les principaux chefs du pays, constata que Tofa possédait sur eux une réelle influence et profita de leur présence pour déterminer les limites véritables du royaume de Porto-Novo. L'autorité de Tofa s'étendait bien, en dépit des prétentions du Dahomey, à l'ouest de la rivière de So qui réunit la lagune de Djigbé-Akpomé au lac

Nokoué ou Denham, au nord jusqu'au village d'Affamé sur l'Ouémé et jusqu'à Sakété dans l'intérieur. Seuls les chefs du Dékamé avaient fait défection et, bien que le roi de ce pays eut été nommé en 1883 par Tofa, il s'était depuis brouillé avec lui et, ainsi qu'on l'a vu en 1890, avait fait cause commune avec le Dahomey.

Les opérations. — Le colonel Dodds résolut de régler tout d'abord la question du Dékamé. Les Dahoméens en effet venaient d'attaquer et de piller le village de Gomé aussitôt après le départ d'une reconnaissance dirigée par le commandant Riou. Les canonnières le *Corail*, l'*Emeraude* et la *Topaze* partirent de Porto-Novo le 3 juillet sous les ordres du lieutenant de vaisseau de Fésigny et allèrent bombarder Azaouissé, capitale du Dékamé. Ce village fut détruit ainsi que plusieurs autres, mais les eaux étant très basses il ne fut pas possible de faire davantage. Cette première affaire n'était, d'ailleurs, que le prélude d'une action plus efficace.

Les préparatifs de l'expédition étaient en effet poussés très activement à Porto-Novo. Plus de 5,000 porteurs et 200 grandes embarcations du pays avaient été reunis dès le début des hostilités. Comme l'écrivait fort bien le commandant supérieur au sous-secrétaire d'Etat des Colonies, en faisant allusion aux lettres qu'il recevait de Béhanzin, il n'avait, en effet, obtenu aucun résultat vraiment appréciable en dehors de l'échange des prisonniers de Ouidah : la correspondance de Béhanzin, si insolente au début était peu à peu devenue de plus en plus humble au fur et à mesure que nos troupes débarquaient à Cotonou. Cependant il refusait de retirer ses troupes et n'abandonnait aucune de ses prétentions sur Cotonou et certains villages du protectorat français. On savait d'ailleurs qu'il recrutait des auxiliaires en très grand nombre et qu'il se tenait prêt à toute éventualité.

Dès son arrivée au Bénin le colonel Dodds avait fortement

constitué les divers services de la colonie en vue d'une action prochaine et inévitable.

Le lieutenant-gouverneur restait chargé de la direction des services civils.

Les chefs des différents services militaires étaient :

1° Chef d'Etat-major du commandant supérieur, le chef de bataillon Gonard ;

2° Commandant des troupes d'infanterie et major de garnison à Porto-Novo, le chef de bataillon Riou ;

3° Chef du service de l'artillerie, à titre provisoire, le capitaine Hazotte ;

4° Commandant de la flottille du Bénin : le lieutenant de vaisseau de Fésigny ;

5° Chef du service administratif, le commissaire-adjoint Crayssac ;

6° Chef du service de santé, le médecin principal Rangé.

Le service des transports était organisé, ainsi que le service hospitalier ; des tribunaux militaires étaient constitués ; d'importants approvisionnements de vivres et de matériel étaient concentrés à Porto-Novo. Le 17 juillet la garnison de Grand-Popo était renforcée ; le 27 du même mois les navires affectés au blocus de la Côte des Esclaves étaient placés sous l'autorité directe du commandant supérieur. Ces forces navales, dirigées par le capitaine de vaisseau Reynier, comprenaient : le *Sané*, le *Talisman*, le *Héron*, l'*Ardent* et, un peu plus tard, la *Mésange*. Enfin les paquebots des Compagnies des Chargeurs-Réunis et Fraissinet ainsi que le transport le *Mytho* et le vapeur affrété le *Saint-Nicolas* débarquaient les dernières troupes. Une troisième compagnie de tirailleurs haoussas était créée.

Au commencement du mois de septembre, l'état-major se trouvait ainsi constitué :

Chef de bataillon Gonard, chef d'état-major ;

Capitaines Lombard, Roget, Schillemans, Marmet, lieutenants Vuillemot et Ferradini.

Abbé Vathelet, aumônier de la marine.

Les chefs des différents services militaires étaient, en dehors du lieutenant-colonel Grégoire nommé commandant en second de la colonne expéditionnaire pour la durée des opérations :

Le commandant Faurax (Légion étrangère).

Le commandant Lasserre (Artillerie).

Le commandant Villiers (Cavalerie).

Le capitaine Roques (Génie).

Le sous-commissaire Noguès (service administratif).

Le 16 août, le commandant supérieur rendait l'ordre du jour suivant :

Le roi du Dahomey, par son langage, son attitude et ses actes hostiles, a lassé la patience du Gouvernement français. Sur son refus de remettre en liberté les habitants du village de Gomé, capturés par ses guerriers le 30 juin dernier, une première leçon vient de lui être donnée.

Le 9 août à 6 heures du matin, la place de Cotonou, les avisos le *Héron* et l'*Ardent*, les canonnières *Opale*, *Topaze* et *Emeraude*, ont ouvert le feu simultanément sur les villages de Cotonou indigène et Zobbo ; les villages de Godomey et d'Abomey-Calavi ont ensuite été successivement bombardés. En même temps, le *Talisman* couvrait de ses projectiles la ville de Ouidah.

A 7 heures du matin, un détachement, placé sous les ordres du commandant Stéfani et composé d'un peloton de la 1re compagnie de tirailleurs sénégalais, de la 9e compagnie de tirailleurs sénégalais et de la 1re compagnie de tirailleurs haoussas, partait de Cotonou et se portait dans la direction de Zobbe.

A trois kilomètres au sud-est de ce dernier village, nos troupes ont rencontré l'ennemi, qu'elles ont chassé de ses positions après un engagement très vigoureux.

Les Dahoméens ont tenté de nombreuses contre-attaques que nos soldats ont repoussées vigoureusement, en infligeant à l'ennemi des pertes très sérieuses.

Tout étant prêt, le Commandant supérieur quitta Porto-Novo le 19 août, accompagné du Gouverneur Ballot, et établit son quartier général à Kouti. Il le transporta ensuite à

Incinération des cadavres après la bataille de Dogba

Takon le 24 août, à Catagon le 26, à Sakété le 28, de manière à bien dégager les abords de Porto-Novo. Il revint ensuite au chef-lieu qu'il quitta définitivement le 10 septembre. Quelques jours après, il se heurtait, à Dogba, aux troupes dahoméennes. Voici la relation officielle de ce combat :

Le 19 septembre 1892, à 5 heures du matin, les troupes bivouaquées à Dogba et comprenant le deuxième et troisième groupes, l'infanterie de marine, l'artillerie du premier groupe, la section du génie, ont été attaquées par un parti nombreux de Dahoméens armés de fusils à tir rapide et fort de plus de quatre mille hommes. L'ennemi est arrivé au contact de nos lignes qu'il n'a pu entamer, malgré plusieurs retours offensifs conduits avec la plus grande bravoure.

Après quatre heures de combat, il a abondonné définitivement la lutte, poursuivi par nos feux de salve et laissant le terrain jonché de morts. De notre côté, nous avons eu quatre tués, dont M. le sous-lieutenant Badaire, de l'infanterie de marine, et onze blessés, dont M. le commandant Faurax.

Le colonel commandant le corps expéditionnaire du Dahomey a constaté avec une légitime fierté que toutes les troupes présentes à Dogba, sous ses ordres, ont résisté à cette attaque inopinée avec un calme et un sang-froid remarquables ; il leur adresse, au nom de la France, toutes ses félicitations.

Les Dahoméens viennent d'éprouver une défaite inoubliable et qui pèsera certainement d'un grand poids sur l'issue de la campagne.

L'affaire avait été chaude en effet et prouvait que nos troupes allaient avoir désormais affaire à un ennemi très brave et très résistant. Le Commandant Faurax succomba deux jours après à Porto-Novo où il avait été transporté ; le nom de ce brave officier, regretté de tous, fut donné au fort établi à Dogba, pour couvrir les derrières de la colonne et assurer ses communications avec le chef-lieu. Le Commandant supérieur reprit ensuite sa marche vers le Nord.

Le 28 septembre, le *Corail* et l'*Opale* envoyés en reconnaissance sur l'Ouémé furent attaqués par une partie de l'armée dahoméenne très bien retranchée sur les berges du fleuve. Le combat, qui dura une heure et demie, se termina par la défaite des soldats de Béhanzin et valut au lieutenant de vaisseau de Fésigny, commandant de la flottille, ainsi qu'à l'enseigne de vaisseau Latourette, commandant de l'*Opale*, les vives félicitations du Colonel. Cette nouvelle affaire permit de se rendre un compte exact de la force de l'ennemi et de ses intentions.

A partir de ce moment, le contact avec les soldats de Béhanzin devait devenir presque journalier et l'on peut dire que la marche du corps expéditionnaire, de l'Ouémé à Cana, c'est-à-dire pendant près d'un mois et demi, ne fut en quelque sorte qu'un combat ininterrompu au cours duquel nos troupes firent preuve d'un courage admirable et d'une endurance à toute épreuve. De leur côté, les Dahoméens défendirent le terrain pied à pied, luttant avec acharnement contre nos soldats et ne se retirant qu'après avoir éprouvé d'énormes pertes. La liste, hélas ! trop longue de nos officiers et de nos hommes tués à cette époque prouve d'une manière très éloquente que des deux côtés on avait combattu avec acharnement.

Les ordres généraux ci-après dont nous citons le texte intégral, pour ne rien enlever à leur intérêt, donnent, en dépit de leur concision toute militaire, une idée complète et très nette de ces nombreux engagements. Ce sont autant de bulletins de victoire, et chaque journée marque un progrès dans la marche en avant de nos troupes vers Abomey.

ORDRE GÉNÉRAL N° 60

Le 4 octobre, à neuf heures du matin, le corps expéditionnaire, en marche sur Poguessa, a été attaqué par le gros de l'armée dahoméenne dans un terrain des plus difficiles.

Après deux heures d'un combat acharné, l'ennemi a battu en retraite, laissant devant notre ligne de nombreux cadavres parmi lesquels on a relevé une quantité notable d'amazones formant la garde particulière du roi Béhanzin.

Le colonel félicite toutes les troupes du corps expéditionnaire, et notamment le groupe du commandant Lasserre et la compagnie Bellamy, qui ont eu à supporter l'effort principal de l'action, des qualités militaires dont elles ont fait preuve dans cette circonstance ;

il exprime également sa satisfaction à MM. les commandants du *Corail* et de l'*Opale*, qui ont flanqué la ligne de feux de la façon la plus efficace.

Au bivouac de Poguessa, le 6 octobre 1892.

A. DODDS.

ORDRE GÉNÉRAL N° 62

Le 6 octobre 1892, à trois heures quinze du soir, une reconnaissance commandée par M. le commandant Gonard a été attaquée par un très fort parti de Dahoméens.

Cette reconnaissance, qui a reçu le choc de l'ennemi avec une très grande vigueur, a promptement enrayé son mouvement offensif et s'est portée ensuite, après avoir été renforcée, contre des positions dahoméennes fortement organisées en arrière de la rivière de Poguessa, position défendant le passage du pont jeté sur ce cours d'eau.

Grâce à une action méthodiquement conduite et à une charge à la baïonnette des plus brillantes, le pont a été enlevé à la nuit tombante et tout le corps expéditionnaire a franchi la rivière de Poguessa.

Le colonel commandant le corps expéditionnaire félicite vivement toutes les troupes qui ont pris part à cette action et surtout M. le commandant Gonard qui a, dans la conduite de cette opération, fait preuve d'une grande bravoure et de qualités militaires remarquables.

Bivouac de Poguessa, le 7 octobre 1892.

DODDS.

ORDRE GÉNÉRAL N° 65

Officiers, sous-officiers et soldats du corps expéditionnaire.

Chacun de vous se souviendra avec orgueil de la semaine du 10 au 17 octobre 1892.

Partis de Poguessa le 10, nous sommes venus camper à Koussoupa, après avoir trouvé évacué le camp de Sabovi encore occupé quelques heures auparavant par le roi Béhanzin.

Le 12 au matin, nous avons repris le contact de l'ennemi et presque toute la journée n'a été qu'un combat au cours duquel nous avons emporté trois lignes de retranchements.

Le 13, vous avez brillamment enlevé le camp qui couvrait Akpa, où l'ennemi, dans sa fuite précipitée, a laissé de nombreux vivres et munitions.

Venus le 14 à la lagune de Koto, pour nous ravitailler en eau, vous avez repoussé victorieusement trois attaques pendant les journées du 14 et du 15.

Le 16, nous avons repris notre bivouac d'Akpa, afin de faciliter notre ravitaillement en vivres et munitions et prendre quelque repos à la suite des fatigues résultant de quatre jours de combats. C'est aussi dans cette journée que les légionnaires, en s'offrant spontanément pendant la marche au transport des blessés indigènes aussi bien qu'européens, ont montré que, chez le soldat, l'esprit de sacrifice et de fraternité militaire est inséparable du vrai courage. Ce fait a encore augmenté l'admiration que leur conduite au feu a provoquée depuis la journée de Dogba.

Bientôt nous repartirons à l'attaque des dernières positions ennemies.

Sûr qu'il peut tout demander à chacun des éléments du corps expéditionnaire, le colonel est convaincu que le succès définitif, qui n'est dû qu'aux tenaces, ne tardera pas à couronner tant de généreux efforts.

Akpa, 18 octobre 1892.

A. Dodds.

Le commandant supérieur profita de ces quelques jours de repos bien nécessaires pour se ravitailler et donner aux quatre groupes de la colonne expéditionnaire, en vue d'une action décisive, une nouvelle organisation.

Voici la liste des officiers placés à la tête des diverses unités nouvellement constituées :

Premier groupe : commandant Riou

1re compagnie de légion, capitaine Démartinécourt;
1re compagnie haoussa, capitaine Sauvage;
12e compagnie de tirailleurs sénégalais, capitaine Bérard;
1re section d'artillerie, capitaine Delestre.

Deuxième groupe : capitaine Drude

3e compagnie de légion, capitaine Drude;
5e compagnie de tirailleurs sénégalais, capitaine Gallenon;
11e compagnie de tirailleurs sénégalais, capitaine Combettes;
2e section d'artillerie, lieutenant Valabrègue.

Troisième groupe : capitaine Poivre

1re compagnie de tirailleurs sénégalais, capitaine Robard;

4e compagnie de légion, capitaine Poivre;
9e compagnie de tirailleurs sénégalais, capitaine Dessert;
3e section d'artillerie, lieutenant Jacquin.

Quatrième groupe : commandant Audéoud

2e compagnie de légion, capitaine Jouvelet;
3e compagnie de tirailleurs sénégalais, capitaine Rilba;
10e compagnie de tirailleurs sénégalais, capitaine Collinet.

Quelques modifications avaient eu lieu en même temps : le capitaine Schillmans remplaçait, comme officier d'ordonnance, le commandant Marmet, tué à l'ennemi; le capitaine d'artillerie Montané-Capdebosc était placé à l'état-major, dont le capitaine Lombard était nommé sous-chef.

ORDRE GÉNÉRAL N° 74

Demain, la colonne expéditionnaire se portera en avant pour refouler les dernières bandes dahoméennes déjà fortement ébranlées par les échecs nombreux et les pertes énormes que nous leur avons infligées précédemment et surtout dans les journées des 20 et 21 octobre. La ligne de la rivière de Koto, occupée par l'ennemi, constitue le dernier des remparts élevés par Béhanzin sur notre route pour défendre sa capitale. Ce roi, sentant sa ruine prochaine, essaie vainement de retarder notre marche par des pourparlers qui prouvent seulement qu'il a acquis le sentiment de sa faiblesse et celui de notre force.

Ces manœuvres astucieuses ne sauraient retarder notre marche victorieuse, pas plus que n'ont pu le faire les efforts de ses guerriers.

Le colonel sait qu'il peut compter sur le courage et la ténacité de tous pour porter le dernier coup à la puissance dahoméenne et, par une vigoureuse marche en avant, terminer rapidement cette campagne du Dahomey si brillament commencée.

Bivouac d'Akpa, le 25 octobre 1892.

A. Dodds

ORDRE GÉNÉRAL N° 83

Officiers, sous officiers et soldats du corps expéditionnaire.

Après avoir, dans les journées des 26 et 27 octobre, enlevé les lignes de Koto, vous venez, dans les trois journées des 2, 3 et 4 novembre, de porter un coup décisif à la puissance dahoméenne.

Partis le 2 novembre du bivouac de Kotopa, vous avez tourné la forte position de Wacon et le soir, après une lutte où l'infanterie et l'artillerie ont montré une fois de plus ce qu'on pouvait attendre d'elles, vous avez forcé l'ennemi à évacuer et le palais de Wacon et les lignes qu'il croyait imprenables.

Le 3 au matin, le roi en personne venait lancer à l'attaque de notre bivouac les dernières troupes qu'il avait pu réunir. Ces hommes avec la folle audace que donnent le désespoir et l'ivresse se sont précipités sur nos lignes et, après une lutte de plus de quatre heures, ont dû se retirer en désordre, laissant le terrain jonché de cadavres et poursuivis la baïonnette dans les reins jusqu'au réduit de Wacon qui a été brillamment enlevé d'assaut par les troupes du 4e groupe.

Le 4 enfin, après une marche aussi hardie que pénible vous avez refoulé l'ennemi sur la forte position de Dioukoué dont vous l'avez ensuite chassé malgré une résistance opiniâtre.

Vous savez tous le résultat de ces trois mémorables journées.

Le roi, dont l'armée est anéantie, a demandé la paix, nous la voulons durable ; il faut donc qu'elle soit honorable et profitable pour la France. S'il devait en être autrement je sais que je pourrais compter sur la vigueur et l'énergie dont vous avez donné tant de preuves pour aller porter jusque dans Abomey le coup suprême qui anéantirait à jamais la puissance de Béhanzin.

Je tiens à exprimer encore à toutes les troupes du corps expéditionnaire la fierté que j'éprouve à commander à des hommes dont la valeur et le dévouement ont, seuls, permis de venir porter nos armes jusqu'au pied des murs d'Abomey, pour dicter la paix à notre ennemi.

Cana, le 12 novembre 1892.

A. Dodds

Après ces rudes journées, le colonel Dodds jugea nécessaire de laisser un peu reposer ses troupes. Il tenait aussi naturellement à attendre de nouvelles instructions qu'il avait demandées à Paris au sujet des négociations que Béhanzin avait entamées avec lui. Le 13 novembre, il recevait communication du câblogramme du 9 novembre par lequel le Gouvernement, en lui notifiant sa nomination au grade de général de brigade, le félicitait de nouveau des brillants résultats obtenus. Une touchante manifestation de respectueuse sympathie des officiers de la colonne expéditionnaire, à laquelle assistaient le gouverneur Ballot et l'administrateur Fonssagrives, eut lieu à cette occasion au camp de Cana.

Pendant ce temps les pourparlers continuaient avec Béhanzin qui se rendait parfaitement compte que s'il pouvait arrêter nos troupes à Cana il lui serait facile de dire ensuite que le général avait reculé devant lui. Il multipliait donc ses offres : otages, armes, canons, énorme indemnité en argent; il se disait prêt à tout donner, même ce qu'il ne possédait pas, car il a été prouvé depuis que les fameux trésors d'Abomey n'existaient que dans l'imagination des indigènes. Ces offres qui ne cachaient de la part du roi que la volonté impuissante et désespérée de rétablir son prestige, furent enfin repoussées par le général Dodds auquel M. Ballot n'avait pas eu de peine à persuader qu'il était indispensable de s'emparer d'Abomey. La marche en avant fut reprise et la capitale du Dahomey tombait en notre pouvoir le 17 novembre.

ORDRE GÉNÉRAL N° 85

Officiers, sous-officiers et soldats de la colonne expéditionnaire.

Le roi Béhanzin, après avoir demandé la paix, n'a pas voulu accepter nos justes conditions ; nous avons donc repris notre marche en avant et le 17 novembre le drapeau français a flotté sur les murs d'Abomey.

Afin de forcer les princes de sa famille et ses chefs à le suivre, le roi n'a pas hésité à brûler leurs demeures et ses propres palais : il a ainsi porté lui-même le dernier coup à sa puissance et à son prestige.

La pointe poussée sur Vindouté, dans la nuit du 18, a montré qu'il a complètement renoncé à la lutte et fui hors de la portée de vos armes victorieuses.

Depuis plus de deux mois vous avez presque journellement combattu, vous avez supporté fatigues et privations, sans que jamais votre admirable entrain se soit ralenti un instant ; aujourd'hui l'occupation d'Abomey est le couronnement de vos succès; l'armée dahoméenne est anéantie et il ne reste que quelques hommes suffisant à peine à former une escorte pouvant servir à protéger la fuite du roi.

Aussi suis-je heureux de porter à votre connaissance le câblogramme que je reçois du ministre de la marine :

« J'admire avec vous la valeur et le superbe entrain de vos troupes ; l'éloge que vous en faites est pour elles la première et reste la plus précieuse des récompenses.

Campement des tirailleurs haoussas

« Le ministre de la guerre, le sous-secrétaire d'Etat des colonies et moi adressons de nouveau à vos soldats et à vous nos plus vives félicitations. »

Abomey, le 20 Novembre 1892.

A. Dodds

Le jour même de l'entrée des troupes françaises à Abomey, le commandant supérieur avait adressé aux habitants du Dahomey la proclamation suivante :

Le général Dodds, commandant en chef le corps expéditionnaire du Dahomey aux Cabécères, aux chefs et habitants du Dahomey.

Après de nombreux combats l'expédition française s'est emparée de votre capitale et en a chassé le roi Béhanzin, détruit son armée et brisé à tout jamais sa puissance.

Les intérêts du peuple dahoméen sont désormais entre les mains de la France et il m'appartient de donner une nouvelle constitution au pays abandonné par son roi.

Ceux de vous qui, confiants dans la clémence du gouvernement français et dans ma parole, viendront franchement à moi, seront protégés dans leur famille et dans leurs biens. Ils pourront en toute sécurité se livrer au commerce et aux travaux de culture et vivre en paix sans aucune inquiétude sous la protection de la France.

Rien ne sera changé dans les coutumes et les institutions du pays dont les mœurs seront respectées.

Les chefs qui se soumettront de bonne foi à notre protectorat resteront en fonctions, ils conserveront les dignités qui en sont la conséquence. En revanche, ceux qui ne répondront pas à mon appel et qui essayeraient de fomenter des troubles dans un pays qui doit désormais être heureux et pacifié, seront impitoyablement châtiés.

Au palais d'Abomey, le 18 novembre 1892.

ORDRE GÉNÉRAL N° 89

Le général commandant la colonne expéditionnaire du Dahomey est heureux de porter à la connaissance des troupes le télégramme suivant qu'il a reçu de M. le Ministre de la marine :

« Marine à Général Dodds. Le gouvernement a donné connaissance aujourd'hui aux deux Chambres, de la dépêche par laquelle vous lui avez annoncé l'entrée des troupes françaises dans Abomey.

« Le Parlement applaudissant à vos efforts et à vos succès a ratifié par un vote unanime la proposition du gouvernement d'instituer une médaille commémorative de la brillante campagne du Dahomey, et il a mis à sa disposition un certain nombre de décorations pour lui permettre de récompenser les hauts mérites que vous auriez à lui signaler. »

Porto-Novo, le 30 novembre 1892.

A. Dodds

Liste des officiers tués ou morts de leurs blessures

Dogba, 19 Septembre. — Sous-lieutenant Badaire, infanterie de marine ; commandant Faurax, légion.

Poguessa, 4 Octobre (Première affaire). — Capitaine Bellamy, infanterie de marine ; sous-lieutenant Amelot, légion étrangère ; sous-lieutenant Bosano, infanterie de marine.

Poguessa, 6 Octobre (Deuxième affaire).—Lieutenant Doué, infanterie de marine.

Akpa, 15 Octobre, — Commandant Marmet, infanterie de marine, officier d'ordonnance du commandant supérieur.

Le 20 Octobre, devant Kotopa. — Lieutenant Toulouse, infanterie de marine ; lieutenant Michel, artillerie,

Le 2 Novembre, affaire Vakon. — Lieutenant Mercier, infanterie de marine ; médecin de première classe, Rouch.

Le 4 Novembre, affaire Djokoué. — Lieutenant d'artillerie Menou.

Lieutenant d'artillerie Valabrègue et lieutenant d'infanterie de marine Gélas.

LISTE DES OFFICIERS BLESSÉS

Le 20 Août, à Takon. — Commandant Riou, infanterie de marine ; commandant Lasserre, artillerie ; capitaine Bellamy, infanterie de marine.

Le 4 Octobre, Poguessa (Première affaire). — Commandant Lasserre, artillerie ; sous-lieutenant Farradini, infanterie de marine.

Le 6 Octobre, Poguessa (Deuxième affaire). — Lieutenant Farrail, légion.

Le 12 Octobre, affaire d'Akpa. — Lieutenant Cornetto, légion.

Le 13 Octobre, affaire d'Akpa. — Lieutenants Kieffer, Passaga, Grandmontagne.

Le 14 Octobre, affaire de Koto. — Capitaine Battréau, légion.

Le 15 Octobre, affaire Akpa. — Commandant Stéfani, infanterie de marine ; lieutenant d'Urbal, légion.

Le 20 Octobre. — Commandant Villiers, capitaine Crémieu-Foa, cavalerie.

Le 27, devant Kotopa, — Capitaine Combettes, capitaine Fonssagrives, infanterie de marine.

Le 2 Novembre, affaire de Vakon, — Capitaine Roget, infanterie de marine ; lieutenant Jacquet, légion ; lieutenant Cany, infanterie de marine.

Le 2 Novembre, affaire de Djokoué. — Lieutenant Gay, infanterie de marine ; lieutenant Mérienne Lucas, infanterie de marine ; lieutenant Maron, artillerie.

L'occupation, la pacification. — Le résultat immédiat de la chute de Béhanzin fut la prise de possession du royaume du Dahomey par la République française. Elle fut notifiée en ces termes par le général :

DÉCLARATION

Au nom de la République française :

Nous, général de brigade, commandant supérieur des Établissements français du Bénin, commandeur de la Légion d'honneur.

En vertu des pouvoirs qui nous ont été conférés,

Déclarons :

Le roi Béhanzin Ahydjéré est déchu du trône du Dahomey et banni à jamais de ce pays.

Le royaume du Dahomey est et demeure placé sous le protectorat exclusif de la France à l'exception des territoires de Ouidah, Savi, Avrékété, Godomey et Abomey Calavi, qui constituaient les anciens royaumes de Ajuda et de Jacquin lesquels sont annexés aux possessions de la République française. Les limites des territoires annexés sont : à l'Ouest, la rivière Ahémé ; au Nord et à l'Est, la rivière de Savi et les frontières Nord-Est du territoire d'Abomey-Calavi, au Sud de l'océan Atlantique.

Fait à Porto-Novo, le 3 décembre 1892.

A. Dodds.

Dès son retour à Porto-Novo, le commandant supérieur prit, de concert avec le lieutenant-gouverneur, les mesures de détail nécessaires pour assurer en même temps que la sécurité du pays, la mise en application du nouvel ordre de choses.

Le roi Béhanzin, d'après des renseignements puisés à diverses sources, se trouvait chez les Mahis, où il s'était réfugié après la prise d'Abomey, à deux jours de marche environ au nord de cette ville. Il essayait de rassembler les débris de son armée et de reconstituer de nouvelles troupes, mais il ne pouvait, en attendant, que garder la défensive. Petit à petit, le calme rentrait dans les esprits; aux Popos, tout était tranquille; nos troupes étaient entrées à Ouidah sans coup férir, Elles s'étendaient peu à peu dans la direction d'Allada et vers Abomey, de manière à établir par une suite ininterrompue de postes les communications entre la côte et l'intérieur et à assurer le ravitaillement de la garnison laissée à Abomey, sous le commandement du lieutenant-colonel Grégoire, chargé de la région d'Abomey. Quant aux territoires annexés, ils étaient divisés en deux cercles: Ouidah et Cotonou, comprenant: le premier, les cantons d'Aroh, Savi, Ouidah et Avrékété; le second, les cantons d'Abomey-Calavi, Godomey et Cotonou. A la tête de chacun de ces cercles se trouvait un commandant de région ayant sous ses ordres un administrateur colonial chargé des services publics. Le lieutenant-colonel Gonard fut chargé de la région de Ouidah, avec M. D'Albéca comme administrateur; le colonel Lambinet fut chargé cumulativement des deux régions de Porto-Novo et Cotonou, avec le capitaine Roget comme second.

En même temps, il était constitué une 4e compagnie de tirailleurs haoussas, avec les éléments recrutés sur place, de manière à combler les vides causés par le rapatriement, soit en France soit au Sénégal, d'une partie des troupes ayant pris part aux opérations qui avaient précédé la prise d'Abomey. Une décision du 14 février constituait également deux compagnies franches, à l'effectif de cent dix hommes chacune, ayant leurs dépôts à Abomey et à Porto-Novo, et chargées de parcourir incessamment le pays pour rassurer la population en détruisant les bandes de rôdeurs qui pourraient y pénétrer ou s'y former.

D'autre part le blocus était levé à compter du 19 décembre, ce qui permit au général de remettre à la disposition du Département de la Marine les bâtiments réunis dans le golfe du Bénin sous l'autorité du capitaine de frégate Marquer. Le général garda seulement la *Mésange*, le *Héron*, et pendant quelques semaines encore, le transport-hôpital le *Mytho*. Cependant, par précaution, l'arrêté du 14 avril 1892, interdisant l'introduction et la vente de la poudre et des armes, fut confirmé et étendu à l'ensemble des possessions françaises.

Le commandant supérieur crut devoir également prendre des mesures de rigueur contre un certain nombre de maisons allemandes convaincues d'avoir à différentes reprises et, au mépris de l'acte général de Bruxelles, vendu au roi de Dahomey des armes à tir rapide, des munitions et même de l'artillerie. Une enquête rapidement menée prouva ces faits. En conséquence les comptoirs de la maison Wohlber et Brohm, de Hambourg, furent fermés à titre définitif, et ses deux agents, MM. Richter et Buss, expulsés du territoire français ainsi que MM. Barth, de la maison Joss et Witt, de la maison Goedelt. On mit également sous séquestre les biens de quelques-uns des habitants de Ouidah, Candido Rodriguez, Cyrille et Georges de Souza et certains autres qui s'étaient distingués par leur haine contre nous et avaient accom-

Appontement de Cotonou

pagné le roi dans sa fuite. Un peu plus tard, après la reddition de Béhanzin, quelques-uns d'entre eux furent remis en possession de leurs biens ; d'autres, plus coupables, envoyés au Gabon où ils purent méditer pendant plusieurs années sur les vicissitudes de la politique dahoméenne.

Simultanément avec ces mesures de défense ou de sécurité, diverses dispositions d'ordre économique avaient été prises par le général.

Le régime douanier fut surtout l'objet d'une attention spéciale. Dès le 5 décembre, des postes de douane avaient été créés à Ouidah plage, Avrékété et Godomey plage. Par arrêté du 10 décembre les divers territoires des établissements du Bénin furent divisés au point de vue fiscal en deux zones distinctes : la première s'étendant de l'île Bayol à l'Ahémé, de manière à ne pas porter atteinte aux prescriptions de l'arrangement franco-allemand approuvé par le décret du 6 février 1890 pour la région des Popos ; la seconde s'étendant de l'Ahmé à la rivière d'Adjarra, comprenant par conséquent le protectorat de Porto-Novo, Cotonou et les territoires nouvellement annexés. Un arrêté du 23 décembre établit dans cette deuxième zone un nouveau tarif de droits sur les alcools.

Ces dispositions, que nous ne citons ici qu'à titre rétrospectif, furent abrogées le 15 mars 1893, le gouvernement allemand ayant lui-même demandé la dénonciation de la convention. A partir de cette date, les droits sur l'alcool en vigueur à l'est de Porto-Novo furent également appliqués à la région des Popos en vertu d'un arrêté du 15 mars 1893 qui a servi de point de départ aux divers actes qui ont depuis régi la matière. Pour les articles autres que l'alcool (tabac, poudre, fusils, etc.), les droits furent maintenus provisoirement et modifiés le 19 avril suivant.

En même temps les lois, ordonnances et règlements de la Métropole ainsi que tous les arrêtés locaux réglant les matières d'administration et de police en vigueur à cette époque dans les Etablissements du Bénin furent rendus applicables aux territoires annexés à compter du 1er janvier 1893. Un arrêté du du 23 décembre institua une commission chargée d'examiner les titres ou revendications de propriété immobilière présentés par les Européens et les indigènes. Il était de plus procédé à des travaux préliminaires de délimitation sur la frontière du Togo.

Enfin le wharf de Cotonou était ouvert au commerce le 7 Mars 1893. Cet appontement, qui a rendu de si grands services à la Colonie, et sans lequel la campagne du Dahomey eut été impossible, a été construit par MM. Daydé et Pillé, ingénieurs constructeurs à Paris. Il mesure 300 mètres de longueur sur 6 mètres de largeur.

A cette époque, les services du Gouvernement, placés sous l'autorité directe du commandant supérieur, comprenaient :

1° L'Etat-Major (commandant Lombard).

2° Le Secrétariat et la justice (administrateur Fonssagrives).

3° Les affaires politiques et indigènes (capitaine Trinité-Schillemans).

4° Le service de l'intérieur (administrateur Cornilleau).

Le 21 février, le Général avait quitté Porto Novo pour aller établir son quartier général à Ouidah. Il pensait, avec juste raison, que sa présence dans cette ville non seulement lui permettrait de surveiller de plus près l'organisation des territoires annexés, mais serait une preuve manifeste de la prise de possession définitive du royaume du Dahomey. Il se proposait en même temps d'établir dans cette ville même, centre des intrigues dahoméennes, un service de renseignements lui permettant de se tenir au courant des faits et gestes de Béhanzin et de terminer définitivement la campagne, s'il était possible, à l'aide de négociations pacifiques.

« Béhanzin, écrivait-il au mois d'avril au Ministre de la Marine et au sous-secrétaire d'Etat des Colonies, est toujours à Atchéribé, point situé à deux journées de marche au nord d'Abomey.

« Il habite à peu de distance du Zou, dans une clairière située au centre d'une épaisse forêt et là, gardé par ses amazones, il est entouré de quelques fidèles seulement parmi lesquels les princes Fiobé, Ymavo et Alladoué.

« Il prend les plus grandes précautions pour se protéger, surtout contre les tentatives d'empoisonnement auxquelles l'exposent de la part de ses partisans ses récentes défaites. L'amazone qui prépare ses repas est tenue de manger elle-même en sa présence de tous les mets avant qu'il se décide à y toucher.

« Près d'Atchéribé se trouve un camp militaire qui ne contiendrait plus, d'après les derniers renseignements, qu'environ deux cents guerriers bien armés ; les femmes, vieillards et enfants en portent la population à un millier d'individus parmi lesquels la variole fait de grands ravages.

« Le reste des forces dahoméennes est ainsi réparti :

« Dans le pays d'Agony existe un groupement de défenses territoriales comprenant une cinquantaine de villages dont tous les habitants mâles ont été armés de fusils, de peu de valeur il est vrai, mais que l'aspect du pays couvert d'une brousse épaisse ne permet pas de considérer comme une quantité négligeable. C'est d'Agony qu'Atchéribé tire sa subsistance en légumes, fruits, etc. Une route a été construite entre ces deux points pour assurer les communications et échapper à notre surveillance.

« La reddition d'Agony mettrait certainement Béhanzin dans une situation très précaire au point de vue de l'alimentation car avec l'imprévoyance qui caractérise la politique des Rois du Dahomey il a, dans ces dernières années, razzié et détruit d'une façon presque complète le vaste pays des Mahis auquel il se trouve actuellement adossé et qui aurait pu être sa sauvegarde s'il n'en avait pas tari les ressources et s'il ne s'était pas aliéné l'esprit des populations en semant partout la dévastation et la terreur.

« A une journée de marche au nord de Zumé, sur la route qui mène de ce point à Savalou, se trouvent dans la plaine d'Agony les troupeaux de l'ennemi; une route nouvellement créée réunit ce point, de même qu'Agony au centre occupé par l'ancien roi.

« Vis-à-vis de nous, à quelques kilomètres au nord d'Abomey, s'étendent les avant-postes du camp d'Atchéribé fortement constitués et la gauche appuyée au camp d'Agony.

« Béhanzin n'a plus aucune communication avec le royaume de Porto-Novo ni avec la région située entre la grande route de Ouidah à Abomey et l'Ouémé ; toutes les populations occupant ces territoires sont maintenant ralliées à nous d'une façon trop franche pour qu'il puisse trouver au milieu d'elles un appui efficace. Néanmoins les relations de Béhanzin avec les régions voisines de la côte ne sont pas à l'heure actuelle entièrement interrompues.

« Nous sommes parvenus à fermer récemment par des postes permanents les communications traversant la Lama, terrain marécageux formant une barrière naturelle entre l'Ouémé et le Couffo. Il est probable que cette mesure coupera court aux agissements de l'ancien roi du Dahomey dans les régions que nous nous occupons actuellement de réorganiser et d'administrer. Il lui restera sans doute des moyens de communiquer avec les territoires allemands dépendant de Petit-Popo, mais des négociations entamées dernièrement avec l'Adja Pohinzon et l'installation prochaine de postes de douane sur la frontière occidentale vont nous aider puissamment à la surveillance des relations de Béhanzin avec nos voisins.

« J'ai envoyé le 18 janvier une mission au nord de Sakété,

mission destinée à rallier à nous tous les chefs de la frontière qui nous sépare de la colonie de Lagos.

« Cette mission est revenue il y a peu de jours ayant rempli son programme d'une manière satisfaisante. Elle a ramené à notre influence le pays des Ouéré, des Hori-Ghés, 18 villages de Kétou et soumis ainsi à notre contrôle les routes allant d'Abéokoutah et de Lagos au pays des Mahis.

« Les résultats de ces deux missions n'ont pas tardé à se faire sentir d'une façon appréciable à Atchéribé. Les difficultés de ravitaillement des troupes de Béhanzin ont notablement augmentées et le découragement, cortège obligé des privations et de la maladie, s'accuse par des désertions journalières que le système de surveillance, cependant incomparable de l'autorité dahoméenne, est impuissant à enrayer.

« Aussi, certains renseignements, la capture des prisonniers semblant être des ambassadeurs bien plutôt que des soldats quelconques, m'ont amené à penser que le moment pouvait être favorable pour arriver, par la voie des négociations, à la reddition de Béhanzin. J'ai dû, dans ce but, chercher à me créer des intelligences dans son entourage et les premiers envoyés destinés à entamer les pourparlers sont partis le 23 mars pour Atchéribé chargés par Féliciano, habitant très influent de Ouidah, d'une lettre à l'adresse de Candido, un des conseillers de Béhanzin.

« Le sieur Candido et tous les métis brésiliens ont suivi, plus ou moins de gré ou de force, la fortune de Béhanzin. Ils appuieront de tout leur pouvoir pour arriver à une solution pacifique. Tous ont des intérêts sur la côte et ne peuvent qu'envier la situation de ceux des leurs assez heureux pour avoir obtenu notre pardon et profiter de tous les avantages d'une administration incomparablement plus juste et plus douce que celle sous laquelle ils ont vécu jusqu'à ce jour.

« La réponse à la lettre de Candido ne nous parviendra pas

avant le 15 avril au grand minimum, la durée du trajet entre Ouidah et Atchéribé ne pouvant être inférieure à huit jours ; ce n'est que vers le 15 ou le 20 avril que nous pourrons savoir à quoi nous en tenir sur les intentions de Béhanzin. (Général Dodds). »

En même temps qu'il amorçait ces négociations, le commandant supérieur déterminait les limites respectives des cercles de Ouidah et Cotonou (arrêté du 3 avril 1893), nommait les chefs de canton et de village, dans ces deux circonscriptions, et divisait le haut Dahomey en trois provinces : 1° la province d'Abomey, ayant pour limites au nord la frontière du pays des Mahis, à l'est l'Ouémé, au sud la Lama, à l'ouest le Couffo ; 2° la province d'Allada, ayant pour limites au nord la Lama et la province d'Abomey, à l'est la rivière de So et la frontière ouest du royaume de Porto-Novo, au sud les terrains de culture ressortissant aux territoires annexés, à l'ouest l'Ahémé e le Couffo ; 3° la province de l'Ouémé, limitée au nord par la frontière du pays de Kétou, à l'est par la frontière franco-anglaise, au sud par le marigot de Badao et la frontière du royaume de Porto-Novo. Il rattachait à chacune de ces provinces les divisions administratives existant avec l'occupation française, savoir :

PROVINCE D'ABOMEY

Cantons d'Abomey, d'Agony, de Poguessa, de Setto, de Cana, d'Agrimé, de Zobodomé, de Honansouko, d'Ahivedji, de Cotopa.

PROVINCE D'ALLADA

Cantons d'Agomey, de Coffo, de Décamé, de Tori, d'Allada, de Henvi, de Ouésomé, d'Azoué, de Kodgi, de Golo, de Do lgi, d'Awanozoun.

PROVINCE DE L'OUÉMÉ

Cantons de Zounou, de Dasso, de Ouécé, de Dogba-Achonsa.

Le 22 avril, le général Dodds rentrait en France en mission, laissant l'intérim du commandement supérieur au colonel Lambinet, chargé depuis le 3 avril de la région de Ouidah. Le lieutenant-colonel Gonard reprenait pour quelques jours, en attendant d'être remplacé par le capitaine Privé, les fonctions de chef d'Etat-major.

Ajoutons pour terminer l'histoire de cette période que le général Dodds avait été élevé, le 14 décembre 1892, à la dignité de grand officier de la Légion d'honneur, et M. Ballot, le 7 janvier 1893, promu au grade de commandeur.

Vers cette époque, un changement important se produisit dans l'organisation politique et administrative de nos établissements. Ils furent en effet séparés de la Guinée française, par un décret du 10 mars 1893, dont nous donnons ci-après le texte, promulgué par arrêté du 8 juin.

RAPPORT *au Président de la République suivi d'un décret portant organisation des colonies de la Guinée française, de la Côte d'Ivoire et du Bénin.*

Paris, le 10 mars 1893.

Monsieur le Président,

Les possessions situées sur la côte occidentale d'Afrique, entre la Guinée portugaise et la colonie anglaise de Lagos, comprennent trois groupes d'établissements distincts, ceux de la Guinée française, de la Côte d'Ivoire et du golfe du Bénin.

Ces trois colonies ont été constituées par le décret du 1er août 1889, qui les a séparées du Sénégal, auquel elles étaient attachées; aujourd'hui, elles sont régies par le décret du 17 décembre 1891, qui, tout en maintenant l'autonomie de ces trois établissements, avait placé à leur tête un gouverneur chargé de leur direction supérieure nique.

Ce régime d'autonomie a produit en peu de temps les heureux résultats qu'en attendait l'administration des colonies et qui ont été mis particulièrement en lumière pendant la dernière discussion du budget : au point de vue politique, administratif et financier, les établissements de la Guinée française, de la Côte d'Ivoire et du Bénin ont suivi en effet une marche ascendante qui prouve que, comme l'avait signalé avec raison un de mes prédécesseurs, l'autonomie de ces possessions est dans l'état actuel des choses la condition essentielle de leur prospérité.

Le moment paraît donc venu de faire un pas de plus dans cette voie et de compléter l'organisation actuelle en plaçant à la tête de chacun des trois services un gouverneur indépendant et jouissant des pouvoirs dévolus à ses collègues des autres colonies. Cette mesure, qui n'entraînera aucune charge nouvelle pour la Métropole, affirmera définitivement l'existence et consacrera l'autonomie de nos possessions de la Guinée française, de la Côte d'Ivoire et du Bénin, et aura pour résultat de favoriser le développement progressif des intérêts français sur cette partie de la côte occidentale d'Afrique.

Tel est l'objet du projet de décret que j'ai l'honneur de soumettre à votre haute sanction,

Le ministre du commerce, de l'industrie et des colonies,

SIEGFRIED.

DÉCRET *portant organisation des colonies de la Guinée française, de la Côte d'Ivoire et du Bénin (10 mars 1893)*

Le Président de la République française :

Sur le rapport du ministre du commerce, de l'industrie et des colonies;

Vu les décrets du 1er août 1889 et du 17 décembre 1891 relatifs à l'organisation des possessions françaises de la Guinée, de la Côte d'Ivoire et du golfe du Bénin ;

Vu l'article 18 du Sénatus-Consulte du 3 mai 1854 ;

Décrète :

Article premier. — Les colonies de la Guinée française, de la Côte d'Ivoire et du Bénin constituent trois colonies distinctes qui sont classées parmi les colonies du premier groupe énumérées par l'article 4 du décret du 2 février 1890,

L'administration supérieure de chacune de ces colonies est confiée à un gouverneur assisté d'un secrétaire général.

Art. 2. — Les gouverneurs de la Guinée française, de la Côte d'Ivoire et du Bénin exercent dans toute l'étendue de leur colonie les pouvoirs déterminés par les décrets et règlements en vigueur et notamment par l'ordonnance organique du 7 septembre 1840.

Art. 3. — Le gouverneur de la Guinée française est chargé de l'exercice du protectorat de la République sur le Fouta Djallon et les territoires avoisinants.

Le gouverneur de la Côte d'Ivoire est chargé de l'exercice du protectorat de la République sur les Etats de Kong et les autres territoires de la boucle du Niger. Toutefois les Etats de Samory et de Thiéba restent sous la juridiction du commandant supérieur du Soudan français.

L'action du gouverneur du Bénin s'étendra sur les établissements compris entre la colonie anglaise de Lagos et la colonie allemande du Togo et sur tous les territoires de l'intérieur.

Art. 4. — Le service du Trésor est assuré dans chacune des colonies par un trésorier payeur.

Art. 5. — Sont abrogées toutes dispositions contraires au présent décret.

Art. 6. — Le ministre du commerce, de l'industrie et des Colonies est chargé de l'exécution du présent décret.

Fait à Paris, le 10 mars 1893.

CARNOT.

Par le Président de la République,
Le ministre du commerce, de l'industrie et des Colonies
SIEGFRIED.

Comme conséquence des dispositions qui précèdent, le service des affaires civiles qui avait, en vertu d'une décision du 22 avril prise par le général Dodds avant son départ, été centralisé et assuré par le cabinet du commandant supérieur, fut confié, conformément aux instructions ministérielles, à l'administrateur chef du secrétariat qui prit les fonctions de secrétaire général par intérim en attendant l'arrivée du titulaire.

Le colonel Lambinet eut surtout à s'occuper des négociations avec les messagers du roi Béhanzin. Le pays était d'ailleurs tranquille et, à part une escarmouche, survenue le 1er mai au village de Houansouko, dans laquelle le commandant Maugin fut blessé mortellement il ne se produisit aucun incident grave. « La situation au point de vue pacification, écrivait le colonel le 10 mai, n'a pas sensiblement changé depuis l'établissement du dernier rapport politique. Le royaume de Porto Novo, nos protectorats de la vallée du Mono, les territoires au nord de Dogba, sur la rive gauche de l'Ouémé jouissent d'une parfaite tranquillité.

« Dans la partie du Dahomey qui s'étend au sud de la Lama

et le long de la côte la pacification ne laisse non plus rien à désirer ; elle s'est même réalisée avec une rapidité surprenante. C'est que le Dahoméen du Sud est un producteur et un cultivateur ; il a des intérêts commerciaux qui lui font envisager la guerre comme une calamité ; enfin de nombreux croisements avec diverses races indigènes et aussi la fréquentation des traitants de la côte n'ont pas été sans opérer un commencement de transformation sur son caractère.

« Nous avons également été aidés dans l'œuvre de pacification par ce fait que les chefs les plus énergiques et les plus hostiles à notre influence avaient pour la plupart suivi la fortune de Béhanzin et que nous n'avons pour ainsi dire pas eu à en purger le pays. »

Le commandant supérieur ajoute qu'au nord de la Lama la situation change complètement : « le pays est sillonné de bandes armées qui détroussent les passants et il est encore impossible de circuler sans une forte escorte. Derrière ce rideau de gens remuants qui constituent la véritable pierre d'achoppement du règlement de la question du Dahomey, se trouve l'armée régulière dont la situation n'a pas changé. On souffre à Acthéribé, mais la discipline de fer à laquelle sont soumises les troupes du roi empêche toute idée de désertion.

« Dans le pays tout le monde désire vivement la paix, l'indigène aussi bien que le commerçant, l'élément militaire aussi bien que l'élément civil. »

L'opinion personnelle du colonel Lambinet était particulièrement favorable à la solution pacifique de la question dahoméenne. Il avait même pensé à un certain moment qu'il serait possible de conserver à Abomey le roi Béhanzin, sous une surveillance très rigoureuse bien entendu, en lui laissant seulement le plateau d'Abomey. Il s'appuyait surtout pour émettre cette opinion sur la difficulté de trouver un remplaçant au roi déchu et sur le désir très légitime d'éviter à la France l'occasion de nouvelles dépenses en hommes et en argent. Il était dans cette disposition d'esprit lorsque dans la nuit du 29 avril le Chétigan arriva à Ouidah porteur d'un message du roi. Il est bon d'ajouter que la lettre adressée par Féliciano à Candido Rodriguez avait été interceptée par le Roi qui l'avait gardée plusieurs jours avant de la remettre à son destinataire et ne lui en avait parlé que le 14. Il attendait à ce moment le résultat d'une ambassade envoyée par lui à Lagos, résultat qui fut naturellement négatif. Repoussé du côté de l'Angleterrre, repoussé du côté de l'Allemagne qui avait refusé de le prendre sous son protectorat, il se décida à faire des offres de soumission au commandant supérieur. La lettre adressée à Candido lui servit de prétexte. Le 17 il donna son bâton royal et un message à Chétigan qui partit le lendemain avec Candido et deux autres ambassadeurs... Ils avaient, demandé qu'on envoyât un officier à leur rencontre ; le commandant refusa et leur expédia simplement Féliciano à titre officieux mais avec mission de leur dire que leur qualité de messager garantissait leur sécurité et leur liberté.

Le message de Béhanzin était ainsi conçu :

« 1° Le roi salue MM. le Président de la République, le gouverneur, le colonel et tous les officiers.

2° Il reconnaît qu'il est battu. C'est le bon Dieu qui a voulu la guerre.

3° Il vient demander la paix et offre sa soumission. Il aurait fait cette demande plus tôt, mais il en a été empêché par les considérations suivantes : 1° Les Nagos attaquent constamment les Dahoméens qui essayent de passer et coupent les chemins ; 2° Tofa se vante partout que c'est lui qui a fait la guerre au Dahomey et qu'il a été le vainqueur ; 3° Béhanzin prie qu'on empêche Tofa de dire des mensonges et du mal de lui, car si Tofa sert la France, le Dahomey la sert depuis bien plus longtemps. S'il avait voulu, il aurait pu écraser Porto-Novo avant l'arrivée des Français ; 4° lui veut la paix avec la France et ne veut plus la guerre ; 5° Le roi demande à habiter le plateau d'Abomey et que les postes au nord de la Lama soient évacués. »

Le colonel Lambinet demanda des instructions à Paris. Ainsi que nous venons de le dire il penchait à ce moment pour le maintien de Béhanzin, sous certaines conditions. Le ministre de la marine lui répondit qu'il était indispensable de traiter avec Béhanzin lui-même, sans intermédiaires. Il devait lui être délivré un sauf-conduit pour venir à Abomey d'où un officier avec une escorte l'accompagnerait à Ouidah. Le colonel ayant objecté qu'une question très importante de fétichisme défendait au roi de voir la mer, le ministre de la marine répondit en confirmant ses précédentes instructions avec cette seule atténuation qu'afin de respecter les scrupules religieux de Béhanzin il pourrait s'arrêter à Allada pour y faire sa soumission sans conditions.

Devant de pareils ordres il ne restait plus au colonel qu'à renvoyer les messagers du roi. Ils partirent le 5 mai après avoir vainement essayé d'obtenir un adoucissement à ces conditions mais en exprimant l'opinion qu'elles ne seraient pas acceptées par le roi. Chétignan était porteur d'un sauf-conduit permettant à Béhanzin de se rendre à Allada.

Le 17 mai, date fixée pour la réponse du roi, étant arrivé, le colonel Lambinet donna l'ordre de fermer de nouveau les routes de la Lama. Il prescrivait en même temps au colonel Mauduit, commandant la région d'Abomey, de faire faire des reconnaissances pour dégager les abords immédiats de cette ville. Les négociations officielles étaient interrompues; elles ne furent plus reprises depuis.

A la fin du mois de mai, le colonel Lambinet, atteint d'une grave maladie, était obligé de demander son remplaçant. Il dut quitter la colonie le 29 juin, avant même l'arrivée du colonel

Dumas, désigné pour le remplacer. Aux témoignages de regrets et de sympathie qui lui parvenaient de tous côtés, il répondait par l'ordre général suivant :

Le colonel commandant supérieur, terrassé par la maladie, est obligé de se séparer du corps expéditionnaire et des différents services civils des Etablissements du golfe de Bénin.

Avant de prendre passage sur le paquebot qui doit le rapatrier, il tient à témoigner à tous ceux qui ont servi sous ses ordres, et plus particulièrement à MM. les chefs de corps et de service, toute sa satisfaction et tous ses remerciements pour le concours dévoué et éclairé qu'ils n'ont cessé de lui prêter à tout instant.

Le colonel commandant supérieur, quittant la colonie à la date du 29, jour de son embarquement, M. le colonel Dumas prendra le commandement dès son arrivée en rade de Cotonou.

Jusqu'à l'arrivée du colonel Dumas, les chefs des différents services seront, chacun en ce qui le concerne, chargés de l'expédition des affaires courantes.

Au quartier général, à Ouidah, le 28 juin 1894.

E. Lambinet.

Le colonel Dumas débarqua à Cotonou le 2 juillet. Il avait pu rencontrer sur rade de Grand-Bassam le colonel Lambinet et avait reçu de ses mains, pour compter du 30 juin, le service du commandement supérieur.

L'intérim, d'ailleurs très court, du colonel Dumas, n'est marqué par aucun fait saillant. Le ministre M. Delcassé avait prescrit à cet officier supérieur de cesser toutes négociations qui n'auraient pas pour base la soumission sans conditions de l'ex-roi à l'égard duquel le gouvernement « userait de toute la générosité due à un adversaire qui s'est montré brave et courtois ».

En outre, il avait été décidé, depuis quelque temps déjà, que le général Dodds retournerait reprendre ses fonctions au Bénin et dirigerait lui-même les dernières opérations devant amener la prise de Béhanzin. Le colonel Dumas n'avait, en conséquence, qu'à assurer le service courant tout en prenant les dispositions nécessitées par l'ouverture prochaine d'une nouvelle campagne.

Le général Dodds était de retour, en effet, à Cotonou le 30 août 1893, accompagné du lieutenant Vuillemot, officier d'ordonnance, et d'un certain nombre d'officiers ayant déjà pris part, sous ses ordres, aux premières opérations.

Dès son arrivée, le commandant supérieur, installé à Ouidah se consacra aux préparatifs de mise en route des effectifs dont il disposait. Tout d'abord, les deux compagnies franches furent dissoutes et replacées dans le cadre des unités respectives auxquelles elles appartenaient antérieurement. Les effectifs des divers postes furent renforcés et réapprovisionnés. A compter du 20 septembre, la procédure rapide et sans instruction préalable, prévue pour les conseils de guerre aux armées, fut rétablie. L'état sanitaire était bon et le moral des troupes excellent; on en jugera par ce fait qu'il suffit au général de décider que les hommes punis de prison seraient exclus de l'honneur de prendre part aux opérations pour que ce genre de punition n'eut pour ainsi dire plus besoin d'être appliqué. Au point de vue politique, diverses dispositions furent prises pour entraver les communications de Béhanzin avec les colonies étrangères voisines et tous les télégrammes ayant un caractère politique ou se rapportant à des faits d'ordre militaire furent soumis au visa.

Ces différents préparatifs occupèrent tout le mois de septembre et la première quinzaine du mois d'octobre. Le 12, parut l'ordre général suivant :

Le 14 octobre est fixé comme commencement des opérations.

A cette date, le général transporte son quartier général à Dogba. Conformément aux prescriptions de l'ordre général n° 8, le lieutenant colonel Boistel prend le commandement du territoire de l'intérieur en conservant celui de la région de Ouidah et Allada; le commandant Fouquet prend le commandement de la région de Porto-Novo tout en continuant à remplir les fonctions de commandant d'armes de Cotonou.

A. Dodds.

A cette époque, tout espoir d'arrangement semblait définitivement écarté : Béhanzin avait fait une dernière tentative pour obtenir la paix « à des conditions acceptables »; acceptables pour lui, en effet, car il les fixait lui-même sur des bases qui auraient annihilé l'effet matériel et moral résultant de la prise d'Abomey. Revenu dans sa capitale et y résidant, il eut aisément persuadé aux indigènes que nous avions cédé devant lui. Il était d'ailleurs trop tard; le gouvernement avait décidé de ne plus ajouter foi à ses promesses et de l'exiler du Dahomey tout en lui conservant une situation honorable, la pacification ne pouvant être réellement considérée comme accomplie qu'à ce seul prix. Le général répondit à ces dernières ouvertures par un refus, laissant au roi le choix entre la soumission sans conditions ou la fuite. Béhanzin se décida à prendre ce dernier parti.

La situation de ce prince fugitif était, jusqu'à un certain point, digne de pitié. Repoussé à l'Est par les Anglais, à l'Ouest par les Allemands (les uns et les autres ne pouvant le recevoir officiellement), assez mal reçu au Nord par les Mahis qu'il avait autrefois si souvent pillés, il se trouvait pris sur les flancs et en queue par nos troupes. Il n'avait donc d'autre ressource que de franchir nos lignes, de passer la frontière anglaise et de se réfugier à Lagos où il aurait vécu en simple particulier, ou de gagner la brousse par les Dassas; mais ces projets furent déjoués, comme on va le voir, et il fut obligé, finalement, de venir se rendre au général à Goho (Abomey).

Le général avait quitté Porto-Novo le 14 octobre, ainsi qu'il l'avait annoncé, pour se rendre à Dogba et prendre personnellement la direction des opérations. Il était arrivé à Agony le 17, avec l'état-major et le premier groupe. Le colonel Dumas commandant le deuxième groupe avait franchi le Zou et se dirigeait dans la direction de Paouignan, capitale des Dassas. Un troisième groupe était établi sur le Zou à Allahé et un quatrième en avant d'Abomey à Oumbégamé. Pendant ce temps, deux compagnies étaient arrivées à Toune sur le Haut Mono et formaient ainsi un croissant au centre duquel se trouvait Atchéribé. Le général s'étant assuré que tout était en ordre et toutes les routes bien gardées, se porta de sa personne à Oumbégamé et, le 28 octobre, marcha dans la direction du camp de Béhanzin où il arriva le 7 novembre et qu'il trouva évacué. Béhanzin ayant à ce moment perdu tout espoir, cherchait à gagner par Savalou le pays des Dassas. Les débris de son armée, démoralisés par la précédente campagne et par des privations récentes, ne pouvaient opposer aucune résistance sérieuse.

A partir de l'occupation du camp d'Atchéribé, ce ne fut plus, en effet, qu'une chasse à l'homme. Petit à petit, les derniers serviteurs du roi l'abandonnèrent; son artillerie, composée de trois canons Krupp et d'une mitrailleuse française, était tombée entre nos mains; ses ministres les plus dévoués, Ymavo et Yémové, ainsi qu'un grand nombre de princes de sa famille; étaient venus se rendre à merci au général. Vers la fin du mois de novembre, Béhanzin, serré de près par une colonne volante chargée de s'attacher à ses pas, mais sachant se dérober à sa poursuite avec une grande habileté, se trouvait non loin de Savalou dans les environs du village de Logozohoué. Le roi de Savalou qui avait tout d'abord, par un reste de crainte sans doute, semblé assez disposé à le laisser passer, lui faisait intimer l'ordre de retourner sur le territoire du Dahomey. Les Dassas lui refusaient également l'hospitalité. Il dut franchir le Zou, poussé par les groupes du commandant Drude et du commandant de Cauvigny, pendant que le colonel Dumas redescendait de Savalou pour le rejeter vers l'Ouest. De plus, ainsi que nous l'avons dit, les routes entre Toune et Atchéribé étaient étroitement surveillées. « Béhanzin, écrivait à ce moment le général, abandonné de la plus grande partie de son entourage, n'a avec lui que sa famille et quelques fidèles divisés en plusieurs groupes occupant différentes localités. Il est lui-même à Didja, près du Couffo. Il n'a plus ni prestige ni autorité et sa situation est telle aujourd'hui que l'on peut commencer à réduire l'effectif des troupes blanches... Béhanzin, poussé progressivement vers le Sud par les colonnes volantes, a été ramené à l'ouest d'Abomey vers le Couffo, malgré ses tentatives pour retourner vers le Nord et rallier son armée, aujourd'hui complètement dispersée. Tout le pays est occupé par nous. »

Depuis quelque temps déjà, le commandant supérieur avait émis l'opinion, étant donné l'état d'esprit de la population et de la famille même de Béhanzin, qu'il serait possible et utile en même temps, pour hâter les événements, de nommer un successeur à Béhanzin, déchu de tous droits depuis la déclaration lancée d'Abomey le 18 novembre 1892.

Il renouvela dans les premiers jours du mois de janvier cette proposition qui fut acceptée par le ministre. La cérémonie fut fixée au mois de janvier. A cette date, le prince Goutchili, fils de Glégié et frère de Béhanzin, fut solennellement présenté au peuple par les princes, les anciens du peuple et reconnu roi sous le nom d'Ago li Agbo.

Voici, en même temps que la déclaration faite par ce prince et fixant les limites nouvelles du royaume d'Abomey, l'acte de reconnaissance de sa souveraineté :

DÉCLARATION

Au nom du Gouvernement de la République française;

Nous général de brigade, commandant supérieur des établissements français du Bénin, grand officier de la Légion d'honneur,

En vertu des pouvoirs qui nous ont été conféré,

Déclarons :

I. — Est acceptée la soumission des princes, cabécères, chefs et habitants du Dahomey.

II. — Sont détachés du Dahomey sur leur demande et placés sous le protectorat de la France les pays des Mahis, des Dassas et les confédérations Nagos et autres de la rive gauche de l'Ouémé dont les territoires avaient été annexés par la force.

III. — Pour donner satisfaction aux vœux des populations est connue la division du Dahomey proprement dite en deux royaumes ndépendants ayant respectivement pour capitales Abomey et Allada.

IV. — Le royaume d'Abomey comprend le pays situé entre le Coufo à l'Ouest et la région des Mahis au Nord, l'Ouémé à l'Est, la Lama au Sud.

V. — Le royaume d'Allada comprend le pays situé entre le Coufo et l'Ahémé à l'Ouest, le royaume d'Abomey au Nord, l'Ouémé en amont de Dogba et la rivière de So à l'Est, le territoire annexé au Sud.

VI. — La désignation du roi d'Abomey et d'Allada sera faite par les chefs de ces royaumes réunis en assemblée générale et soumise à l'approbation du gouvernement français.

VII. — Les royaumes d'Abomey et d'Allada sont placés sous le protectorat de la France.

VIII. — Des traités détermineront ultérieurement les relations politiques et commerciales qui devront exister entre le représentant du Gouvernement de la République et les nouveaux souverains, ainsi que les conditions suivant lesquelles s'exercera le protectorat de la France.

Fait à Abomey (Goho) le 5 janvier 1894.

A. Dodds.

Reconnaissance *du roi d'Abomey (procès-verbal)*

Le 15 janvier 1894, à huit heures du matin, les princes, cabécères et chefs du haut Dahomey réunis sur la place du palais de Simbodji à Abomey, ont proclamé roi d'Abomey, sous le nom d'Agoli-Agbo, le prince Goutchili, fils du défunt Glé-Glé.

Le général Dodds, commandant du corps expiditionnaire et commandandant supérieur des Etablissements du Bénin, grand officier de la Légion d'honneur, après avoir fait arborer au palais de Simbodji le drapeau français et l'avoir fait saluer de vingt-un coups de canon, a reconnu le nouveau roi au nom du gouvernement de la République française et déclaré le royaume d'Abomey placé sous le protectorat de la France.

Les honneurs militaires ont été ensuite rendus au roi d'Abomey.

Fait et signé à Abomey, les jours, mois et an que dessus.

Le général de brigade, commandant supérieur,

A. Dodds

Marque du roi,
+

Ont signé comme témoins :

Le colonel commandant le 1er double groupe de la colonne expéditionnaire,
A. DUMAS.

ILODOPONOUGAN, fils de Chézo,
+

Le chef de bataillon d'infanterie, chef d'état-major du corps expéditionnaire,
TAVERNA.

GÉZOU-JÉ, fils de Chézo,
+

TOPA, fils de Glé-Glé,
+

Le chef de bataillon d'infanterie de marine, commandant du poste de Goho,
E. BOUTIN.

IGNACIO DA CHAGAS,
interprète.

Le lieutenant d'infanterie de marine officier d'ordonnance du général,
L. GARINEAU.

A. FÉRAUD,
interprète.

Le 26 janvier le général Dodds télégraphiait au ministre de la marine : « Traqué par nos troupes et populations ralliées à nouveau roi, Béhanzin redoutant être matériellement enlevé a fait soumission sans conditions. Je l'ai fait saisir hier soir près de Yégo, Nord-Ouest d'Abomey, et amener Goho. Partira prochainement Sénégal par *Segond* ; enverrai ses ministres Gabon. »

Le 5 février, le général rentrait à Ouidah après avoir, en passant à Allada, reconnu comme chef de ce nouveau royaume le prince Ganhou-Hougnon (depuis Gi-Gla) descendant direct des anciens souverains du royaume d'Ardres, homme pacifique et très respecté par les habitants d'Allada. Comme pour Abomey, nous donnons ci-dessous l'acte de reconnaissance de Gi-Gla.

Reconnaissance *du roi d'Allada (procès-verbal)*

Le 4 février 1894, à huit heures du matin, les Cabécères et chefs du Bas Dahomey réunis sur la place du palais à Allada ont proclamé roi d'Allada sous le nom de Gi-Gla don Gbe nou maou, le prince Ganhou-Hougnon, représentant de la famille royale d'Ardres et descendant direct du Meji, dernier roi de ce pays.

Le général de brigade Dodds, commandant du corps expéditionnaire et commandant supérieur des Etablissements français du Bénin, grand officier de la Légion d'honneur, après avoir fait arborer au palais d'Allada le drapeau français et l'avoir fait saluer de vingt-un coups de canon, a reconnu le nouveau roi au nom du gouvernement de la République française et déclaré le royaume d'Allada placé sous le protectorat de la France.

Les honneurs militaires ont été ensuite rendus au roi d'Allada.

Fait et signé à Allada les jours, mois et an que dessus.

Le général de brigade commandant supérieur,
A. Dodds.

Marque du roi
+

Ont signé comme témoins :

Kori, chef de Tori
+

Le chef de bataillon d'infanterie, chef d'état-major du corps expéditionnaire,
E. Taverna.

Alladémdolou, chef de Toffo Coussi
+

Séco, chef de Onzoumé
+

Le capitaine d'infanterie de marine commandant du poste d'Allada,
Noel.

Le lieutenant d'infanterie de marine, officier d'ordonnance du général,
L. Garineau.

Pendant ce temps Béhanzin avait été dirigé sous bonne escorte sur Cotonou et de là embarqué sur le *Segond* à destination de Dakar et de la Martinique; pendant que la *Mésange* emmenait au Gabon trois anciens ministres de Béhanzin très compromis, Guédou, Coussougan de Ouidah et deux autres cabécères de cette ville, et trois mulâtres Félix Lino, Georges et Cyrillo da Souza qui avaient servi auprès du roi et comme conseillers et comme artilleurs.

La question dahoméenne ayant été ainsi liquidée et la tranquillité du pays étant complète, le général Dodds demanda à rentrer en France pour y jouir d'un repos bien gagné par près de deux années de fatigue et de travail excessifs. Le rapatriement des troupes avait été commencé ; il se fit peu à peu, dans le courant du mois de mars, sur Dakar, Oran et Marseille. La région d'Abomey avait été reconstituée sous l'autorité du commandant Boutin ; elle comprenait les postes de Cotopa, Zagnanado et Abomey-Goho. Le lieutenant-colonel Boistel reprenait le commandement de la région de Ouidah à compter du jour du retour du général dans cette ville. La région d'Allada était supprimée et rattachée à celle de Ouidah. La région du haut Dahomey, comprenant les territoires situés sur la rive gauche du fleuve et les pays Nagos protégés étaient placés sous la direction d'un administrateur résidant à Saïgon et relevant du résident supérieur.

Quant aux troupes, elles étaient ainsi réparties : 1° à Abomey ; 1re compagnie de tirailleurs haoussas, une compagnie de Sénégalais ; 2° à Ouidah, une compagnie de tirailleurs sénégalais et deux compagnies de tirailleurs haoussas ; 3° à Porto-Novo, une compagnie haoussa moins une section ; à Cotonou, une section haoussa, toute l'artillerie composée de 100 européens et 80 indigènes. Les garnisons étaient relevées et ravitaillées pour six mois.

Le 24 avril 1894, le général Dodds s'embarquait à Cotonou pour rentrer en France et faisait ses adieux en ces termes :

La tâche qui avait été assignée au corps expéditionnaire du Dahomey par le gouvernement de la République est aujourd'hui accomplie.

Le commandant supérieur rentre en France. Il ne veut pas quitter la colonie sans exprimer aux troupes et aux officiers ses collaborateurs, ses remerciements pour le concours qu'ils lui ont prêté, pour l'énergie, la patience et le dévouement avec lesquels tous ont supporté les fatigues et les privations qu'il n'a pas toujours été possible de leur éviter dans la campagne qui vient de finir.

Le général remercie également les chefs et le personel des différents services de l'administration civile pour l'activité et le zèle de tous les instants dont ils n'ont cessé de faire preuve et pour l'aide qu'ils lui ont apportée pendant la durée de son commandement.

Le colonel Dumas prend, à la date du 24 avril, les fonctions de commandant supérieur par intérim.

Le capitaine d'infanterie de marine Valette, breveté d'état-major, prend à la même date les fonctions de chef d'état-major en remplacement du commandant Taverna rapatrié.

Au quartier général à Porto-Novo, le 23 avril 1894.

A. Dodds.

L'intérim du colonel Dumas constitua en quelque sorte une période d'attente qui permit de prendre les mesures nécessitées à divers points de vue par le nouvel état des choses.

M. Capest, secrétaire général titulaire, était arrivé dans la colonie à la fin du mois de novembre 1893. Il s'était mis immédiatement à l'œuvre et s'était préoccupé d'établir sur des bases définitives le fonctionnement des divers services du secrétariat général nouvellement constitué, tâche qu'il sut remplir avec une habileté professionnelle et une activité remarquables.

En même temps les traités passés à Abomey le 29 janvier et à Allada le 4 février avaient été ratifiés par le gouvernement et mis en vigueur. En voici le texte :

Traité *avec le royaume d'Abomey*

Au nom de la République française,

Entre le général de brigade Dodds, commandant supérieur des Etablissements français du Bénin, grand officier de la Légion d'honneur,

D'une part ;

Et Ago-li-Agbo, roi d'Abomey,

D'autre part ;

A été conclu le traité suivant :

Article premier. — Le roi et les habitants du royaume d'Abomey se placent sous le protectorat et la suzeraineté de la France.

Art. 2. — Le gouverneur des Etablissements français du Bénin est chargé de l'exercice du protectorat ; il est représenté à Abomey par un délégué qui a le titre de vice-président.

Art. 3. — Le royaume d'Abomey a pour limites, au *Nord*, le petit Couffo, le Zou, le Paco, le village et les terrains de culture de Gounsoué qui dépendent de ce royaume ; à *l'Est*, l'Ouémé ; au *Sud*, une ligne brisée passant par les village de Tandji, Dassa, Kissa, Aïvédji, Allahba, Lomey, Massi, Han, Aouangitomé, tous villages faisant partie, ainsi que leur territoire, du royaume d'Abomey ; à *l'Ouest*, le Couffo. Toutefois, les villages dahoméens de Lahomé, Tocamé, Aouléta, Aglali, Arobia, Houdji, Azangbé, Adjasagon, Kali Acocodjia, Bota, situés sur la rive droite restent dépendants du royaume d'Abomey.

Le cours de l'Ouémé et celui du Couffo demeurent neutres dans toute leur étendue.

Art. 4. — Le roi d'Abomey renonce en son nom et au nom de ses successeurs à toutes prétentions sur les territoires situés en dehors des limites définies par l'article précédent.

Art. 5. — La désignation des futurs roi d'Abomey sera faite conformément aux usages en vigueur dans ce pays et soumises à l'approbation du gouvernement de la République française.

Art. 6. — Le roi exerce son autorité sur ses sujets d'après les lois et usages du pays, toutefois il s'engage à interdire le commerce des esclaves et à abolir toutes pratiques ou coutumes ayant pour résultat des sacrifices humains.

Art. 7. — En aucune circonstance et sous quelque prétexte que ce soit, le roi ne pourra faire acte d'autorité sur les étrangers, européens ou indigènes de passage ou en résidence dans le pays.

Toute contestation entre un habitant du royaume d'Abomey et un étranger, européen ou indigène, sera soumise au vice-résident de France a Abomey, sauf appel devant le gouverneur des établissements français du Bénin.

Art. 8. — Le commerce se fera librement. Le roi s'engage à tenir ouvertes les routes entre son pays et les régions voisines ; à prendre toutes les mesures nécessaires pour favoriser l'exportation des produits et le développement des cultures.

Il n'exigera aucun droit ni coutume de la part des commerçants qui viendront s'établir dans son pays avec l'autorisation du gouvernement français.

Art. 9. — En retour, les habitants du royaume d'Abomey pourront circuler librement dans tous les pays administrés directement ou protégés, y faire séjour et s'y livrer à des opérations de commerce.

Ils recevront aide et protection des autorités françaises, conformément aux lois en vigueur.

Art. 10. — Le roi ne pourra entreprendre aucune opération de guerre, sans l'autorisation du gouvernement français.

Art. 11. — Aucune concession de terre ne pourra être accordée dans le royaume d'Abomey, sans l'autorisation du gouvernement français.

Art. 12. — La France aura le droit de faire des établissements de toute nature, d'exécuter tous travaux d'utilité publique, lignes télégraphiques, voies de communication (routes, canaux, chemin de fer.)

Art. 13. — Le roi garantit le respect de la propriété ainsi que la sécurité des biens et des personnes.

Art. 14. — Des écoles françaises pourront être ouvertes dans tous les centres de population. Le roi en favorisera l'établissement et usera de son influence pour propager la langue française et répandre l'instruction dans le pays.

L'école d'Abomey sera fréquentée par les enfants de la famille royale.

Art. 15. — Tous les traités antérieurs conclus avec ou par les rois du Dahomey sont annulés.

Art. 16. — Le présent traité fait en triple expédition ne deviendra définitif qu'après l'approbation du gouvernement de la République française.

Fait à Abomey, le vingt-neuf janvier mil huit cent quatre-vingt-quatorze.

A. DODDS.

Marque du roi.

+

Ont signé comme témoins :

NOMS	TITRES	
Nigbla,	migan,	ministres
Zompacon,	vilon,	—
Akenati,	mévo,	—
Topa,	mélé,	—
Soou-Guezoje,		fils de Guèze
Ganlo-Allodoponougan,		—
Gimavedomo Ahéhénou,		—
Akbama Soubanon Cohebamé,		—
Agbobadji Yamogbé,		—
Jogbé Kinilogoun,		—
Houkenté Moyodé,		fille de Glé-Glé
Ouon Kokrokakra,		fils de Glé-Glé
Ganbé Sepholieé,		—
Sodjebedgi,		—

Ignacio Chagas, *interprète du commandant supérieur.*

Achille G. Féraud, *interprète des affaires politiques et indigènes.*

E. Taverna, *chef de bataillon d'infanterie, chef d'état-major de la colonne expéditionnaire.*

E. Boutin, *chef de bataillon d'infanterie de marine, commandant du poste de Goho.*

A. d'Albéca, *administrateur colonial, directeur des affaires politiques et indigènes par intérim.*

Nesty, *sous-commissaire colonial, commissaire de la colonne expéditionnaire.*

Pitault, *capitaine d'artillerie de marine.*

Valette, *capitaine d'infanterie de marine, de l'état-major de la colonne expéditionnaire.*

Fonssagrives, *capitaine d'infanterie de marine, de l'état-major de la colonne expéditionnaire.*

L. Garineau, *lieutenant d'infanterie de marine, officier d'ordonnance du général commandant supérieur.*

Brondy, *aide-vétérinaire de l'armée.*

F. Martel, *médecin de 2e classe de la marine.*

Michel, *aide-commissaire colonial.*

Candèze, *capitaine d'artillerie de marine.*

Drude, *chef de bataillon d'infanterie, commandant le 1er groupe de la colonne expéditionnaire.*

De Pignier, *capitaine d'infanterie de marine.*

A. Gramat, *lieutenant au 2e étranger, détaché à l'état-major du corps expéditionnaire.*

Ce traité a reçu l'approbation du gouvernement de la République par lettre du 19 avril 1894, n° 20, de M. le ministre des Colonies.

TRAITÉ *avec le royaume d'Allada*

Au nom de la République française,

Entre le général de brigade DODDS, commandant supérieur des Etablissements français du Benin, grand-officier de la Légion d'honneur,

D'une part;

Et Gi-Gla-No-Pon-Gbé-Nou-Mahou, roi d'Alladah,

D'autre part;

A été conclu le traité suivant :

Article premier. — Le gouvernement de la République française, pour donner satisfaction aux vœux unanimes et réitérés des Cabécères, chefs, et populations du bas Dahomey, reconnait la reconstitution de l'ancien royaume d'Ardres en un Etat indépendant, sous le nom de royaume d'Allada.

Le royaume d'Allada a pour limites : au *Nord*, la frontière du royaume d'Abomey (ligne brisée passant par les villages de Tandgi, Dassa, Kissa, Aïvédgi, Halagba, Lomey, Massi, Han, Aouandjitomé, qui appartiennent au royaume d'Abomey) ; à l'*Ouest*, le Couffo et l'Ahémé; au *Sud*, le territoire annexé ; à l'*Est*, l'Ouémé, d'Aouandjitomé à Dogba, l'Ouavimé, jusqu'à son confluent avec la rivière de Sô, enfin cette rivière jusqu'à la limite des territoires annexés.

Art. 2. — Le gouvernement de la République française reconnait comme roi d'Allada le prince Ganhou-Hougnon, élu par les Cabécères, chefs et habitants, et qui prend à son avénement le nom de Gi-Gla-No, Pon-Gbé-Nou-Mahou.

Art. 3. — Le roi, les Cabécères et les chefs d'Allada se placent sous le protectorat et la suzeraineté de la France.

Le gouverneur des Etablissements français du Bénin est chargé de l'exercice du protectorat et peut être représenté par un délégué résidant soit à Allada, soit à Ouidah.

Art. 4. — Les successeurs du roi d'Allada seront élus par les Cabécères et chefs réunis en assemblée générale à Allada, et agréés par le gouvernement de la République française.

Art. 5. — Le roi exerce son autorité et administre le pays d'après les lois et usages en vigueur ; toutefois, la traite des esclaves et les sacrifices humains sont interdits.

Art. 6. — En aucune circonstance et sous quelque prétexte que ce soit, le roi ne pourra faire acte d'autorité sur les étrangers européens ou indigènes de passage ou en résidence dans le pays.

Toute contestation entre un habitant du royaume d'Allada et un étranger européen ou indigène sera soumise aux autorités françaises.

Art. 7. — Les droits et les impôts établis dans le pays par le roi sont soumis à l'approbation du gouverneur des Etablissements français du Benin, chargé de l'exercice du protectorat.

Toutefois, aucun droit ni coutume ne peut être exigé des commerçants qui viendront s'établir dans le royaume d'Allada, avec l'autorisation du gouvernement français.

Art. 8. — La libre circulation sera assurée sur les routes à tous les produits à destination ou en provenance des comptoirs français, ainsi qu'à tous les commerçants ou voyageurs protégés par la France qui voudront traverser le royaume d'Allada.

Le roi et les chefs s'engagent à leur donner aide et protection en toute circonstance.

Art. 9. — Les habitants du royaume d'Allada pourront circuler librement dans tous les pays administrés directement ou protégés par la France, y faire séjour et s'y livrer à des opérations de commerce. Ils recevront aide et protection conformément aux lois en vigueur.

Art. 10. — Le roi ne pourra entreprendre aucune opération de guerre, sans autorisation du gouvernement français. Toute contestation entre le royaume d'Allada et les Etats de protectorat limitrophes sera réglée par le gouverneur des Etablissements français du Benin.

Art. 11. — Aucune concession de terre ne pourra être accordée dans le royaume d'Allada, sans l'autorisation du gouvernement français.

Art. 12. — Le roi garantit le respect de la propriété ainsi que la sécurité des biens et des personnes.

Art. 13. — La France aura le droit de faire des établissements de toute nature : lignes télégraphiques, voies de communication (chemins de fer, routes, canaux).

Art. 14. — Des écoles françaises pourront être ouvertes dans tous les centres de population. Le roi en favorisera l'établissement et usera de son influence pour propager la langue française et répandre l'instruction dans le pays.

Art. 15. — Tous les traités antérieurs conclus par les rois de Dahomey, anciens possesseurs du pays, sont annulés.

Art. 16. — Le présent traité fait en triple expédition ne deviendra définitif qu'après l'approbation du gouvernement de la République française.

Fait à Allada, le quatre février mil huit cent quatre-vingt-quatorze.

A. DODDS.

Marque du roi.
+

Ont signé comme témoins :

Kori, chef de Tory.
Alladamaouzou, chef de Coussy.
Seco, chef de Ouesoumé
Agidé, chef de Dodji.
Agbagigan, chef de Henvi.
Togon, chef de Sé.
Godé, chef de Agon.
Aipon, chef d'Azooué.
Atinto, chef d'Alladah.
Padonou, chef d'Alladah.
Amousoupé, chef de Ouagbo.
Abota, chef du Petit-Ouagbo.
Amoussouga, chef de Décamé.
Copoahé, chef d'Aiou.
Depou, chef de Dohomé.
Adamou, chef d'Ekpé.
Ahognon, chef de Ouésoumé et Houndotowè.

E. Taverna, *chef de bataillon d'infanterie, chef d'état-major du corps expéditionnaire*,

A. d'Albéca, *administrateur colonial, directeur des affaires politiques et indigènes par intérim.*

L. Garineau, *lieutenant d'infanterie de marine, officier d'ordonnance du général commandant supérieur*,

Noël, *capitaine d'infanterie de marine, commandant le poste d'Allada*,

Valette, *capitaine d'infanterie de marine breveté, de l'état-major de la colonne expéditionnaire.*

Fonssagrives, *capitaine d'infanterie de marine, de l'état-major de la colonne expéditionnaire*,

Fleury, *lieutenant d'infanterie de marine*,

Nocquet, *capitaine d'infanterie de marine*,

Caillau, *lieutenant d'infanterie de marine*,

Franceries, *lieutenant d'artillerie de marine*,

Vandescal, *lieutenant d'artillerie de marine*,

Geoffroy, *lieutenant d'artillerie de marine.*

Ce traité a reçu l'approbation du gouvernement de la République par lettre du 19 avril 1894, n° 20, de M. le ministre des Colonies.

CHAPITRE V

La colonie du Dahomey et dépendances

CONSTITUTION, ORGANISATION GÉNÉRALE. — SITUATION POLITIQUE DE LA COLONIE A LA FIN DE L'ANNÉE 1894. — ORGANISATION ADMINISTRATIVE ET FINANCIÈRE. — SERVICE DE SANTÉ. — TRÉSOR. — DOUANES. — POSTES ET TÉLÉGRAPHES. — TRAVAUX PUBLICS. — FLOTTILLE. — PORTS ET RADES. — POLICE. — INSTRUCTION PUBLIQUE. — IMPRIMERIE. — JARDIN D'ESSAI. — DÉFENSE DE LA COLONIE. — JUSTICE. — CULTES.

Constitution, Organisation générale. — M. Ballot ayant été, par décret du 22 juin 1894, nommé gouverneur de la Colonie, au régime militaire et à la période de conquête succédaient le régime civil, la mise en valeur et l'organisation définitive. Déjà le décret du 10 mars 1893, dont nous avons cité plus haut le texte, avait donné à nos établissements de la Côte des Esclaves, en les séparant de la Guinée française et dépendances, une complète autonomie. Le décret du 22 juin 1894, organisant sur des bases plus étendues la colonie du Dahomey et dépendances, venait d'être promulgué. Cet acte important, que nous citons intégralement, a été, pendant plus de cinq années, la charte de la colonie. D'un autre côté, M. Ballot, avait pris le soin, avant son départ de France, de préparer et de soumettre à l'approbation du ministre des colonies, M. Delcassé, divers arrêtés réglant la nouvelle organisation. Les principaux de ces actes sont les suivants : 1° division politique et administrative ; 2° organisation du cabinet du gouverneur et du secrétariat général; cadres du personnel secondaire des affaires politiques et indigènes; 3° organisation de la garde indigène. Nous donnons le texte de tousces actes, les dispositions qui y sont insérées étant encore en vigueur.

RAPPORT *au Président de la République française, suivi d'un décret portant organisation de la colonie du Dahomey et dépendances.*

Paris, le 22 juin 1894.

MINISTÈRE DES COLONIES. — DIRECTION DES AFFAIRES POLITIQUES ET COMMERCIALES : BUREAU D'AFRIQUE

Monsieur le Président,

Le décret organique du 10 mars 1893, qui a constitué en trois groupes distincts nos possessions de la Guinée, de la Côte d'Ivoire et de la Côte des Esclaves, a donné à chacun de ces établissements, sous l'administration supérieure d'un gouverneur, une existence propre destinée à favoriser leur développement commercial.

Cette autonomie, reconnue indispensable tant à cause de la distance séparant ces différents points de la côte occidentale d'Afrique que par suite de la diversité des intérêts spéciaux à chacun de ces territoires, s'imposait plus particulièrement en ce qui concerne les établissements français situés entre le Togo allemand et les territoires anglais de Lagos.

La colonie du Bénin a pris, en effet, un essor rapide, et malgré les deux expéditions successives qui ont dû, au cours de ces dernières années, être entreprises contre le Dahomey, elle s'est développée d'une manière prompte et continue. Au point de vue politique, la capture du roi Béhanzin et son exil ayant suivi l'entrée de nos troupes à Abomey, la situation est nette et le pays semble pouvoir être considéré comme entièrement pacifié. Au point de vue commercial, le mouvement des importations et des exportations n'a cessé de croître dans de très remarquables proportions.

Il importe donc d'affermir une situation qui se présente sous d'aussi favorables auspices.

D'autre part, l'expérience acquise pendant l'année qui vient de s'écouler, ainsi que des événements survenus au cours de cette période et dont la conclusion naturelle est la substitution du gouvernement civil au régime militaire, ont permis de constater qu'il n'était peut-être pas inutile d'apporter quelques compléments au décret du 10 mars et de le spécialiser en quelque sorte à la colonie du Bénin.

J'ai préparé, à cet effet, un projet de décret dont voici l'analyse :

J'ai cru tout d'abord devoir introduire dans ce projet une modification dans la dénomination même de la Colonie.

Des motifs d'ordre tout à fait politique et géographique m'ont amené à vous proposer de substituer à l'expression de « colonie du Bénin » celle de « colonie du Dahomey ». Le vocable « Bénin » s'applique plus justement aux vastes territoires anglais portant ce nom, qui sont situés à l'Ouest des bouches du Niger.

L'expression actuellement employée ne me paraît donc plus en situation; et il me semble, aussi bien pour éviter des erreurs géographiques que dans le désir très naturel de consacrer le souvenir de la conquête, que cette dénomination doive être adoptée.

Les articles 2 et 3 de ce projet déterminent les pouvoirs du gouverneur et les attributions du secrétaire général.

Il m'a paru indispensable de déterminer bien exactement la situation hiérarchique de ce dernier fonctionnaire, afin d'éviter toute difficulté et tout conflit.

L'article 4 fixe la composition du Conseil d'administration.

Le décret du 10 mars n'était pas suffisamment explicite en la matière; et d'un autre côté, l'article 9 du décret du 17 décembre 1891, réglant l'organisation de la colonie de la Guinée française et dépendances, ne pouvait plus être appliqué au Bénin.

En résumé, le projet que j'ai l'honneur de soumettre à votre haute appréciation, monsieur le Président, ne modifie pas dans son essence l'ordre de choses existant. Il ne crée pas de nouveaux rouages administratifs et, par conséquent, n'augmente pas les dépenses. Ce n'est, en réalité, que le commentaire et le complément du décret du 10 mars 1893, d'après les besoins actuels de la colonie.

Je vous prie d'agréer, monsieur le Président, l'hommage de mon profond respect.

Le ministre des Colonies,
Signé : DELCASSÉ.

DÉCRET *portant organisation de la colonie du Dahomey et dépendances (22 juin 1894).*

Le Président de la République française,
Sur le rapport du ministre des Colonies,
Vu les décrets du 1er août 1889, du 17 décembre 1891 et du 10 mars 1893

relatifs à l'organisation des possessions françaises de la Guinée, de la Côte d'Ivoire et du golfe de Bénin;

Vu l'article 18 du sénatus-consulte du 3 mai 1854,

Décrète :

Article premier. — L'ensemble des possessions françaises de la côte occidentale d'Afrique, situées sur la Côte des Esclaves, entre la colonie anglaise de Lagos à l'est et le Togo allemand à l'ouest, prend la dénomination de « Dahomey et dépendances ».

L'administration supérieure de cette colonie est confiée à un gouverneur, qui est chargé en outre de l'exercice du protectorat de la République sur les territoires de l'intérieur compris dans la zone d'influence française.

Art. 2. — Le gouverneur exerce dans toute l'étendue de la colonie les pouvoirs déterminés par les décrets et règlements en vigueur et notamment par l'ordonnance organique du 7 septembre 1840.

Il est ordonnateur de toutes les dépenses, mais il peut déléguer ses pouvoirs en matière financière au secrétaire général.

Art. 3. — En cas de décès ou d'absence de la colonie, le gouverneur est remplacé par le secrétaire général, à moins d'une désignation spéciale faite par le ministre.

Art. 4. — Le Conseil d'administration de la colonie du Dahomey et dépendances est composé ainsi qu'il suit :

Le gouverneur, président;

Le secrétaire général;

Le commandant des troupes;

Le chef du service administratif;

Un habitant notable français et un habitant notable indigène, désignés par le gouverneur.

Deux membres suppléants, ayant la même origine, sont désignés pour remplacer les deux habitants notables en cas d'absence.

Art. 5. — Le Conseil d'administration du Dahomey et dépendances peut se constituer en conseil de contentieux administratif. Dans ce cas, il fonctionne conformément aux dispositions des décrets des 5 août et 7 septembre 1881, qui sont rendus applicables dans toute l'étendue de la colonie du Dahomey et dépendances.

Les deux membres qui seront adjoints au Conseil d'administration siégeant au contentieux devront être choisis, à défaut des magistrats prévus par l'article premier du décret du 5 août 1881, parmi les fonctionnaires de la colonie pourvus, autant que posssible, du diplôme de licencié en droit.

Les fonctions du ministère public sont remplies par un fonctionnaire désigné par le gouverneur.

Art. 6. — Sont abrogées toutes les dispositions contraires au présent décret.

Art. 7. — Le ministre des colonies est chargé de l'exécution du présent décret, qui sera inséré au *Journal Officiel* de la République française, au *Bulletin des Lois* et au *Bulletin Officiel des Colonies*.

Fait à Paris, le 22 juin 1894.

Signé : Carnot.

Par le Président de la République,

Le ministre des Colonies

Signé : Delcassé.

ARRÊTÉ

Le ministre des Colonies;

Vu le décret du 21 juin 1894, portant organisation de la colonie du Dahomey et dépendances ;

Arrête :

Article premier. — La colonie du Dahomey et dépendances est divisée politiquement et administrativement en trois parties distinctes :

1° Territoires annexés;

2° Territoires protégés;

3° Territoires d'action politique.

Art. 2. — Les territoires annexés comprennent : nos établissements de Grand-Popo, Agoué, Ouidah, Cotonou, Abomey-Calavi.

Art. 3. — Les territoires protégés comprennent : les royaumes de Porto-Novo, d'Allada, d'Abomey, la République des Ouatchis et celle d'Ouéré-Ketou.

Art. 4. — Les territoires annexés sont divisés en trois cercles :

1° Le cercle de Grand-Popo, composé des cantons d'Agoué et de Grand-Popo.

Les limites de ce cercle sont :

A l'Ouest, la frontière des Établissements allemands de Togo ; au Nord, la lagune de Ouidah; à l'Est, la rivière d'Aroh; au Sud, l'océan Atlantique.

2° Le cercle de Ouidah, composé des cantons d'Aroh, de Savi, d'Avrékété, de Ouidah ville et de Ouidah plage.

Les limites de ce cercle sont :

A l'Ouest, la rivière Ahémé; au Nord, les frontiéres du royaume d'Allada ; à l'Est, le territoire du canton de Godomey ; au Sud, l'océan Atlantique.

3° Le cercle de Cotonou, composé des cantons d'Abomey-Calavi, de Godomey et de Cotonou.

Les limites de ce cercle sont :

A l'Ouest, le territoire du canton d'Avrekété, au Nord et au Nord-Ouest les frontières du royaume d'Allada ; à l'Est, la rivière de Sô, les limites du royaume de Porto-Novo et les frontières de la colonie anglaise de Lagos.

Art. 5. — Chacun de ces cercles est dirigé par un administrateur ayant sous ses ordres les chefs indigènes de cantons et de villages.

Art. 6. — Les territoires protégés sont placés sous le contrôle de résidents établis auprès des chefs indigènes, sous la haute autorité du gouverneur.

Art. 7. — Les territoires protégés ont pour limites :

1° Protectorat de Porto-Novo ;

A l'Est, la frontière des possessions anglaises de Lagos ; au Sud, le cercle de Cotonou ; à l'Ouest, la rivière de Sô et au Nord, la République Nago de Ouéra-Kétou.

2° Protectorat d'Allada ;

Au Nord, la Lama et le royaume d'Abomey ; à l'Est, la rivière de Sô et la frontière ouest du royaume de Porto-Novo ; à l'Ouest, la rivière Couffo ; au Sud, le territoire annexé.

3° Protectorat d'Abomey ;

Au Nord, la frontière du pays des Mahis ; à l'Est, la rivière Ouémé ; au Sud, la Lama ; à l'Ouest, la rivière Couffo.

4° Protectorat des Ouatchis ;

Au Sud, la lagune de Ouidah; à l'Ouest, la frontière des possessions allemandes du Togo; à l'Est la rivière Ahémé et au Nord, les pays des Mahis.

5° Protectorat de Ouéré-Kétou;

A l'Est, la frontière des possessions anglaises de Lagos; à l'Ouest, la rivière Ouémé, au Sud, le royaume de Porto-Novo; au Nord, le pays des Mahis.

Art. 8. — Les territoires d'action politique, s'étendant au Nord de nos possessions du Dahomey au Niger seront placés sous la surveillance directe du Gouverneur.

Art. 9. — Les dispositions du présent arrêté seront mises en vigueur à compter de ce jour.

Fait à Paris, le 22 juin 1894.

Le ministre des Colonies,
signé : DELCASSÉ.

ARRÊTÉ

Le gouverneur du Dahomey et dépendances commandeur de la Légion d'honneur;

Vu l'ordonnance organique du 7 septembre 1840;

Vu le décret du 10 mars 1893, portant constitution de la Colonie du Bénin;

Vu le décret du 22 juin 1894;

Arrête :

Article premier. — Le cabinet du gouverneur et le secrétariat général du gouvernement sont constitués ainsi qu'il suit :

1° *Cabinet du gouverneur* (3 bureaux.)

1° Secrétariat. — 2° Affaires politiques. — 3° Affaires militaires.

2° *Secrétariat général :* (2 bureaux.)

1° Administration générale et contentieux. — 2° Finances, travaux et approvisionnements du service local.

Art. 2. — Les attributions de ces buraux sont ainsi réparties :

Cabinet du gouverneur

1° Secrétariat :

Ouverture, enregistrement, distribution et conservation de la correspondance officielle; centralisation et expédition des dépêches ministérielles; chiffres télégraphiques.

Préparation de la correspondance générale du gouverneur; enregistrement de ses arrêtés, décisions et circulaires.

Conseil d'administration, rédaction du *Journal Officiel*, archives, bibliothèques, classement et distribution des publications officielles, légalisations de signatures, délivrance de copies ou expéditions conformes.

2° Affaires politiques :

Préparation de la correspondance politique du gouverneur avec le ministre, les gouverneurs étrangers, les gouverneurs des autres colonies et les administrateurs et résidents; missions spéciales; délimitations de territoires; relations avec les souverains et chefs indigènes; interprètes,et émissaires, agents, courriers politiques, études d'ordre géographique sur la Colonie, les pays protégés et ceux de notre sphère d'influence.

Explorations, tenue du registre des notes des administrateurs, résidents, adjoints, commis et interprètes des affaires indigènes; justice de paix à compétence étendue, greffe.

3° Affaires militaires :

Préparation de la correspondance du gouverneur, ayant trait aux affaires militaires, à échanger d'une part avec le ministre, et d'autre part, avec le commandant supérieur des troupes.

Centralisation des travaux techniques adressés au ministre, missions topographiques, établissements des cartes topographiques et centralisation du service des renseignements concernant les affaires militaires, justice militaire, revues et cérémonies, mouvement des avisos, organisation, recrutement et surveillance de la garde civile, ordre de l'Etoile Noire.

Secrétariat général

1° Administration générale et contentieux :

Enregistrement et classement de la correspondance provenant de l'extérieur ou originaire de la Colonie et préparation de la corresponance en ce qui concerne les affaires ressortissant au bureau.

Distribution de la correspondance; tenue de la matricule du personnel rétribué par le budget local; élections, police et prisons, police sanitaire, hygiène et salubrité publique; enregistrement et domaine, curatelle aux successions et bien vacants. Ports et rades. Concessions, ventes et échanges de terrains domaniaux, douanes, postes et télégraphes.

Transactions en matières de douanes, statistiques générales; dégrèvements; congés et permissions d'absence; état-civil; imprimerie; administration de la garde civile indigène.

Correspondance directe avec les administrateurs et chefs de service pour les détails du service

2° Finances, travaux et approvisionnements :

Préparation de la correspondance, en ce qui concerne toutes les affaires ressortissant au bureau.

Préparation du budget et des comptes administratifs du service local; comptabilité générale, solde, mandatement et ordonnancement de toutes les dépenses de personnel et de matériel, tenue des contrôles de solde, établissement des rôles d'impôt de toute nature et examen des questions se rattachant à l'assiette et au recouvrement de ces impôts; mouvements de fonds. En ce qui touche le personnel, les attributions dévolues aux commissaires aux revues par le décret du 28 janvier 1890.

Travaux publics, approvisionnements des divers services locaux, marchés, adjudications, traités de gré à gré; commissions de recettes, baux, inventaires, cessions, comptabilité du matériel; en ce qui concerne le travaux et approvisionnements.

Chacun des bureaux du secrétariat général est dirigé par un chef ou sous-chef de bureau sous la responsabilité du secrétaire général.

Art. 3. — Le présent arrêté sera communiqué et enregistré partout où besoin sera et inséré au *Journal Officiel* de la colonie du Dahomey et dépendances.

Victor BALLOT.

Paris, le 22 juin 1894.

Approuvé :

Le ministre des Colonies,

DELCASSÉ.

ARRÊTÉ

Le gouverneur du Dahomey et dépendances, commandeur de la Légion d'honneur ;

Vu l'article 51 de l'ordonnance organique du 7 septembre 1840 ;

Vu le décret du 10 mars 1893, portant constitution de la colonie du Bénin ;

Vu le décret du 11 octobre 1892, portant réorganisation du personnel des bureaux des Directions de l'Intérieur aux colonies ;

Vu le décret du 22 juin 1894 ;

Arrête :

Article premier. — Le cadre du personnel du secrétariat général de colonie du Dahomey est ainsi constitué :

1 secrétaire-général.

1 chef de bureau.

2 sous-chefs de bureau.

2 commis principaux.

2 commis de première classe.

2 commis de deuxième classe.

Art. 2. — Les employés du secrétariat général, jusqu'au grade de commis principal inclusivement, sont nommés et peuvent être suspendus, rétrogradés et révoqués par le gouverneur. A partir du grade de sous-chef de bureau, les fonctionnaires du secrétariat général sont nommés et ne peuvent être suspendus, rétrogradés et révoqués que par le ministre des colonies.

Dans les deux cas, la révocation ou la rétrogradation ne peut être prononcée qu'après que le fonctionnaire a été entendu par une commission d'enquête. Il peut présenter ses moyens de défense soit personnellement soit par écrit. L'arrêté du gouverneur ou du ministre suivant le cas, est motivé et vise l'avis de la commission d'enquête.

Art. 3. — Le traitement afférent à chaque emploi est fixé ainsi qu'il suit :

	Sol. Europe	Supp. colonial
Sécrétaire général.......	6.000 fr.	6.000 fr.
Chef de bureau..........	3.000	3.000
Sous-chef de bureau....	2.500	2.500
Commis principal........	2.000	2.000
Commis de 1re classe....	1.750	1.750
Commis de 2e classe......	1.500	1.500

Des suppléments peuvent être en outre accordés par décision du chef de la colonie, dans les limites des crédits budgétaires.

Art. 4. — Le recrutement des commis du secrérariat général à lieu :

1° Parmi les jeunes gens de 18 ans au moins et de 30 ans au plus, dégagés des obligations que leur impose la loi sur le recrutement, en ce qui concerne le service actif en temps de paix, et pourvus de l'un des titres suivants :

Diplôme de bachelier ;

Brevet de capacité pour l'enseignement primaire supérieur ;

Diplôme de fin d'études de l'enseignement secondaire spécial ;

Diplôme de fin d'études d'une école professionnelle subventionnée par l'Etat.

2° Parmi les anciens sous-officiers appelés aux emplois civils par application des lois des 24 juillet 1873, 23 juillet 1881, et 18 mars 1889.

Art. 5. — La nomination à un emploi ne peut avoir lieu qu'à la dernière classe de cet emploi.

Nul ne peut être nommé commis de 1re classe, s'il ne compte au moins un an de séjour colonial dans la seconde classe.

Les emplois de commis principaux sont conférés aux commis de 1re classe et de 2e classe, ayant au moins deux ans de séjour dans la colonie et deux ans d'ancienneté depuis leur nomination à l'emploi de commis.

Art. 6. — Les commis de résidence actuellement en fonction, seront titularisés dans l'emploi correspondant au traitement dont ils jouissent.

A titre de mesure transitoire, ils pourront exceptionnellement, pour la première organisation, être promus à la classe supérieure, après leur titularisation, sans qu'on ait à tenir compte de la condition d'ancienneté prévue par l'article 5.

Art. 7. — Les pensions de retraite du personnel du secrétariat général sont réglées conformément aux prescriptions de la loi du 9 juin 1853.

Art. 8. — Indépendamment des employés compris dans le cadre, il peut tre adjoint au personnel des bureaux des employés auxiliaires dans la limite des besoins du service.

Art. 9. — Le présent arrêté sera soumis à l'approbation de M. le ministre des colonies.

Paris le 22 juin 1894.

Victor Ballot.

Vu et approuvé :
Le ministre des colonies,
Delcassé.

ARRÊTÉ

Le gouverneur du Dahomey et dépendances, commandeur de la Légion d'honneur ;

Vu l'article 51 de l'ordonnance organique du 7 septembre 1840 ;

Vu le décret du 10 mars 1893, portant constitution de la colonie du Bénin ;

Attendu qu'il y a lieu, pour assurer le bon fonctionnement du service des affaires indigènes, de créer un cadre d'agents auxiliaires destinés à servir sous les ordres des administrateurs coloniaux ;

Vu, à titre consultatif, l'arrêté du gouverneur du Sénégal, en date du 23 décembre 1892, portant organisation du personnel auxiliaire de la direction des affaires politiques de cette colonie ;

Vu le décret du 22 juin 1894 ;

Arrête :

Article premier. — Il est institué dans la colonie du Dahomey, pour le service des bureaux du service des affaires politiques, et pour seconder les administrateurs et résidents, un personnel d'employés auxiliaires régi, pour le recrutement, l'avancement et la discipline par le présent arrêté.

Art. 2 — La hiérarchie dans ce personnel est établie ainsi qu'i suit :

Adjoint de 1re classe des affaires indigènes ;
Adjoint de 2e classe des affaires indigènes ;
Commis de 1re classe des affaires indigènes ;
Commis de 2e classe des affaires indigènes.

Art. 3. — Le cadre maximum de ce personnel et le traitement afférent à chaque emploi sont ainsi fixés :

	Sol. d'Europe	Supp. Colonial
	—	—
2 adjoints de 1re classe....	2.000 fr.	2.000 fr.
2 adjoints de 2e classe.....	1 750	1.750
2 commis de 1re classe	1.5C0	1.500
2 commis de 2e classe.....	1.300	1.300

Des suppléments peuvent être en outre accordés par décision du gouverneur, dans la limite des crédits budgétaires.

Art. 4. — Le gouverneur nomme à tous les emplois.

Art. 5. — L'avancement a lieu au choix. Nul de peut être promu à une classe supérieure, s'il ne réunit au moins une année de service actif dans la colonie et dans la place qu'il occupe

La nomination à un emploi d'adjoint ou de commis des affaires indigènes ne peut avoir lieu qu'à la dernière classe de cet emploi. Toutefois, à titre de mesure transitoire, il sera dérogé à cette règle pour la première organisation du personnel.

Art. 6. — Le recrutement a lieu :

1° Parmi les jeunes gens âgés de 18 ans au moins et de 30 ans au plus, dégagés des obligations que leur impose la loi sur le recrutement, en ce qui concerne le service militaire en temps de paix, et pourvus de l'un des titres suivants :

Diplôme de bachelier ;
Brevet de capacité pour l'enseignement primaire supérieur ;
Diplôme de fin d'études de l'enseignement secondaire spécial ;
Diplôme de fin d'études d'une école professionnelle subventionnée par l'Etat.

2° Parmi les anciens sous-officiers appelés aux emplois civils par application des lois du 24 juillet 1873, 23 juillet 1881 et 18 mars 1889.

3° Parmi les agents des autres services civils de la colonie jouissant d'une solde équivalente.

Art. 7. — Les adjoints des affaires indigènes pourront être chargés, à titre provisoire, et par décision spéciale du gouverneur des fonctions d'administrateurs coloniaux.

Art 8. — Les adjoints de 1re et de 2e classe des affaires indigènes, portent l'uniforme des administrateurs coloniaux, sauf en ce qui concerne les insignes de grade qui sont remplacés par une tresse dentelée en or de 15 millimètres de largeur, posée à plat sur la manche et sur le turban du képi. Les commis de 1re et de 2e classe portent le même uniforme, mais ans insigne.

Art. 9. — Les peines disciplinaires applicables au personnel auxiliaire des affaires indigènes sont :

La réprimande ;

La suspension de fonctions ;

La rétrogradation de classe ou d'emploi ;

La révocation.

Les peines de la réprimande ou de la suspension de fonctions sont prononcées par le gouverneur sur le rapport du chef du service des affaires politiques.

La rétrogradation et la révocation sont prononcées par le chef de la colonie, après avis d'une commission d'enquête, devant laquelle l'employé est admis à présenter ses moyens de défense.

Art. 10. — La solde des adjoints et des commis des affaires indigènes est supportée par le budget local de la colonie.

Art. 11. — L'assimilation du personnel auxiliaire des affaires indigènes est réglée comme suit :

Adjoint de 1re classe : commis principal des directions de l'intérieur;

Adjoint de 2e classe : commis de 1re classe des directions de l'intérieur.

Commis de 1re et 2e classe : commis de 2e classe des directions de l'intérieur.

Art. 12. — Le présent arrêté sera soumis à l'approbation de monsieur le ministre des colonies.

Paris, le 22 juin 1894.

VICTOR BALLOT.

Vu et approuvé :
Le ministre des Colonies,
DELCASSÉ.

ARRÊTÉ

Le gouverneur du Dahomey et dépendances, commandeur de la Légion d'honneur ;

Vu l'ordonnance organique du 7 septembre 1840;

Vu le décret du 10 mars 1893, portant constitution de la colonie du Bénin ;

Vu l'arrêté local du 9 novembre 1839, instituant au Bénin une Compagnie de gardes indigènes ;

Vu le décret du 22 juin 1894 ;

Arrête :

CHAPITRE I

Dispositions générales

Art. 1er. — La garde indigène du Dahomey créée par arrêté local en date du 9 novembre 1889 et qui comprend actuellement une compagnie de 200 hommes, est portée à l'effectif de 355 hommes (cadres compris divisé en trois compagnies). Cet effectif pourra être augmenté ultérieurement, si les circonstances l'exigent, et si les ressources budgétaires le permettent.

Art. 2. — La composition de chacune des compagnies est fixée ainsi qu'il suit :

1 inspecteur de 1re classe........................	Européens.
1 inspecteur de 2e classe........................	
1 garde principal de 1re ou 2e classe..........	
1 garde principal..............................	Indigènes.
4 brigadiers....................................	
8 sous-brigadiers..............................	
2 clairons.......................................	
25 gardes de 1re classe.........................	
75 gardes de 2e classe..........................	

Art. 3. — La garde indigène, force de police essentiellement civile, est à la disposition des administrateurs et résidents sous la haute autorité du gouverneur de la Colonie.

Art. 4. — La garde indigène est spécialement affectée aux services suivants :

1° Garde des résidences.

2° Garde des postes de douane.

3° Garde des prisons.

4° Garde des édifices publics.

5° Service des courriers officiels.

6° Service des renseignements politiques.

7° Poursuite et arrestation des malfaiteurs.

8° Escorte de transport par terre et par eau.

En cas de guerre ou de rébellion, la garde indigène peut être mobilisée en tout ou partie. Elle passe alors sous les ordres de l'autorité militaire. Un arrêté spécial du gouverneur fixerait alors les cas et les conditions de cette mobilisation.

CHAPITRE II

Recrutement et avancement

Art. 5. — Le recrutement de la garde indigène s'opère par voie d'engagements volontaires ou de rengagements.

Art. 6. — Les inspecteurs de 1re classe sont choisis, soit parmi les anciens officiers de l'armée active, soit parmi les inspecteurs de 2e classe.

Art. 7. — Les inspecteurs de 2e classe sont choisis, soit parmi les anciens officiers de l'armée active, de la réserve ou de l'armée territoriale, soit parmi les gardes principaux de 1re classe.

Art. 8. — Les gardes principaux sont recrutés parmi les anciens sous-officiers libérés du service actif ou en position du congé renouvelable.

Art. 9. — Les inspecteurs, les gardes principaux et les gradés indigènes sont nommés par le gouverneur.

Art. 10. — Les inspecteurs et les gardes principaux contractent un engagement de servir pendant 2 ans dans la garde civile indigène.

Art. 11. — L'avancement a lieu moitié au choix, moitié à l'ancienneté.

CHAPITRE III

Solde et accessoires de solde, congés.

Art. 12. — Les inspecteurs, gardes principaux, gradés et gardes indigènes reçoivent la solde et les accessoires de solde mentionnés au tarif annexé au présent règlement.

Art. 13. — La solde et les accessoires de solde mentionnés au tarif annexé au présent règlement, sont payés par le trésorier de la colonie ou les agents spéciaux, sur la présentation de mandats arrêtés conformément aux règles déterminées par le gouverneur.

Art. 14. — Au point de vue des congés, le personnel européen de la garde civile est traité d'après les mêmes règles générales que le personnel des différents services civils de la colonie.

CHAPITRE IV

Uniforme, armement et équipement

Art. 15. — L'uniforme des hommes de la garde indigène, gradés et gardes est celui actuellement en usage, c'est-à-dire :

Grande tenue. — Veste, gilet, pantalon, chéchia du modèle des zouaves, les tresses et soutaches rouges remplacées par des tresses et soutaches vertes.

Petite tenue. — Paletot de molleton du modèle de l'infanterie de marine pantalon à la turque en coutil gris et chéchia.

Art. 16. — Les inspecteurs et les gardes principaux portent l'uniforme suivant :

Grande tenue. — Dolman en drap national du modèle de l'infanterie sans brandebourgs avec col et parements de la couleur du fond, une rangée de sept gros boutons dorés à grenade fermant le dolman, six boutons sur deux rangées posés sur soubises garnissant les pans du dolman par derrière. Croissant étoilé en or au collet. Pattes d'épaules en or, du modèle autrefois réglementaire dans l'infanterie, en remplacement des épaulettes. Pantalon du modèle de l'infanterie ainsi que le képi, sauf que le turban porte au lieu de galons de grade une tresse d'or de dix millimètres de largeur, semblable à celle du képi de la gendarmerie. Croissant étoilé en or au centre du turban.

Petite tenue. — Veston en toile blanche de la même forme que le dolman de drap, tresses mobiles sur les manches, pantalon blanc, casque blanc du modèle réglementaire dans la marine.

Les insignes de grade sont les mêmes que ceux de la garde civile du Tonkin, c'est-à-dire :

Les inspecteurs portent sur la manche un galon d'or de dix millimètres de largeur posé en pointe au-dessus du parement. Suivant leur classe, cet ornement est surmonté de tresses en or formant pointe et en nombre correspondant à la classe, c'est-à-dire :

Une tresse, inspecteur de 3ᵉ classe.

Deux tresses, inspecteur de 2ᵉ classe.

Trois tresses, inspecteur de 1ʳᵉ classe.

Les gardes principaux de 1ʳᵉ classe portent exactement les mêmes insignes que l'inspecteur de 3ᵉ classe, mais ils sont en argent.

Les gardes principaux de 2ᵉ classe portent au képi les mêmes insignes de l'inspecteur de 3ᵉ classe, mais en or à filets de soie bleue, et sur la manche deux galons d'or semblables et disposés de la même manière que ceux des sergents-majors d'infanterie.

Les brigadiers portent sur la manche un galon d'or semblable et disposé de la même manière que ceux des sergents d'infanterie.

Les sous-brigadiers portent sur la manche deux galons de laine rouge semblables et disposés de la même manière que ceux des caporaux d'infanterie.

Les clairons et gardes de 1re classe portent sur les manches les insignes des clairons et soldats de 1re classe de l'infanterie.

Art. 17. — L'habillement des gradés et gardes indigènes est fourni par l'administration de la colonie.

Art. 18. — Les inspecteurs sont armés du sabre et du revolver d'officier d'infanterie, les gardes principaux du sabre et du revolver des adjudants d'infanterie, les gradés et gardes indigènes du fusil modèle 1874 transformé.

Art. 19. — Les inspecteurs ont le ceinturon et la dragonne en cuir verni; en grande tenue ils portent la dragonne en or. Les gardes principaux ont le même équipement sauf qu'ils ne portent pas la dragonne en or. L'équipement des gradés et gardes indigènes est le même que celui de l'infanterie.

CHAPITRE V

Dispositions particulières et transitoires.

Art. 20. — Les indigènes de tous grades de la garde indigène sont considérés comme sujets français et soumis comme tels à la juridiction des tribunaux français.

Art. 21. — Toutes les dépenses relatives à l'organisation et à l'entretien de la garde indigène sont supportées par le budget local de la colonie du Dahomey.

Art. 22. — Le personnel de la garde indigène n'a droit à aucune délivrance de vivres; cependant lorsque en exécution de l'art. 6, des détachements de la garde indigène sont mobilisés, les européens et indigènes qui font partie de ces détachements toucheront des rations journalières de vivres.

Art. 23. — L'administration générale et la comptabilité de la garde indigène sont exercées par le secrétaire général, conformément aux lois et règlements en vigueur dans la colonie. Il est adjoint, à cet effet, à ce fonctionnaire un inspecteur et un garde principal de la garde indigène.

Art. 24. — Le présent arrêté sera soumis à l'approbation de M. le Ministre des Colonies.

Paris, le 23 juin 1894.

Victor BALLOT.

Vu et approuvé

Le Ministre des Colonies

DELCASSÉ.

Solde et Accessoire de Solde

GRADES	SOLDE d'Europe	SUPPL. Colonial	TOTAL	Première mise
Inspecteur de 1re classe	3.000 »	3.000 »	6.000 »	500 »
» de 2e classe . .	2.500 »	2.500 »	5.000 »	500 »
» de 3e classe	2.300 »	2.300 »	4.600 »	500 »
Garde principal de 1re classe	1.500 »	1.500 »	3.000 »	300 »
» de 2e classe	1.400 »	1.400 »	2.800 »	200 »
Garde principal indigène de 1re classe	1.000 »	1.000 »	2.000 »	300 »
» 2e classe	700 »	800 »	1.500 »	200 »
Brigadier		675 25		
Sous-brigadier		492 75		
Clairon		468 »		
Garde de 1re		468 »		
» de 2e		456 25		

Situation politique de la colonie à la fin de 1894. — Au point de vue politique, la situation était bonne. Le colonel Dumas n'avait à signaler au ministre de la marine, à la date du 15 juillet 1894, que quelques actes de brigandage, commis sur le Mono et promptement réprimés, et certaines difficultés du côté d'Abomey où Ago-li-Agbo essayait d'étendre son influence à l'Est comme à l'Ouest sur des territoires soumis autrefois à la suzeraineté du Dahomey, mais heureux, aujourd'hui, de se sentir en sécurité et désireux de redevenir indépendants. « Le peuple dahoméen, écrivait à cette époque le colonel Dumas, ne regrette pas l'ancien régime... L'hostilité latente que nous rencontrons dans l'entourage d'Ago-li-Agbo provient de ce que les anciens fidèles de Béhanzin qui le composent regrettent les abus dont ils bénéficiaient. La population qui n'en profite guère et qui est pressurée par ses chefs à défaut des esclaves nagots que nous avons libérés, nous préfère à ses maîtres indigènes. Les Dahoméens enrôlés dans nos rangs seraient probablement fidèles comme les Sénégalais. »

De son côté, M. Ballot, tout en préparant les missions qui devaient successivement le conduire à Carnotville et à Boussa appréciait la situation politique en ces termes dans son rapport du 21 août : « A Porto-Novo, à Cotonou, à Grand-Popo et à Agoué, ainsi qu'à Ouidah et à Allada, la tranquillité est assurée. Les relations entre les rois d'Abomey et d'Allada sont devenues plus cordiales. Les quelques conflits qui ont attiré à un certain moment notre attention, et qui avaient pris naissance à la suite d'une contestation de territoires, sont terminés. Les limites fixées par les traités des 29 janvier et 4 février sont aujourd'hui respectées de part et d'autre et les droits de chacun établis et surveillés par les résidents chargés de l'exercice du protectorat à Abomey et Allada.

« La partie du royaume d'Abomey située entre le Zou et l'Ouémé comprenant surtout les villages de Covè, Zagnanado, Agony reste encore quelque peu troublée. Bien qu'aucune manifestation sérieuse n'ait été signalée, il n'en existe pas moins contre Ago-li-Agbo une sourde hostilité qui ne s'explique que par le désir qu'ont les habitants de ces pays de conserver une indépendance et une neutralité entières vis-à-vis d'Abomey. Comme leurs voisins du Haut-Ouémé ils voudraient être directement administrés par nous.

« La région d'Abomey, quoique légèrement troublée, n'offre aucun caractère inquiétant. Après les opérations d'Abomey et la délivrance du territoire, il fallait évidemment s'attendre. pendant quelque temps encore, sinon à une situation très tendue, tout au moins à une période d'agitation. En quelques mots, on peut résumer ainsi la politique actuelle d'Abomey :

« Aglo-li-Agbo a pris le pouvoir dans un pays réduit et devenu presque pauvre par les nécessités de la guerre. Afin de conserver le luxe et le prestige qui entouraient l'ancien roi, il a exigé de ses sujets, et même de ses voisins, des charges auxquelles ceux-ci ne pouvaient répondre. Ces exigences ont provoqué des mécontentements sérieux et des divisions dont les derniers partisans de Béhanzin ont profité pour créer des

Hôtel du Gouvernement, à Porto-Novo

intrigues, combattre l'influence d'Ago-li-Agbo et provoquer même une immigration. D'autre part, le roi d'Abomey ayant à différentes reprises essayé d'imposer sa souveraineté sur les territoires voisins devenus indépendants par le traité du 29 janvier a, par ce moyen, rendu encore plus difficile sa position vis-à-vis des chefs influents jaloux de leur autonomie. Souvent rappelé à l'ordre pour ces questions d'empiètement de territoires, il semble aujourd'hui comprendre l'inutilité de ses prétentions, mais il reste chez ses sujets, comme chez ses voisins, une impression que le temps et une attitude plus correcte de sa part feront peu à peu disparaître. »

Le 20 décembre 1894, avant de partir pour son deuxième voyage de Cotonou à Boussa, M. Ballot écrivait au ministre :

« La situation politique de la colonie peut être considérée comme très bonne. Si quelques régions conservaient, il y a peu de temps encore, la crainte du Dahomey, à la chute absolue duquel personne ne voulait croire, le dernier voyage que j'ai entrepris et au cours duquel je me suis attaché à rassurer les esprits dans tous les centres que j'ai traversés, a donné à tous la confiance indispensable pour permettre de reprendre les travaux et rendre au pays sa prospérité d'autrefois.

« La création de postes militaires sur plusieurs points de la colonie (Kétou, Badagba, Agoua, Dadjo et Carnotville) et l'installation définitive des résidents de Savalou, Sagon et Athiémé, qui ont pris récemment possession de leur poste, ont prouvé aux indigènes la puérilité de leurs craintes.

« Aujourd'hui, chacun a repris ses occupations : les champs sont cultivés à nouveau et les commerçants circulent librement dans tout le Dahomey.

« Comme j'ai eu l'honneur de vous l'écrire dans le rapport de mon voyage dans le Haut pays, j'ai pu m'assurer par moi-même que nous n'avions plus rien à redouter du royaume d'Abomey. Si quelques manifestations se produisent encore dans la province d'Agony la cause première en est le recrutement des nombreux porteurs qu'il a fallu prélever dans ces villages pour le transport des grandes quantités de vivres nécessaires aux missions.

« Il ne faut pas perdre de vue également que la population de toute cette contrée, ayant longtemps espéré acquérir son indépendance, en récompense de sa bonne attitude pendant l'expédition, supporte avec peine le joug très lourd de ses anciens oppresseurs. Nous serons obligés, avant longtemps, afin d'éviter de nouveaux troubles, de séparer la province d'Agony du royaume d'Abomey ».

Trois nouvelles tentatives de soulèvement contre l'autorité d'Agoliagbo ayant encore eu lieu, dans cette région, soulèvements occasionnés par les exactions et les cruautés du roi d'Abomey et de ses Cabécères, le gouverneur, afin d'assurer la tranquillité et après en avoir obtenu l'autorisation du Ministre des Colonies, se décida à proclamer le 3 septembre 1895 l'indépendance de la province d'Agony-Zagnanado.

Nous reproduisons ci-après le texte de l'arrêté du 3 septembre 1895.

ARRÊTÉ

Le gouverneur du Dahomey et dépendances, commandeur de la Légion d'honneur ;

Vu le traité passé le 29 janvier 1894, entre le général Dodds, commandant supérieur des établissements français du Bénin, au nom du gouvernement français et Ago-li-Agbo, roi du Dahomey,

Vu l'arrêté ministériel en date du 22 juin 1894, déterminant les divisions politiques et administratives de la colonie du Dahomey et dépendances;

Vu l'acte en date du 21 juin 1895 par lequel le roi Ago-li-Agbo renonce à toute autorité sur la province d'Agony annexée à son royaume par le traité du 29 janvier 1894 précité ;

Vu le télégramme ministériel en date du 31 août approuvant ledit acte;

Le Conseil d'administration entendu ;

Arrête :

Article premier. — Le territoire d'Agony, compris entre l'Ouémé et son affluent le Zou, limité au nord par la rivière Paco et le territoire de Paouignan est déclaré indépendant du royaume du Dahomey et placé directement sous l'autorité exclusive du résident de Sagon.

Art. 2. — Le pays d'Agony devenant province du protectorat de Ouéré-Ketou, ce protectorat sera dorénavant dénommé : Agony-Ouéré-Ketou.

Art. 3 — Dossou-Sdeou, chef de Cové, est nommé chef supérieur de la province d'Agony.

Art. 4. — Le présent arrêté sera affiché partout au besoin et sera inséré au *Journal Officiel* de la Colonie.

Porto-Novo, le 3 septembre 1895.

Victor BALLOT.

Organisation administrative et financière. — Le budget local de l'exercice 1894 avait été arrêté à la somme de 1,380,000 francs.

La situation financière était fort satisfaisante au moment de l'arrivée du gouverneur. « Pour ce qui est du budget en cours, écrivait le chef de la colonie, sa situation à l'époque de l'année à laquelle nous nous trouvons est des plus favorables. Le mouvement ascensionnel que l'on constate dans les transactions commerciales de la colonie ne peut que s'accroître, étant donné les efforts que l'administration fait pour développer et étendre le plus possible les relations entre les populations de l'intérieur, ainsi que la grande liberté dont jouissent les commerçants. Lorsque des routes auront été construites, de manière à mettre facilement en communication tous les points de la colonie, les transactions deviendront plus importantes et la prospérité de la colonie sera ainsi assurée. Tous mes efforts tendront vers ce but. »

Procédant à la mise en application des textes qui précèdent et particulièrement du décret dn 22 juin 1894, le gouverneur délégua ses pouvoirs financiers au secrétaire général. Il constituait d'autre part son cabinet comme suit : 1° secrétariat (administrateur Fonssagrives) ; 2° affaires politiques (administrateur Alby) ; 3° Affaires militaires (capitaine d'artillerie Mounier.) En même temps, par décision du 1er août, le lieutenant colonel Nény, de l'infanterie de marine, était nommé définitivement commandant supérieur des troupes du Dahomey pendant que le commandant Goldschœn prenait le commandement de la région de Porto-Novo. Enfin, par un arrêté du 20 août 1894, M. Ballot créait un poste de délégué du gouverneur à Cotonou de manière à y réunir sous une même autorité les différents services jusque là indépendants les uns des autres. La flottille seule commandée par

Hôtel du secrétaire général, à Porto-Novo

le lieutenant de vaisseau Germain restait en dehors de l'action du délégué de Cotonou et recevait directement les ordres du gouverneur.

Au cours de l'année 1894 et de l'année 1895, le gouverneur prit un grand nombre de dispositions administratives qu'il serait trop long de citer en détail. Nous énumérerons seulement quelques-uns de ces actes, les autres trouveront leur place dans l'exposé des différents services. Arrêté du 30 octobre 1894 sur les agences spéciales. Arrêté du 23 novembre 1894 fixant les honoraires du fonctionnaire chargé du notariat. Décisions diverses créant de nouvelles agences spéciales et une caisse des menues dépenses au secrétariat général ; arrêté du 1er novembre 1894 sur la franchise postale et télégraphique dans la colonie. Décisions du 24 octobre 1894 fixant les divers postes ou garnisons du Dahomey. Arrêté du 8 novembre réglant les pénalités applicables aux Européens dans la garde indigène. Arrêté du 17 décembre 1894 établissant des droits de greffe au profit de la colonie. Arrêté du 17 décembre établissant des droits d'enregistrement. Arrêté du 27 décembre fixant les honoraires du greffier. Décision du 20 décembre 1894 supprimant les fonctions de commandant supérieur des troupes conformément aux instructions du Ministre et remplacement par un chef de bataillon, commandant des troupes. Arrêté du 8 février 1895 fixant à nouveau les taxes de consommation. Arrêté du 7 mai 1895 rappelant et remettant en vigueur l'arrêté du 17 septembre 1890, sur les poids et mesures. Arrêté du 18 août 1895 supprimant la délégation du service administratif à Ouidah et transportant l'ensemble du service administratif à Cotonou. Arrêté du 16 septembre 1895 répartissant à nouveau le personnel de la garde indigène, etc.

Service de santé. — Le service de santé est dirigé au Dahomey par un officier du corps de santé des colonies, du grade de médecin principal, qui exerce son autorité dans les conditions prévues par le décret organique du 7 janvier 1890, constituant le corps de santé des colonies et pays de protectorat et l'arrêté ministériel du 10 mars 1897 sur le fonctionnement des hôpitaux coloniaux.

Les établissements hospitaliers du Dahomey sont entièrement à la charge du service local. Ce sont :

L'hôpital de Porto-Novo

1° L'hôpital de Porto-Novo dirigé par le chef du service de santé assisté de deux médecins de deuxième classe et d'un pharmacien des colonies. Le service est assuré par des sœurs hospitalières, des infirmiers européens et indigènes. Un commis du secrétariat général chargé de la comptabilité et un aumônier de la société des missions africaines de Lyon sont en outre attachés à cet hôpital.

2° L'ambulance de Cotonou, dirigée par un médecin de 1re classe ayant sous ses ordres un infirmier européen et des infirmiers indigènes. Ce poste médical est important, tant au point de vue des nombreux européens qui passent par Cotonou qu'en ce qui concerne le service sanitaire, la plus grande partie des importations de la colonie se faisant par ce point.

3° L'ambulance de Parakou, centre médical du Haut-Dahomey, est dirigée par un médecin de 2e classe ayant sous ses ordres deux infirmiers, un Européen et un indigène.

4° Les ambulances de Ouidah et de Grand-Popo dirigées par des médecins de 2me classe des colonies.

Les infirmiers européens proviennent du corps des infirmiers des colonies; les infirmiers indigènes forment un corps local qui a été constitué par un arrêté du 31 décembre 1894 dont on trouvera plus loin le texte.

Le prix de la journée d'hôpital a été fixé par un arrêté du 30 octobre 1894. Il est, par jour de :

12 francs pour les officiers ;
8 — pour les sous-officiers.
4 — pour les soldats.

Le chef de service de santé est en même temps directeur de la santé. Il assure ce service dans les conditions prévues par les décrets des 31 mars 1897 et 20 juillet 1899 portant réglement de police sanitaire maritime aux colonies. Il est secondé dans cette tâche par les médecins en service à Cotonou, Ouidah, Grand-Popo et le médecin en sous-ordre à Porto-

Novo qui sont chargés de l'arraisonnement des navires et de la police sanitaire dans leurs résidences respectives. Il a été également institué dans chacun de ces centres un conseil sanitaire qui veille à l'application des réglements sanitaires.

Il existe de plus dans la colonie un comité d'hygiène institué par arrêté local du 9 décembre 1889 pour procéder, sous la présidence du chef de service de santé, à l'examen des questions intéressant la salubrité publique.

Les médecins sont chargés de la vaccination et de la délivrance des médicaments sauf à Porto-Novo où se trouve un pharmacien.

Dans chaque poste de la colonie existe une petite pharmacie dont les approvisionnements sont renouvelés fréquemment. Des notices sommaires indiquent l'usage des médicaments qui la composent. Une notice rédigée par le docteur Gouzien, chef actuel du service de santé, résumant les symptômes des principales maladies du pays et la manière de les traiter, a été distribuée dans tous les postes de la colonie.

ARRÊTÉ

Constituant le corps des infirmiers indigènes

Le gouverneur du Dahomey et dépendances, commandeur de la Légion d'honneur ;

Vu le décret du 22 juin 1894, portant organisation de la colonie du Dahomey et dépendances ;

Vu le décret du 20 octobre 1896 relatif à l'administration des hôpitaux coloniaux ;

Vu la décision locale du 3 janvter 1896 ;

Considérant l'opportunité de déterminer nettement le mode de récrutement et d'avancement, la solde et la hiérarchie du personnel des infirmiers indigènes en service dans les divers établissements hospitaliers de la colonie ;

Arrête :

Article premier. — Il est institué dans la colonie du Dahomey et dépendances un personnel subalterne d'infirmiers indigènes, régi au point de vue du recrutement, de l'avancement, de la solde et de la discipline par le présent arrêté.

Art. 2. — La hiérarchie de ce personnel, qui ne jouit d'aucune assimilation par rapport au personnel européen des infirmiers coloniaux est établie ainsi qu'il suit :

Infirmier-major de première classe.

Infirmier-major de deuxième classe.

Infirmier ordinaire de première classe.

Infirmier ordinaire de deuxième classe.

Infirmier stagiaire.

Art. 3. — La solde du personnel des infirmiers indigènes, dont le cadre est déterminé d'après le besoin du service, dans la limite des crédits, inscrits au budget, est fixée ainsi qu'ils suit :

Infirmier-major de première classe	750 francs.
Infirmier-major de deuxième classe	600 —
Infirmier ordinaire de première classe	480 —
Infirmier ordinaire de deuxième classe	360 —
Infirmier stagiaire	300 —

A partir du grade d'infirmier ordinaire de première classe, les infirmiers indigènes reçoivent à titre d'indemnité représentative de la ration, une allocation de 0 fr. 30 par jour, ainsi qu'une indemnité d'habillement de 0 fr. 20 par homme et par jour.

Art. 4. — Le gouverneur nomme à tous les emplois.

Art. 5. — Des avancements en grade et en classe peuvent être accordés aux infirmiers indigènes, après un an au moins de service dans le grade ou la classe immédiatement inférieurs.

Le personnel recruté à compter de la date du présent arrêté ne pourra être titularisé infirmier qu'après un an au moins de stage, et si, à l'expiration de ce stage, il contracte un engagement de trois ans.

Tout infirmier rengagé pour une nouvelle période de trois ans recevra une prime de cinquante francs.

Art. 6. — Les infirmiers indigènes porteront comme signes distinctifs au collet de veston, et de chaque côté, les lettres H. C. hôpital colonial, bordées en lettres rouges, et sur les manches, des galons variant suivant les grades, soit :

Infirmier-major de première classe : Deux galons d'argent de sous-officiers, superposés et disposés comme ceux des sergents-majors d'infanterie.

Infirmier-major de deuxième classe : Un galon d'argent.

Infirmier ordinaire de première classe : Deux galons de laine rouge superposés et disposés comme ceux des caporaux d'infanterie.

Infirmier ordinaire de deuxième classe : Un galon de laine rouge.

Art. 7. — Les peines disciplinaires applicables au personnel des infirmiers indigènes sont les suivantes :

La retenue de solde,

La prison,

Le licenciement.

La retenue de solde est infligée dans la limite maximum de quinze jours, par le chef du service de santé, directement ou sur la proposition des officiers du corps de santé placés sous ses ordres. Au delà de quinze jours, la durée de la punition est fixée par le gouverneur sur la proposition du chef du service de santé.

La peine de la prison, qui comporte nécessairement la privation de solde, est prononcée dans la limite maximum de huit jours, par le chef du service de santé ; au delà de huit jours, la durée de la punition est fixée par le gouverneur, sur la proposition du chef du service de santé.

Le licenciement est prononcé par le gouverneur, sur la propositiun du chef du service de santé.

Art. 8. — Le secrétaire général et le chef du service de santé sont chargés, chacun en ce qui le concerne, de l'exécution du présent arrêté qui sera enregistré, communiqué partout ou besoin sera et inséré au journal officiel de la colonie.

Porto-Novo, le 26 juillet 1897.

Victor BALLOT

Par le Gouverneur.
Le secrétaire général,
P. PASCAL.

Le chef du service de santé,
D. P. GOUZIEN.

Service du Trésor. — Le service du Trésor est assuré au Dahomey par un trésorier payeur nommé par décret du Président de la République sur la présentation du Ministre des Finances avec l'agrément du Ministre des Colonies.

Il est chargé :

1. — Du recouvrement de toutes les recettes et du paiement de toutes les dépenses du service local.

2. — Du recouvrement des recettes et du paiement des dépenses à faire dans la Colonie pour le compte du budget de l'Etat.

3. — De la délivrance des mandats d'articles d'argent.

4. — De la perception des produits revenant à la caisse des pensions et de la compabilité des Invalides de la Marine. Il est en même temps préposé de la caisse des Dépots et consignations,

Il justifie de ses opérations auprès de la Cour des comptes mais il peut être contrôlé soit à époque fixe, soit inopinément, sur l'ordre du gouverneur, par le secrétaire général qui exerce alors à son égard les attributions autrefois dévolues à l'inspection permanente des Colonies, et plus récemment, aux directeurs de l'intérieur.

Le trésorier payeur n'a pas de préposé dans la Colonie. Les

mandats émis ne sont donc payables qu'à Porto-Novo, mais il était indispensable de fournir aux administrateurs des postes de l'intérieur, situés souvent fort loin du chef-lieu, le moyen de faire face à des dépenses urgentes, (solde des troupes), ou imprévues (paiement des porteurs ou des hamacaires) et aussi d'encaisser les recettes provenant de l'impôt indigène. C'est à ce double besoin que répondent les agences spéciales.

Les agents spéciaux sont généralement le receveur des postes, ou un des gardes principaux en service dans le cercle, car on a tenu, autant que possible, à ne pas donner ces fonctions aux administrateurs chargés de la constatation des services faits et de la liquidation des sommes à payer. Les agents spéciaux reçoivent du Trésor une avance avec laquelle ils paient les dépenses urgentes sur états visés par l'administrateur. Ils peuvent également payer, sur états visés préalablement par le secrétaire général, dans le Bas Dahomey, par le résident supérieur dans le Haut Pays, les indemnités diverses acquises par les fonctionnaires en service dans leur cercle et payables mensuellement.

Ils adressent chaque mois leurs pièces de recettes et de dépenses à Porto-Novo où elles sont contrôlées et approuvées par le secrétaire général ordonnateur et transmises au Trésor qui les reçoit en justification des avances primitivement faites par lui.

L'apurement et la vérification de ces pièces sont faits au secrétariat général par le bureau des finances qui tient un compte pour chaque agence dont il connaît presque jour par jour la situation.

Les postes pourvus d'agence spéciale sont Porto-Novo (uniquement pour les dépenses urgentes, paiement des porteurs, des piroguiers), Cotonou, Ouidah, Grand-Popo, Athiémé, Abomey, Savalou et Parakou.

L'encaisse de ces agences, fixée par arrêté d'après l'importance des paiements qu'elles peuvent avoir à faire, oscille entre 6,000 (Porto-Novo) et 40,000 francs (Parakou).

Il est alloué aux agents spéciaux une indemnité de responsabilité variant suivant l'importance de leur agence.

ARRÊTÉ

Le gouverneur du Dahomey et dépendances commandeur de la Légion d'honneur;

Vu l'arrêté du 6 janvier 1893 et l'instruction y annexée, portant constitution d'agences spéciales dans divers postes des établissements français du Bénin, et les décisions postérieures;

Attendu qu'il importe pour le bon fonctionnement du service, non seulement de refondre en un seul acte les différentes dispositions régissant les agences spéciales, mais encore d'y apporter certaines modifications rendues nécessaires par la nouvelle organisation de la colonie;

Vu le décret du 22 juin 1894;

Arrête :

Article premier. — Des agences spéciales, chargées de tous les mouvements de fonds nécessaires pour l'encaissement des recettes et l'acquittement des dépenses des budgets colonial et local sont constituées dans les villes et postes ci-après :

Kotonou;
Ouidah;
Grand-Popo;
Abomey;
Savalou;
Dogba;

Art. 2. — Les encaisses de ces diverses agences sont fixées aux sommes ci-après :

Kotonou	80.000 francs
Ouidah	80.000 —
Grand-Popo	30.000 —
Abomey	30.000 —
Savalou	30 000 —
Dogba	10.000 —

Art. 3. — Les fonctions d'agent spécial sont exercées dans les localités où le service administratif est représenté par l'officier ou l'employé du commissariat chargé de ce service, dans les autres localités, par un fonctionnaire ou officier désigné par le gouverneur.

Art. 4. — Les indemnités à allouer aux officiers ou fonctionnaires chargés des fonctions d'agent spécial sont fixées ainsi qu'il suit :

A Cotonou et Ouidah	1.500 francs par an
A Grand-Popo, Abomey et Savalou	1.000 —
A Dogba	480 —

Art. 5. — Les indemnités mentionnées à l'article 4 ci-dessus, sont imputées savoir : celles des agents spéciaux de Cotonou, Ouidah, Abomey et Dogba, sur les crédits du chapitre 27 du budget colonial (frais d'occupation du Dahomey), celles des agents spéciaux de Grand-Po o et Savalou, sur les fonds du budget local du Dahomey.

Art. 6. — Un bureau central d'apurement établi à Porto-Novo, contrôle la validité des opérations effectuées par les agents spéciaux, centralise et prépare la liquidation dans les formes réglementaires, de toutes les pièces de recettes et de dépenses présentées par ces derniers.

Ce bureau est dirigé par un officier du commissariat qui reçoit à ce titre une indemnité annuelle de 1.500 fr., imputable sur les credits du chapitre 27 du budget colonial.

Art. 7. — Le chef du service administratif est chargé de l'exécution du présent arrêté qui sera inséré au *Journal Officiel* de la colonie, communiqué et enregistré partout où besoin sera.

Porto-Novo, le 30 octobre 1894.

Victor BALLOT.

Par le gouverneur
Le chef du service administratif
LALLIER DU COUDRAY.

Service des douanes. — Les postes de Douanes d'Agoué et de Grand-Popo furent les premiers créés sur la Côte, en 1887. Ils dépendaient du Gouvernement du Sénégal et jusqu'en 1889 leurs recettes furent effectuées pour le compte de cette colonie. Le décret du 1er août 1889 ayant organisé les Rivières du Sud et dépendances (Etablissements français du golfe de Bénin) le produit des taxes fut réservé à cette nouvelle colonie, dépendant toujours cependant du Sénégal.

Un arrêté en date du 15 septembre 1889, rendant applicable au territoire de Porto-Novo le décret du 6 août 1881, concernant les patentes, et les agents des douanes ayant été autorisés par le gouverneur du Sénégal à remplir les fonctions de percepteurs de contributions, un agent fut détaché d'un poste des Popos et rappelé à Porto-Novo où fut alors créé un bureau des douanes. Ce bureau ne perçut, en réalité, tout d'abord que les droits de patente, auxquels vinrent s'ajouter bientôt les droits d'ancrage établis par arrêté du 12 décembre 1889, à compter du 1er janvier 1890. Ce droit est de 0 fr. 50 par tonneau pour les bâtiments français et de 1 fr. par tonneau pour les bâtiments étrangers, à l'entrée dans les ports *intérieurs* de la colonie.

Les taxes diverses, (droits d'ancrage), patentes et droits de douanes à Grand-Popo et Agoué), constituèrent les premiers revenus de la colonie et furent fixés pour le budget de 1890, à *123,000 francs*. Il fut réalisé cette année : *203,605 fr. 91*.

Le 5 mars 1890 fut promulgué dans la Colonie du Bénin, le décret du 6 février 1890 approuvant l'arrangement conclu entre la France et l'Allemagne pour l'établissement d'un régime douanier commun aux possessions des deux pays, à la Côte des Esclaves. (Arrangement du 28 mai 1887.)

L'article 1er de ce décret spécifiait que les possessions françaises et allemandes de la Côte des Esclaves formeraient un territoire douanier unique, sans ligne de douane séparative, de sorte que les mêmes droits y étaient perçus; les marchandises qui les avaient acquittés sur l'un des territoires pouvaient être introduites dans l'autre sans avoir à supporter de nouvelles taxes.

Ces taxes étaient les suivantes :

Genièvre, par caisse de 8 litres	au-dessous de 40°	0 80
	de 40° à 50°.......	1 20
	au-dessus de 60°..	2 »
Rhum, par litre...............	au-dessous de 40°	0 04
	de 40 à 60°........	0 06
	au-dessus de 60°..	0 10
Tabacs, le kilogramme...........................		0 25
Poudres, par 100 livres anglaises (45 kil. 40).........		6 25
Fusils, la pièce..................................		1 25
Sel, par tonne de 1,000 kil..........................		10 »

Ce nouveau régime douanier entrait en vigueur, en même temps sur les territoires français et allemand, à partir du 15 mars 1890 et était établi pour la durée d'un an. Il ne comprenait que les possessions de deux Etats situées sur la Côte des Esclaves entre les possessions anglaises de la Côte d'Or à l'Ouest et l'ancien Royaume du Dahomey à l'Est.

Jusqu'à cette date aucune taxe de douanes ne frappait les marchandises importées dans le protectorat de Porto-Novo.

Le décret du 1er avril 1890, promulgué par arrêté du 3 avril 1890, établit, par extension, sur les territoires de Porto-Novo et de Cotonou, les droits appliqués dans la région des Popos. Cette mesure eut son effet à compter du 1er mai 1890. Le bureau des douanes de Cotonou était créé à cette époque.

Ce tarif reçut une première modification en avril 1892 (Arrêté du 9 avril 1892). La taxe de consommation sur les alcools fut portée à 15 francs par hectolitre à 50° avec augmentation ou diminution proportionnelle pour chaque degré d'alcool en plus ou en moins.

La campagne du Dahomey amena l'annexion aux possessions de la République française des territoires de Ouidah-Avrékété, Godomey, etc... Des bureaux de douanes furent installés dans ces trois centres (Arrêté du 5 décembre 1892). Ces territoires séparaient la région des Popos de celle de Porto-Novo et partageaient ainsi notre colonie en deux tronçons. Désormais, les diverses possessions formant les établissements rançais du Golfe de Bénin étaient reliées entre elles. Il devint alors nécessaire de déterminer les nouvelles limites Est du territoire douanier visé dans l'arrangement franco-allemand. C'est dans ce but que fut pris l'arrêté du 10 décembre 1892 divisant, au point de vue douanier, la colonie en deux zones distinctes :

1°. — La zone s'étendant du méridien passant par la pointe Ouest de l'île Bayol (frontière du Togo) jusqu'à la rivière Ahémé à l'Est.

2°. — La zone s'étendant de la rivière Ahémé à l'Ouest jusqu'à la frontière franco-anglaise à l'Est.

Les arrêtés des 5 mars 1890 et 9 avril 1892 étaient appliqués dans la première zone ; ceux des 3 avril 1890 et 9 avril 1892 dans la seconde. Les facilités de transit accordées à la première zone (arrêté du 5 mars 1890) ne s'étendaient pas à la deuxième zone qui restait absolument libre de modifier ses taxes.

L'arrêté du 25 décembre 1892, remania le tarif alors en vigueur, et les taxes de consommation perçues à l'entrée dans les établissements et protectorats du Bénin, compris dans la deuxième zone, furent les suivantes :

1° Rhums, tafias, spiritueux de toute nature :

Par hectolitre de 0° à 30°.................. 10 francs

— de 31° à 50°................ 15 —

Avec augmentation proportionnelle pour chaque degré d'alcool en plus.

2° Genièvre :

Par caisse de huit litres, de 0° à 30°....... 2 francs

— 31° à 50°....... 3 —

Avec augmentation proportionnelle pour chaque degré d'alcool en plus.

Les taxes fixées par les arrêtés des 5 mars 1890 et 9 avril 1892, continuèrent à être appliquées dans la première zone jusqu'en mars 1893, époque à laquelle, sur la dénonciation du gouvernement impérial d'Allemagne, les deux zones douanières établies par arrêté du 10 décembre 1892 furent supprimées. Les dispositions de l'arrêté du 25 décembre 1892 furent alors étendues à la région des Popos, comprise entre la frontière allemande et la rivière Ahémé.

De là, date l'unification des droits ds douanes dans les établissements du Golfe de Bénin.

Ces droits furent en partie modifiés par arrêté du 19 avril 1893. Les nouvelles taxes devinrent sur les :

Tabacs........................ 0 fr. 35 le kilog.

Armes de traite............... 2 francs pièce.

Poudre de traite............... 0 fr. 50 le kilog.

Sel.......................... 10 francs la tonne.

L'extension toujours croissante de la colonie amenant un surcroît de dépenses, il devint nécessaire d'augmenter les revenus du pays. Les transactions commerciales devenaient de plus en plus prospères, au fur et à mesure que la tranquillité revenait parmi les indigènes. Il fut alors possible d'opérer une légère augmentation de droits sur les alcools, en même temps que l'on taxa les tissus de toute provenance d'un droit *ad valorem* de 10 0/0 (Arrêté du 10 avril 1894).

Les taxes furent alors, pour :

1° Genièvre. — La caisse de huit litres et au-dessous de :

0°, à 20°	2 francs.
21° à 50°	3 —

Au-dessus de 50°, augmentation proportionnelle de 0 fr. 06 par caisse et par degré.

2° Rhums, alcools, tafias, spiritueux de toute nature :

De 0° à 10°	par hectolitre	3 francs.
11° à 20°	—	6 —
21° à 40°	—	12 —
41° à 50°	—	15 —

Au-dessus de 50°, augmentation proportionnelle de :

51° à 70°	par hectolitre et par degré	0 fr. 40
71° à 90°	—	0 fr. 50
Au-dessus de 90°	—	0 fr. 60

3° Les alcools, rhums, tafias, et spiritueux de toute nature, importés en dames-jeannes ou estagnons furent soumis aux taxes des alcools, etc., plus une surtaxe de 0 fr. 05 par litre.

Ces dispositions furent surtout adoptées dans le but de favoriser les importations françaises. Les commerçants étrangers recevant seuls des alcools à degré élevé et en dames-jeannes ou estagnons.

C'est dans ce même ordre d'idées que fut pris l'arrêté du 17 décembre 1894 qui porta la taxe :

Sur les sels marins (provenance française) à 6 francs la tonne.
— gemmes (provenance étrangère) à 14 — —

Un arrêté du même jour applique une taxe de consommation de 4 0/0 de la valeur augmentée de 25 0/0 sur tous les produits autres que ceux dénommés dans les arrêtés précités et non compris dans le tableau des marchandises exemptes, et importés ou fabriqués dans la colonie.

Hôtel des douanes à Porto-Novo

Ces divers arrêtés réglant dans la colonie la perception des taxes de consommation furent réunis en un seul acte : l'arrêté du 1er mai 1895.

Au mois de mars 1897, le département ayant demandé de remplacer le droit *ad valorem* sur les tissus par un droit spécifique, il fut établi par arrêté du 19 mai 1897 une taxe fixe de 0 fr. 10 par mètre. Mais on se rendit vite compte combien cette taxe était peu pratique. Il fallait pour que le service put procéder à la vérification, déballer les caisses et balles de tissus, presque tous des tissus teints ou imprimés, de qualité inférieure, qui, n'étant plus préservés du contact de l'eau, se détérioraient aussitôt. Quoique pour éviter les réclamations du commerce, on n'employa cette mesure que dans les cas forcés, on fût obligé néanmoins, dans l'intérêt de tous, de rechercher une autre taxe plus rationnelle. L'arrêté du 25 septembre 1897, remplaça, en effet, le droit de 0 fr. 10 par mètre par un droit de 0 fr. 50 par kilog. De la sorte, les principales difficultés produites par la taxe au mètre étaient écartées.

L'entrepôt fictif établi dans les postes de Cotonou, Ouidah et Grand-Popo, par arrêté du 31 juillet 1898, eut les meilleurs effets pour le commerce qui, recevant à la fois de très grandes quantités de marchandises, était obligé d'en acquitter aussitôt les droits. Le régime de l'entrepôt lui permit d'éviter ces avances de droits, c'est-à-dire de ne les acquitter qu'au fur et à mesure de la vente des produits.

Une autre transformation utile fut opérée dans notre tarif par l'arrêté du 9 octobre 1898. On a pu remarquer que la taxe sur les alcools imposait plus fortement les spiritueux à degré élevé. Au moment où ce tarif fut élaboré, seules, les maisons étrangères importaient cette qualité d'alcool. Cette mesure avait donc pour effet d'avantager les maisons françaises. Mais, par la suite, des changements se produisirent. Les maisons étrangères de même que les maisons françaises recevaient aussi bien des alcools doubles ou triples. L'avantage qui avait été fait à ces dernières disparut ainsi. Cela permit à la colonie d'adopter pour cette catégorie de marchandises une taxe unique qui fut fixée à 44 francs l'hectolitre d'alcool pur.

Ce droit fut lui-même modifié (arrêté du 22 juin 1899) et

porté à 90 francs l'hectolitre d'alcool pur, à la suite de la mise en application par anticipation des travaux de la conférence de Bruxelles.

Organisation du service. — Le service des douanes du Dahomey comporte des agents du cadre métropolitain et des agents du cadre local.

Il se divise en deux branches, le service sédentaire et le service actif, qui assurent indistinctement la perception des taxes et la surveillance des frontières.

Personnel. — Le personnel est placé sous les ordres d'un vérificateur, chef de service, ayant sous ses ordres :

2 commis pour le service des bureaux;

6 brigadiers;

8 sous-brigadiers;

10 préposés.

Des interprètes indigènes et des canotiers; ces derniers, appartenant au cadre local, ne sont pas soumis à la retenue pour la retraite. Ces agents sont répartis dans les sept bureaux que comprend la colonie, qui sont par ordre d'importance Cotonou, Porto-Novo, Grand-Popo, Ouidah, Agoué, Athiémé, Savé et dans d'autres postes moins importants : Topli, Apamagbocoujy, Jounouguy, Vodomé, Agomé-Seva, Adjarra et Nokoué.

TAXES DE CONSOMMATION

Le tarif de la métropole n'est pas appliqué dans la colonie. Un arrêté du 23 juin 1899 à fixé au Dahomey le tarif des taxes de consommation actuelles. Il n'existe pas de droit à la sortie.

ANCRAGE

Il existe également dans la lagune allant de Porto-Novo à Lagos un droit d'ancrage de 1 franc par tonneau pour les bâtiments étrangers et de 0 fr. 50 par tonneau pour les bâtiments français.

AGENCE SANITAIRE. — VÉRIFICATION DES POIDS ET MESURES

Dans la plupart des ports, la douane assure le service de l'agence sanitaire. Elle est aussi chargée de la vérification des poids et mesures.

TAXES DE CONSOMMATION. — (ARRÊTÉ DU 22 JUIN 1899)

Les taxes de consommation, telles qu'elles ont été établies par l'arrêté du 22 juin 1899, sont fixées ainsi qu'il suit :

Tabacs	0 fr. 50 le kilog.
Poudre	0 fr. 50 —
Fusils de traite	2 fr. pièce.
Sel marin	6 fr. la tonne de 1000 kilog.

Sel gemme, 14 francs la tonne de 1000 kg.

Tissus 0 fr. 50 par kilo ;

Genièvre de 0° à 20° 0 fr. 50 le litre ;

Genièvre de 21° à 50° 0 fr. 75 le litre ;

Au-dessus de 50°, augmentation proportionnelle de 0 fr. 015 par litre et par degré.

Alcools. — 0 fr. 90 par hectolitre et par degré.

Autres marchandises ad valorem à 4 0/0, augmentée d'une majoration de 25 0/0.

Imprimés : 0 fr. 25 par feuille.

Les alcools en estagnons acquittent une surtaxe de 0 fr. 05 par litre ; ceux contenus dans des bouteilles quadrangulaires acquittent une surtaxe de 0 fr. 15 par litre.

Navigation { 1 fr. par tonneau pour les bâtiments étrangers ;
0 fr. 50 par tonneau pour les bâtiments français.

Les armes de précision qui acquittent la taxe de 4 0/0 ne peuvent être importées à la Colonie que sur autorisation du secrétaire général.

Les spiritueux de toute nature contenus en dames-jeannes ou estagnons aquittent une surtaxe de 0 fr. 05 par litre. Ceux contenus dans des bouteilles quadrangulaires acquittent une surtaxe de 0 fr. 15 par litre.

Exemptions. — Certaines marchandises ont été exemptées des taxes de consommation. Ci-dessous leur désignation ;

Animaux vivants ;

Amandes de palme ;

Approvisionnements destinés aux services et aux bâtiments de l'Etat ;

Armes et munitions de guerre proprement dites ;

Bois, fer, fonte et boulons pour constructions ;

Charbons de terre ;

Chaux, ciment, plâtre, pierres, sable, briques, ardoises et feutre pour couvertures, verres à vitres ;

Effets à l'usage des voyageurs ;

Effets d'habillement, d'équipement pour les troupes et d'uniformes pour les fonctionnaires ;

Emballage servant à l'exportation des marchandises ;

Embarcations à vapeur ou autres ;

Fruits et graines ;

Fûts, futailles en bottes ou en cercles ;

Huile de palme ;

Instruments aratoires ;

Instruments de précision, de musique et de mathématiques ;

Légumes frais ;

Livres et registres imprimés, musique, étiquettes imprimées ;

Machines à vapeur ou autres, chaudières à vapeur et pièces détachées de machines ;

Maïs, manioc et ignames ;

Matériel pour les services publics et de l'Etat :

Médicaments ;

Monnaies ayant cours légal ;

Noix de cocos et de kolas ;

Objets mobiliers ;

Ocres, tôles ondulées, clous à zinc et à feutre ;

Ornements d'église et objets destinés au culte ;

Outils, instruments d'art ou de mécanique :

Poissons frais et viandes fraîches.

ENTREPÔT FICTIF

Par un arrêté du 31 juillet 1898, l'entrepôt fictif a été établi dans les ports de Cotonou, Ouidah et Grand-Popo, conformément aux dispositions adoptées dans la Métropole.

COLIS POSTAUX

Les colis postaux étaient précédemment délivrés par les soins du service des postes. Sur un rapport du chef du service des douanes signalant par ce moyen l'importation d'armes destinées aux indigènes et vu le nombre croissant des colis postaux qui n'étaient encore soumis à aucune taxe de onsommation, un arrêté en date du 25 octobre 1897 a décidé que les colis, dorénavant, seraient remis par la poste au service des douanes, celui-ci devant s'assurer de l'identité des colis et de leur contenu qui serait soumis aux taxes. Le bureau des douanes de Porto-Novo a été chargé de la délivrance des colis pour le Nord et celui de Cotonou de ceux destinés pour la côte.

Régime des produits du cru à leur entrée dans la métropole (décret du 30 juin 1892.) — L'article 3 du paragraphe 2 de la loi du 11 janvier 1892, excepte entre autres le Dahomey (territoires français de la Côte occidentale d'Afrique) du régime du tableau E annexé à la susdite loi. Il y est dit toutefois que des exemptions et détaxes pourront être accordées à des produits naturels ou fabriqués originaires des établissements susvisés suivant la nomenclature arrêtée pour chacun d'eux par des décrets rendus en Conseil d'Etat.

Les produits de la colonie admis à ce régime de faveur sont déterminés par le décret du 30 juin 1892, qui exempte à l'entrée en France, ou admet au bénéfice de la détaxe, les produits suivants, originaires de la colonie :

Huiles de palme, de touloucouna, d'illipé et de palmiste : exempts.

Bois à construire ou d'ébénisterie et bois odorants : exempts.

Café : Moitié du tarif métropolitain.

Les produits naturels ou fabriqués originaires de la colonie, ne bénéficiant, ni de l'exemption ou de la détaxe, sont soumis au droit du tarif minimum. Les défenses d'éléphants (défenses et machelières), le caoutchouc et les amandes de palme sont exempts de droit à leur entrée en France.

Service des postes et télégraphes. — Le service des postes et télégraphes est assuré dans la colonie du Dahomey et dépendances par des fonctionnaires et agents de la métropole, des agents locaux et, dans les localités où il n'existe pas d'agent des postes, par le personnel administratif.

Sur la côte :

Les bureaux ouverts au double service de la poste et du télégraphe et gérés par des agents métropolitains ou locaux sont :

Cotonou.........	Date d'ouverture :	1er juillet 1890
Abomey-Calavi..	—	1er juin 1898
Ouidah..........	—	18 mai 1893
Grand-Popo.....	—	—
Agoué...........	—	1er août 1895

Et, en remontant vers le Nord :

Porto-Novo (chef-lieu)	ouvert le	1er juillet 1890
Dogba...............	—	15 novembre 1894
Sagon................	—	20 janvier 1897
Zagnanado............	—	—
Savalou..............	—	26 avril 1897
Carnotville...........	—	16 août 1897
Parakou..............	—	14 avril 1899
Djougou..............	—	12 février 1898
Kouandé..............	—	12 août 1898
Konkobiri............	—	6 septembre 1898
Diapaga..............	—	4 octobre 1898
Miatiacouali..........	—	12 novembre 1898
Fada N'Gourma......	—	23 janvier 1899

Deux agences postales existent à Abomey et Athiémé.

Un service journalier de courriers partant du chef-lieu est établi sur la côte suivant l'itinéraire ci-après.

ALLER				RETOUR		
Bureaux	Arrivée	Départ	Durée du trajet	Bureaux	Arrivée	Départ
Porto-Novo...	»	6 h. soir	12 h.	Illacondji.....	»	midi
Cotonou......	6 h. m.	6 h. 30m	12	Agoué.......	1 h. soir	1 h. soir
Ouidah........	7 h. soir	7 h. soir	12 1/2	Grand-Popo ..	5 h. soir	5 h. soir
Grand-Popo ..	7 h. m.	7 h. m.	12	Ouidah........	7 h. m.	8 h. m.
Agoué.........	11 h. m.	11 h. m.	4	Cotonou.. ...	6 h. soir	9 h. m.
Illacondji. ...	midi	»	1	Porto-Novo...	4 h. soir	»

Le bureau d'Abomey-Calavi fait l'échange de sa correspondance à Godomey point situé sur la route de Cotonou à Ouidah.

A Illacondji, village frontière a lieu l'échange des correspondances avec la colonie allemande du Togo.

La voie fluviale est employée de Porto-Novo à Cotonou et de Ouidah à Grand-Popo; le reste du transport est assuré par des piétons.

Le service des correspondances circulant entre Porto-Novo et le Haut-Dahomey ou *vice-versa* est réglé comme suit :

1° *De Porto-Novo à Carnotville.*

Départ de Porto-Novo pour Dogba et Zagnanado trois fois par semaine (lundi, mercredi et vendredi soir). Les correspondances expédiées le *vendredi soir* sont acheminées de la manière ci-après sur Fada N'Gourma où elles parviennent en 28 jours :

ALLER				RETOUR			
BUREAUX	Arrivée	Départ	Durée du Trajet	BUREAUX	Arrivée	Départ	Obser.
Porto-Novo.....	»	vend. s.	36h	Fada N'Gourma	»	lundi s.	La voie fluviale est employée entre Porto-Novo et Zagnanada (Sagon), les porteurs sont utilisés pour l'autre partie du trajet.
Zagnanado	dim. m	lundi m.	36	Matiacouali	mer. s.	jeudi m.	
Abomey..	lundi s.	mar. m.	12	Diapaga.......	sam. s.	dim. m.	
Savalou...... .	jeudi m.	jeu. midi	48	Konkobiri	mardi s.	mer. m.	
Carnotville.. ..	dim. s.	lundi m.	78	Kouandé.......	sam. s.	dim. m.	
Djougou..... ..	jeudi s.	ven. m.	84	Djougou.	lundi s.	mar. m.	
Kouandé..	sam. s.	dim. m.	36	Carnotville.....	ven. s.	sam. m.	
Konkobiri	mer. s.	jeudi m.	84	Savalou........	lundi s.	mar. m	
Diapaga........	sam. s.	dim. m.	60	Abomey...... ..	mer. s.	jeudi m.	
Matiacouali.....	mar s.	mer. m.	60	Zagnanado......	jeudi s.	ven. m.	
Fada N'Gourma	vendr.	»	54	Porto-Novo.....	dim. m.	»	

2° De Carnotville à Parakou

Départ : Les lundi, mercredi et vendredi de chaque semaine.

3° De Parakou à Carnotville

Départ : Les mardi, jeudi et samedi de chaque semaine.

Le transport de correspondances entre Parakou et le Niger se fait à l'aide de cavaliers choisis parmi les troupes stationnées dans le Haut-Pays.

Les piroguiers et les piétons qui assurent le service des courriers dans la colonie sont recrutés dans le voisinage des routes à parcourir.

Ils reçoivent une solde mensuelle variable suivant les points.

Ce mode de recrutement très simple assure un fonctionnement très régulier du service.

COMMUNICATIONS POSTALES EXTÉRIEURES.

Les communications postales avec l'Europe existent d'une manière régulière.

Au départ

1° Le 2 ou 3 de chaque mois par la Compagnie des Chargeurs-Réunis de Bordeaux (arrivée probable à Bordeaux le 20).

2° Le 23 ou 24 de chaque mois par la Compagnie Fraissinet de Marseille, (arrivée probable à Marseille le 14)

3° Par « Woermann Linie » Via Plymouth quittant Petit-popo (Togo) le 7 de chaque mois.

A l'arrivée

1° Le 2 ou 3 de chaque mois par les Chargeurs-Réunis (départ de Bordeaux le 15).

2° Le 15 de chaque mois par la Compagnie Fraissinet (départ de Marseille le 25).

Bureau des postes, télégraphes et téléphones, à Cotonou

3° Du 4 au 6 de chaque mois par la voie allemande du Togo.

Quelques correspondances pour l'Europe prennent la « voie Lagos à des dates indéterminées.

Cette voie serait beaucoup plus employée si les dates de départ et d'arrivée étaient mieux fixées ; les bateaux faisant cette ligne ayant une affectation exclusivement commerciale arrivent et partent plus tôt ou plus tard suivant l'intérêt du frêt.

Les arrivées « Voie Lagos » sont beaucoup plus importantes que les départs, une partie des correspondances destinées au Togo employant cette voie et transitant par le Dahomey.

Télégraphe. — Les lignes télégraphiques ont pris depuis la fin de l'année 1896 une grande extension.

Le réseau qui comportait à ce moment environ 200 kilomètres atteint aujourd'hui une longueur de plus de 1.500 kilomètres.

Il s'étend :

1° De Porto-Novo au Togo (colonie allemande) mettant en relation tous les bureaux de la Côte (Cotonou, Abomey-Calavi, Ouidah, Grand-Popo-Agoué, et le Togo).

C'est par cette ligne que le Togo transmet ses câblogrammes à Cotonou où ils entrent dans le réseau international.

2° De Porto-Novo à Fada N'Gourma ou il est relié au réseau du Soudan.

Cette 2e ligne dessert les bureaux du Dogba, Sagon, Zagnanado, Savalou, Carnotville, avec prolongement sur Parakou (Borgou) Djougou, Kouandé, Konkobiri, Diapaga, Matiacouali et Fada (Gourma).

Le réseau télégraphique prendra très incessamment un développement beaucoup plus considérable ; des constructions nouvelles, dont les travaux sont commencés, sont, en effet, projetées, reliant :

1° Diapaga à Say (Niger).

2° Parakou au Niger par Nikki et Kandi.

3° Savalou à Ouidah par Abomey et Allada.

Enfin le jour où la transmission des câblogrammes pourra se faire par la voie terrestre Soudan Dahomey, il sera nécessaire de doubler la ligne Fada N'Gourma Porto-Novo et de relier cette dernière ville à Lagos par une voie aérienne de façon à faire bénéficier le Dahomey des taxes de transit de Lagos comme il profite déjà de celles du Togo.

Le prix des câblogrammes via Soudan ne sera en effet que de 1 fr. 70 par mot au lieu de 7 fr. 65 tarif du câble, il n'y aura par suite pas de concurrence possible.

Actuellement le Dahomey écoule un grand nombre de transmissions voie Soudan Sénégal.

Téléphone. — Le réseau téléphonique est limité actuellement aux seuls bureaux de Porto-Novo, Cotonou, Abomey-Calavi, Ouidah et Grand-Popo.

La taxe est fixée à 50 centimes par 5 minutes de conversation.

Le réseau téléphonique urbain de la Ville de Porto-Novo va recevoir un commencement d'exécution ; le matériel est en partie arrivé dans la colonie.

Communications extérieures. — Les télégrammes pour l'extérieur sont transmis par la station de la « West African Company Limited » installée à Cotonou.

Ces câblogrammes sont déposés et taxés aux bureaux de la colonie, qui les font parvenir à cette station.

1° *Pour l'intérieur de la colonie* :

Tarif des correspondances postales. — Lettres ordinaires : 15 centimes par 15 grammes ou fraction de 15 grammes.

Autres objets de correspondances : 5 centimes par 50 grammes ou fraction de 50 grammes.

Maximum de poids	Echantillons :	350 grammes
	mprimés.	3 kilogr.
	Journaux.	
	Papiers d'affaires.	

Dimensions :	Echantillons :	30 centimètres.
	Imprimés :	45 centimètres.

Colis postaux. — Le service des colis postaux sans déclaration de valeur et du poids maximum de 5 kilog. existe entre la colonie et l'extérieur.

Voies terrestres

Tarif des correspondances télégraphiques. — La taxe des télégrammes circulant dans la colonie est fixée à 10 centimes par mot avec minimum de 1 franc.

Il est délivré sur demande un récépissé de dépôt moyennant une taxe supplémentaire de 0 fr. 10.

Tout expéditeur peut affranchir la réponse qu'il demande à son correspondant en inscrivant sur la minute de son télégramme l'indication taxée R. P. ou réponse payée ou (réponse payée X mots), la réponse payée est taxée au même taux par mot que la dépêche à laquelle elle se rapporte.

Les bons non utilisés sont remboursables dans le délai de six semaines.

Les télégrammes multiples avec collationnement, accusé de réception, à faire suivre, poste restante ou télégraphe restant sont acceptés ainsi que les télégrammes de l'intérieur de la colonie à mettre à la poste à Cotonou pour l'extérieur.

Les télégrammes par exprès sont admis, mais il est perçu des arrhes pour le prix de cet exprès.

Le règlement de ces arrhes est effectué ultérieurement d'après les ndications fournies par le bureau d'arrivée.

La taxe pour le Soudan et le Sénégal est de 0 fr. 20 par mot, avec minimum de 1 franc. Ce tarif sera étendu au fur et à mesure que l'achèvement des lignes le permettra aux correspondances télégraphiques avec la Guinée et la Côte d'Ivoire.

Télégrammes pour le Togo (colonie allemande)

La taxe des télégrammes à destination du Togo est fixée à 25 centimes par mot, sans minimum.

CABLOGRAMMES POUR L'EXTÉRIEUR

Taxe par mot pour les pays suivants par les deux voies

DESTINATIONS	VOIE TÉNÉRIFFE OU ST-VINCENT		VOIE LOANDA	
France, Danemark, Luxembourg, Pays-Bas Italie	7	95	16	50
Allemagne, Belgique, Malte	7	90	16	50
Autriche, Bulgarie, Grèce, Montenegro, Norwège, Serbie, Roumanie	8	05	16	50
Espagne	7	55	16	50
Grande-Bretagne	7	80	16	50
Portugal	7	60	16	50
Russie	8	20	16	50
Suède, Suisse, Turquie	8	»	16	50
Madagascar	14	55	10	55
Algérie	7	90	16	50
Tunisie	8	»		
Colonie du Cap, Natal, Durban	13	70	7	30
Côte d'Ivoire — Grand Bassam	1	80	22	45
Côte d'Ivoire — autres bureaux	2	»	22	65
Côte d'Or — Accra	1	15	23	60
Côte d'Or — autres bureaux	1	35	23	80
Congo Français — Libreville	1	80	23	95
Guinée Française — Conakry	1	80	21	85
Lagos	1	15	25	70
Sénégal	4	10	18	05

Service des travaux publics. — Le service des travaux publics au Dahomey avait été organisé primitivement par un arrêté du 27 août 1894, qui prévoyait :

1 Ingénieur,

1 Sous-Ingénieur :

4 Conducteurs.

1 Dessinateur.

1 Garde-Magasin.

6 Surveillants.

2 Magasiniers.

Mais l'expérience ne tarda pas à démontrer que la composition de ce personnel ne répondait nullement ni aux ressources, ni surtout aux besoins de la colonie, la plupart des grands travaux devant comme la construction des wharfs, être confiés à des Compagnies privées, ou comme le chemin de fer placés sous la direction d'officiers du génie.

En outre la nature du bas pays, plat, peu accidenté, où il n'y avait guère à faire que des travaux d'appropriation plutôt que des travaux d'art, n'exigeait point un personnel technique aussi nombreux et aussi coûteux.

En 1896, la situation budgétaire de la colonie se trouvant quelque peu embarrassée, tant par suite de deux mauvaises récoltes successives que des dépenses provoquées par les missions du Haut-Dahomey, ce personnel fut considérablement réduit.

Enfin, un décret du 3 juin 1899, ayant organisé sur des bases nouvelles le personnel des travaux publics de nos établissements d'outre mer, la colonie en profita pour fixer à nouveau la composition du personnel de ce service qui comporte actuellement :

1 Conducteur principal, chef de service,
1 Conducteur de troisième classe,
1 Commis de première classe,
1 Commis de troisième classe,
1 Commis de quatrième classe,
1 Comptable,
2 Surveillants.

Ce personnel est très suffisant.

Nous donnons, ci-dessous, les dispositions encore en vigueur de l'arrêté primitif du 25 août 1894.

ARRÊTÉ *réglementant le service des travaux publics de la colonie du Dahomey et dépendances*

Le gouverneur du Dahomey et dépendances, commandeur de la Légion d'honneur ;

Vu les décrets des 10 mars 1893 et 22 juin 1894, portant constitution de la colonie du Dahomey et dépendances, ensemble l'article 51 de l'ordonnance organique du 7 septembre 1840;

Considérant la nécessité de réglementer le service des travaux publics, en vue d'une exacte répartition du personnel sur les chantiers de la colonie et de la bonne exécution des travaux projetés;

Sur la proposition du secrétaire général;

Arrête :

Du personnel

Article premier. — Le service des travaux de la colonie est dirigé par un conducteur principal ayant sous ses ordres le personnel de conducteurs et de surveillants nécessaires à la bonne exécution du service.

Ce personnel est placé, au point de vue administratif, dans les attributions du secrétaire général.

Son action s'étend sur tout le territoire de la colonie, qui est divisée, pour les facilités du service, en deux circonscriptions.

La première circonscription, qui a pour siège Porto-Novo, comprend le royaume de Porto-Novo et les territoires annexés de Cotonou, Godomey, Abomey-Calavi et Avrékété.

La seconde circonscription, dont le siège est Ouidah, comprend les territoires de Ouidah, de Grand-Popo et d'Agoué.

La limite Ouest de la première circonscription est Avrékété.

Du chef de service

Art. 3. — Le chef de service, a autorité sur tout le personnel des travaux publics. Il s'assure, par de fréquentes tournées, que les chefs de circonscriptions et les délégués des travaux dans les postes s'acquittent régulièrement des obligations de leurs fonctions et de leurs diverses attributions; il centralise les rapports que lui adressent ces agents et présente un rapport sommaire hebdomadaire au secrétaire général.

Ce rapport indique la marche des travaux, leur degré d'avancement, les travaux entrepris, le nombre d'ouvriers employés sur chaque chantier.

Art. 4. — Le chef de service, a la haute direction de tous les travaux et chantiers de la colonie. Il établit ou fait établir par le personnel sous ses ordres les projets, plans et devis des travaux à exécuter; fait procéder aux études préalables et les contrôle par lui-même; propose les voies et moyens pour l'exécution des travaux; prépare le plan de campagne annuel et indique l'ordre de priorité des travaux.

Il prépare les cahiers des charges, marchés de fournitures, locations de matériel, etc.

Il fait exercer une surveillance active sur les routes, canaux, ponts et ponceaux, et s'assure de leur bon état d'entretien. Il propose les rectifications aux tracés de route, fait étudier les voies nouvelles à ouvrir.

Il donne les alignements, établit les plans de ville et veille à ce que les constructions n'empiètent pas sur les rues, places, etc. Aucune construction ne peut être édifiée, dans l'intérieur des villes, sans que l'emplacement ait été délimité par lui ou un de ses délégués.

Il propose au secrétaire général de fixer les salaires des ouvriers, en tenant compte, d'une part, de la valeur professionnelle des sujets, et, d'autre part, des prix de salaires accordés par l'industrie privée et les particuliers.

Il tient la main à ce que les chefs de circonscription lui fassent parvenir journellement un état des ouvriers employés dans leur circonscription, avec la répartition de ces ouvriers par chantiers. Cet état est transmis par lui au secrétaire général.

Des chefs de circonscription

Art. 5. — Dans chaque circonscription, un conducteur assure le service, sous la haute direction du chef de service. Ce conducteur prend le titre de chef de circonscription.

Il a sous ses ordres les conducteurs, surveillants et ouvriers nécessaires à la bonne exécution du service.

Art. 6. — Les chefs de circonscription prennent les ordres du chef de service, pour tous les travaux à exécuter. Ils lui soumettent les plans, devis de tous les travaux projetés dans leur circonscription et en général toutes les études qu'ils sont chargés de faire.

Ils le tiennent au courant. au moyen de rapports quotidiens, de tout ce qui se produit sur les chantiers dont ils ont la direction. Ils indiquent le nombre des ouvriers employés et leur répartition par chantier.

Ils surveillent activement les chantiers et se transportent fréquemment sur tous les points où des travaux sont exécutés.

Ils veillent à ce que les états de salaires soient régulièremen dressés et transmis à l'ingénieur, chef de service.

Il est tenu pour chaque ouvrage une feuille spéciale sur laquelle sont inscrites les journées d'ouvriers, les matériaux employés, etc., pour l'exécution de l'ouvrage.

Chaque chef de chantier tient un casernet spécial pour tous les travaux qui lui sont confiés.

Les chefs de circonscription veillent à ce que les feuilles d'ouvrages, de journées et casernets soient régulièrement tenues.

Il est expressément défendu aux chefs de circonscription d'engager aucune dépense sans l'autorisation du chef de service, qui, avant de donner cette autorisation, prend les ordres du secrétaire général.

Art. 7. — A la fin de chaque mois, les chefs de circonscription font parvenir à l'ingénieur, chef de service, un rapport d'ensemble sur la marche du service pendant le mois.

Nomination. — Avancement. — Solde

Art. 8. — Le personnel des conducteurs est nommé et avancé par le ministre des colonies, sur la proposition du gouverneur. Les règles d'avancement et la solde à allouer à ce personnel sont celles prévues par le décret organique. Les suppléments locaux sont fixés par le ministre.

Art. 9. — Les nominations de comptables, de surveillants et autres agents subalternes sont faites par le chef de la colonie. Les traitements à leur allouer sont fixés ainsi qu'il suit :

	solde d'Europe	supp. colonial net
Dessinateur.	1.500 fr.	1.940 fr.
Comptable.	1.500 fr.	1.940 fr.
Garde-magasin.	1.500 fr.	1.940 fr.
Surveillants.	1.200 fr.	1.435 fr.
Magasiniers.	1.200 fr.	1.455 fr.

Des indemnités spéciales peuvent leur être attribuées suivant les prévisions budgétaires.

Art. 10. — Les conducteurs, chefs de section, touchent des frais de service fixés à 2.000 francs.

Discipline

Art. 11. — Le personnel des travaux publics est soumis à un égime disciplinaire qui consiste dans :

1° La réprimande.

2° Le blâme.

3° La privation de solde.

4° La suspension avec privation de solde.

5° La révocation.

La réprimande est prononcée par le secrétaire général, sur le rapport du chef de service.

Le blâme, la privation de solde, la suspension avec privation de solde, la révocation sont prononcés par le gouverneur sur la proposition du secrétaire général, à l'égard des agents à la nomination locale.

La peine de la suspension, avec privation de solde, ne peut être prononcée à l'égard des agents à la nomination du pouvoir métropolitain, qu'après avis du conseil d'administration. Ces agents sont entendus en leurs moyens de défense.

En ce qui a trait à la révocation, elles est prononcée par le ministre contre les agents à sa nomination.

Comptabilité

Art. 12. — La comptabilité du service des travaux publics est tenue au chef-lieu de la colonie par un comptable.

Cet agent qui relève hiérarchiquement du chef de service, est placé sous le contrôle du chef du bureau des travaux et approvisionnements du secrétariat général.

Art. 13. — Le comptable tient enregistrement de toutes les dépenses faites pour le service pour achat de matériaux, main-d'œuvre, etc. Il vérifie les factures, mémoires, états de salaires, les inscrit à son registre de prise en charge et les soumet au visa du chef de service.

Les chefs de circonscription lui font parvenir toutes les pièces de dépenses engagées dans leur circonscription. Ces pièces portent leur attache.

Ils établissent, au moyen des casernets et des feuilles de journées, les états de salaires des ouvriers et les font parvenir au comptable. Ces états sont établis par quinzaine et doivent parvenir au chef-lieu le 18 et le 3 de chaque mois, au plus tard.

Art. 14. — La comptabilité du matériel est suivie sur un livre journal et un inventaire-balance par un garde-magasin.

Le garde-magasin soumettra mensuellement la comptabilité des recettes et des délivrances du matériel, appuyées des pièces justificatives, (ordres de recettes, demandes, ordres de délivrances, états de cessions, etc.) au visa du chef de service et à la vérification du chef du bureau des travaux et approvisionnements.

Art. 15. — A partir du 1er janvier 1895, les services publics de Porto-Novo et de Cotonou ne procèderont plus directement pour les achats de matériel et les fournitures d'éclairage. Ils adresseront leurs demandes au magasin des travaux qui s'approvisionnera des dits objets ou les achètera sur place.

Art. 16. — Les demandes de matériel émanant des divers services de la colonie, devront, avant leur présentation au garde-magasin, êtres revêtues du visa du secrétaire général et du bon à délivrer du chef du bureau des travaux et approvisionnements. Les demandes à titre de cession ou de prêts seront toujours revêtues de l'approbation du gouverneur.

Art. 17. — Les délivrances de matières, d'outils, d'ustensiles, d'instruments de précision, s'effectueront sur bons signés des conducteurs surveillants ou chefs de chantiers, visés par le chef de service ou les chefs de circonscription.

Art. 18. — Le garde-magasin rendra compte mensuellement à l'ingénieur chef de service, du matériel en service. Ce dernier provoquera par des demandes au secrétaire général, les achats au commerce qui pourront êtres nécessaires. Il accompagnera ses demandes d'explications sur les causes de ces achats.

Art. 19. — Le chef de service, remettra chaque année, dans la première quinzaine de septembre, au secrétaire général, la demande des matières, outils à faire venir de France. Cette demande sera appréciée en valeurs.

Art. 20. — En outre du magasin de Porto-Novo, il est institué deux dépôts, l'un à Ouidah, l'autre à Cotonou. Un magasinier est chargé de chacun de ses dépôts. Le magasinier de Cotonou est en outre chargé du matériel en transit. Il veille au débarquement du matériel arrivant de France et pointe soigneusement les colis débarqués. A l'arrivée de chaque navire, il s'informe auprès du délégué du secrétaire général, s'il se trouve à bord des colis destinés au service local.

Le garde-magasin et les magasiniers ont à leur disposition un certain nombre de manœuvres.

Art. 21. — Il sera procédé annuellement au recensement du matériel par les soins d'une commission dont la désignation des membres sera faite par le secrétaire général.

Un récolement général de tout le matériel en magasin et en service sera fait dans le courant du mois de septembre prochain.

Art. 22. — Il est alloué au garde-magasin et aux magasiniers, des indemnités de responsabilité fixées, pour le garde-magasin, à 291 fr., pour les magasiniers, à 194 fr. par an.

Art. 23. — Le secrétaire général est chargé de l'éxécution du présent arrêté qui sera enregistré et communiqué partout où besoin sera et inséré au *Journal Officiel* de la colonie.

Porto-Novo, le 25 août 1894.

Victor BALLOT.

Par le Gouverneur :

Le secrétaire général,

P. CAPEST.

Flottille. — La flottille locale fut organisée en 1892, au moment de la première expédition ; elle comprenait alors : le *Corail*, canonnière, depuis ponton des douanes à la frontière anglaise, aujourd'hui détruite ; l'*Opale* et l'*Onyx*, cannonières à faible tirant d'eau du type Yarrow, dont la seconde seulement existe aujourd'hui. Le *Marmet*, petit remorqueur en fer, cédé depuis au Gabon et de deux chaloupes en bois, l'*Emeraude* et la *Topaze*, la première démolie, la seconde en service à la Côte-d'Ivoire. Enfin, la *Jeannette*, petite chaloupe à marche rapide.

Tous ces bateaux étaient réunis sous le commandement d'un lieutenant de vaisseau, ils prirent part à la plus grande partie des opérations de 1896 et rendirent de grands services.

Après la capture de Béhanzin, la flottille fut dispersée, comme il a été dit ci-dessus, et il ne reste plus aujourd'hui que l'*Onyx*, l'*Ambre* (ex *Jeannette*) et la *Mascotte*, ancienne chaloupe de la direction de l'artillerie, qui furent, conformément aux ordres du ministre de la marine, cédées gratuitement au service local à compter du 1er janvier 1896.

Appontement de Porto-Novo

Ces chaloupes sont employées actuellement au transport des courriers, des troupes, du personnel et du matériel du service local. Depuis le commencement des travaux de dragage entrepris dans le lac Nokoué et le Toché, elles peuvent les parcourir en tout temps et à la saison des hautes eaux il leur est possible de remonter l'Ouémé jusqu'à Ouéméton (Zagnanado).

Deux mécaniciens européens sont chargés de la direction et de l'entretien courant des chaloupes de la flottille. Les grosses réparations sont faites par le service des travaux publics.

La colonie possède également trois dragues qui sont constamment en service dans le lac Nokoué ou dans les chenaux du Toché, d'Awansouri, de Godomey, ou d'Abomey-Calavi dont elles améliorent les passes.

Ports et rades. — Un décret du 24 août 1894 a déterminé les attributions du lieutenant de port et réglementé la police des rades de la colonie du Dahomey et dépendances. Nous donnons ci-après les dis- positions de ce texte qui sont encore en vigueur.

ARRÊTÉ

Déterminant les attributions du lieutenant de port de Cotonou et réglementant la police des rades de la colonie du Dahomey et dépendances.

Le gouverneur du Dahomey et dépendances, commandeur de la Légion d'honneur :

Vu la création d'un emploi de lieutenant de port au Dahomey et dépendances ;

Considérant qu'il importe en vue de la bonne exécution du service, de déterminer les attributions du fonctionnaire qui en est chargé et de réglementer la police des rades de la colonie ;

Vu le décret du 21 juin 1887, relatif aux agents spéciaux préposés à a police des ports de commerce aux colonies ;

Vu l'arrêté local du 9 août 1892 sur la police sanitaire ;

Sur la proposition du secrétaire général et du chef du service administratif ;

Arrête :

TITRE I

Attributions. — Police de la rade

Article premier. — La police de la rade et du port de Cotonou est exercée par un lieutenant de port sous l'autorité des délégués du gouverneur, du secrétaire général et du chef du service administratif.

Le lieutenant de port a sous ses ordres les maitres de port, patrons et canotiers.

Art. 2. — Son autorité s'exerce sur les capitaines, maitres ou patrons des navires du commerce mouillés sur rade. Il leur donne communication du présent arrêté.

Art. 3. — Dès qu'un navire arrive sur rade, le lieutenant de port lui indique le mouillage qu'il doit prendre.

Aucun navire ne peut changer de mouillage avant de l'avoir signalé au lieutenant de port qui lui indique la place à occuper.

S'il juge qu'un navire, par sa position, peut gêner les mouvements de la rade, il lui signale d'avoir à prendre un autre mouillage.

Art. 4. — Tout navire arrivant au mouillage doit indiquer son numéro. Dès que la libre pratique lui à été accordée, le capitaine du navire fait parvenir au lieutenant de port un bulletin indiquant sa provenance, la nature de son chargement, la durée de la traversée, les évènements qui se sont produits en mer. Il remet en même temps la liste de ses passagers ainsi que les plis et paquets de poste et ceux destinés aux services du gouvernement.

Le bulletin et la liste des passagers sont communiqués au délégué du gouverneur.

Art. 5. — Dans les 24 heures de leur mouillage, les capitaines des navires du commerce sont tenus de se rendre au bureau du port pour faire leur rapport au lieutenant de port, qui tiendra un registre sur lequel il inscrira : 1° la date de l'arrivée ; 2° le nom et l'espèce du bâtiment ; 4° le port auquel il appartient ; 4° le nom du capitaine ou patron ; 5° le nombre d'hommes d'équipage, celui des passagers, leur qualité, le genre et la nature de la cargaison ; 6° le lieu d'expédition ; 7° la date de départ, celle des relâches.

Art. 6. — Le lieutenant de port prescrit aux capitaines, maîtres ou patrons, de se rendre aux bureaux du service administratif (Inscription maritime) et à la douane, avec leurs papiers de bord.

Art. 7. — Il se rend à bord des paquebots en même temps que le médecin arraisonneur et se fait remettre une liste des passagers qu'il communique dès son retour à terre au délégué du gouverneur. Il demande au capitaine communication du manifeste, pointe les colis appartenant aux services publics et veille spécialement au débarquement de ces colis. Il donne décharge sur les connaissements des colis débarqués. Lesdits colis sont reçus sur le wharf par les délégués des services intéressés.

Art. 8. — Les capitaines des paquebots sont dispensés des formalités prescrites à l'article 5. Ils indiquent sur le bulletin d'arrivée les renseignements que le lieutenant de port doit consigner sur son registre de rapport.

Art. 9. — Le lieutenant de port surveille les mouvements des navires et embarcations. Il rend compte au délégué du gouverneur, de tous les mouvements de la rade.

Art. 10. — Il exerce une surveillance active sur le littoral et tient la main à ce qu'il n'y soit fait aucun dépôt d'immondices. Il empêche les encombrements et assigne aux pirogues leurs lieux de halage.

Art. 11. — Il avertit les capitaines de navires du commerce qu'il leur est défendu de tirer des coups de canon sur la rade à moins de détresse, et qu'ils doivent arborer leur pavillon lors des solennités publiques et toutes les fois qu'un bâtiment de l'Etat arrive au mouillage.

Art. 12. — En l'absence de bâtiments de l'Etat présents sur rade, le lieutenant de port prend les ordres du commissaire de l'inscription maritime pour la répression des délits qui peuvent être commis en rade. Il requiert, lorsque besoin en est, l'assistance de la force armée.

Art. 13. — Les capitaines des navires de commerce sont tenus de déférer aux injonctions de lieutenant de port.

Art. 14. — Lorsqu'un navire de l'Etat mouille sur rade, le lieutenant de port se rend immédiatement à bord pour prendre les ordres du commandant et se mettre à sa disposition.

Art. 15. — L'administration du wharf tiendra à la disposition du lieutenant de port, moyennant une allocation fixe à débattre entre cette administration et le représentant du service local, une embarcation convenablement entretenue et armée de neuf hommes au moins.

TITRE II

Mesures sanitaires

Art. 16. — Dès qu'un navire est signalé, le lieutenant de port en donne avis au directeur de la santé et prend ses ordres pour la reconnaissance et l'admission en libre pratique du navire, s'il y a lieu.

Art. 17. — Il veille à ce que les navires arrivant n'aient aucune communication avec la terre ou les autres navires sur rade, ni avec aucune embarcation autrement qu'à la voix, avant d'avoir reçu la libre pratique.

Art. 18. — La reconnaissance des navires est faite par le lieutenant de port suivant les prescriptions de l'arrêté du 9 août 1892.

Art. 19. — En cas de maladies se déclarant à bord d'un navire sur rade, le capitaine est tenu d'en informer immédiatement le lieutenant de port, qui en donne avis sans retard au directeur de la santé.

TITRE III

Dispositions diverses. — Pénalités

Art. 20. — Tout navire qui aurait à son bord des poudres et artifices devra arborer au haut de son grand mât un pavillon rouge.

Art. 21. — Le lieutenant de port veillera à ce que les embarcations des navires ne gênent pas le mouvement aux abords du wharf. Il y maintiendra l'ordre.

Art. 22. — Il donne avis aux capitaines de l'obligation qui leur est faite d'annoncer leur départ au moins 48 heures à l'avance. Exception est faite pour les paquebots-poste.

Art. 23. — Les infractions aux dispositions du présent arrêté sont constatées par le lieutenant de port, qui en dresse procès-verbal. Les délinquants sont poursuivis et punis conformément aux lois et aux règlements en vigueur.

Art. 24. — Le secrétaire général et le chef du service administratif sont chargés, chacun en ce qui le concerne, de l'exécution du présent arrêté, qui sera enregistré et communiqué partout où besoin sera et inséré au *Journal officiel* de la colonie.

Porto-Novo, le 24 août 1894.

Victor BALLOT.

Par le gouverneur :
Le secrétaire général,
P. CAPEST.

Le chef du service administratif,
LALLIER DU COUDRAY.

Police. — La police a été organisée par un arrêté du 10 novembre 1894, dont presque toutes les dispositions sont encore en vigueur et que nous donnons ci-après. Malgré le petit nombre d'agents dont elle dispose, il règne une sécurité parfaite au Dahomey, tant au point de vue de la sûreté des personnes qui est absolue, que des vols qui y sont relativement rares. Cet heureux état de choses est dû à l'entente qui règne partout entre la police et les chefs indigènes, qui lui prêtent un concours sans lequel il faudrait augmenter considérablement le nombre des agents.

ARRÊTÉ

Le gouverneur du Dahomey et dépendances, commandeur de la Légion d'honneur ;

Vu l'article 51 de l'ordonnance organique du 7 septembre 1840 ;

Vu les décrets de 10 mars 1893 et 22 juin 1894 qui portent constitution de la colonie du Dahomey et dépendances et en règlent l'organisation administrative, ensemble le décret du 26 juillet 1894, organisant la justice ;

Considérant qu'aucun acte n'a jusqu'ici réglementé le service de la police dans les territoires annexés de la colonie et dans ceux où le protectorat s'exerce d'une façon effective.

Sur la proposition du secrétaire général.

Arrête :

Article premier. — La police générale est exercée dans la colonie du Dahomey et dépendances par :

Un commissaire de police ;

Des adjudants de police européens et indigènes, ayant sous leurs ordres des brigadiers de police indigènes et des gardes de police indigènes.

Ce personnel est placé, sous le rapport du recrutement, de l'administration et de la discipline, dans les attributions du secrétaire général.

Son service comprend :

1° La police administrative et judiciaire ;

2° La surveillance des cafés, cabarets, débits de boissons ;

3° La voierie ; enfin tous autres services intéressant la sécurité publique.

Art. 2. — Le cadre, le recrutement, l'avancement, la discipline et les attributions du personnel de la police sont réglés conformément aux dispositions ci-après :

Art. 3. — Le personnel de la police se compose de :

1 Commissaire de police.

3 Adjudants de police européens.

1 Adjudant de police indigène.

6 Brigadiers indigènes.

7 Sous-brigadiers indigènes.

11 Gardes de 1re classe.

26 Gardes de 2e classe.

La répartition de ce personnel. entre les différents centres de la colonie, est faite conformément au tableau ci-après :

Résidence	Commissaire de police	Adjudants européens	Adjudants indigènes	Brigadiers	S-Brigadiers	Gardes	
						1re cl.	2e cl.
Porto-Novo	1	»	1	3	4	5	8
Cotonou	»	1	»	1	1	2	6
Ouidah	»	1	»	1	1	2	6
Grand-Popo et Agoue	»	1	»	1	1	2	6
Total	1	3	1	6	7	11	26

Art. 4. — Le commissaire de police à autorité sur le personnel de la police du chef-lieu administratif.

Il répartit ce personnel dans les divers postes de la ville et règle chaque jour le service des agents. Il s'assure que les chefs de poste s'acquittent régulièrement des obligations qui leur incombent ; il centralise tous les jours les rapports des postes et présente un rapport général au secrétaire général.

Art. 5. — Le commissaire de police exerce la police administrative sous les ordres du secrétaire général, et la police judiciaire sous les ordres du juge de paix à compétence étendue.

Il transmet, à cet effet, à ce magistrat, un extrait de son rapport pour ce qui concerne les crimes et délits, les contraventions et les arrestations opérées. Il est chargé de la surveillance des prisonniers. Il donne avis au juge de paix à compétence étendue en même temps qu'au secrétaire général, des évasions dès qu'elles se produisent. Il exerce près de la justice de paix du chef-lieu les fonctions du ministère public. Avant d'entrer en fonction, il prête serment devant le juge de paix.

Art. 6. — Le commissaire de police assure par lui-même et par les agents sous ses ordres, la commodité de la circulation dans toutes les parties de la ville. Il veille et fait veiller au maintien de l'ordre dans tous les lieux de rassemblement, tels que marchés, promenades, cafés, etc. Il surveille le débit des marchandises et denrées mises en vente, et s'assure de leur qualité ainsi que de la fidélité des poids et mesures employés.

Art. 7. — Le commissaire de police veille à la propreté de la ville, et particulièrement à la propreté de la ville indigène.

Il tient la main à ce que les propriétaires procèdent au nettoyage des abords de leurs maisons ; il empêche les dépôts d'immondices dans les terrains vagues et dans les cours et jardins.

Art. 8. — Le commissaire de police fait rechercher les déserteurs signalés par l'autorité militaire. En cas d'arrestation, il les remet entre les mains de cette autorité et signale les agents qui ont procédé aux arrestations.

Art. 9. — Le commissaire de police tient la main à l'exécution des réglements, décisions et arrêtés et en général de toutes les mesures ayant trait à la salubrité publique et à la propreté de la ville. Il dresse des procès-verbaux pour les contraventions constatées.

Les procès-verbaux du commissaire de police font foi jusqu'à inscription de faux. Ils doivent être affirmés dans les soixante-douze heures.

Il s'occupe de faire afficher et de porter à la connaissance de la population tous les actes de l'autorité administrative et judiciaire.

Art. 10. — Les attributions dévolues au commissaire de police sont exercés dans les dépendances par les adjudants de police, sous l'autorité directe des administrateurs.

Les adjudants prêtent serment, avant d'entrer en fonctions, devant le juge de paix à compétence étendue de leur circonscription. et les procès-verbaux qu'ils dressent sont comme ceux du commissaire de police, soumis à l'affirmation dans les mêmes délais.

Recrutement. — Nomination. — Avancement

Art. 11. — Le commissaire de police et les adjudants de police sont choisis, soit parmi les anciens fonctionnaires ou employés, soit parmi les anciens sous-officiers âgés de 25 ans au moins et réunissant les conditions de capacité et de moralité indispensables pour ces emplois.

Les brigadiers et agents indigènes sont choisis dans la population, parmi les individus sachant autant que possible parler français.

Toutes les nominations sont faites par le chef de la colonie, sur la proposition du secrétaire général.

Art. 12. — L'avancement dans les divers emplois de la police est prononcé par le gouverneur, sur la proposition du secrétaire général.

Discipline

Art. 13. — Le commissaire de police et les adjudants de police européens sont soumis à un régime disciplinaire qui consiste dans :

1° La réprimande,
2° Le blâme;
3° La privation de solde;
4° La suspension avec privation de solde;
5° La révocation.

La réprimande est prononcée par le secrétaire généra', les autres peines sont prononcées par le chef de la colonie sur la proposition du secrétaire général.

Art. 14. — Les peines à infliger aux agents indigènes sont graduées de la façon suivante:

1° Salle de police;
2° Prison avec retenue de solde;
3° Rétrogradation ou descente de classe;
4° Révocation.

La salle de police est infligée par le commissaire de police ou les adjudants; la prison avec retenue de solde par le secrétaire général.

Art. 15. — Il est expressément défendu au personnel de la police de recevoir des dons, présents et cadeaux à un titre quelconque à l'occasion de son service, sous peine de révocation.

Solde. — Indemnités

Art. 16. — La solde du personnel de la police est déterminée comme suit:

Commissaire de police	3,000 francs
Adjudants européens	2,800 —
Adjudants indigènes	1,500 —
Brigadiers	480 —
Sous-brigadiers	360 —
Gardes de 1re classe	330 —
Gardes de 2e classe	300 —

Le commissaire de police et les adjudants européens reçoivent, à titre de frais de bureau, une indemnité de 194 francs par an pour le commissaire de police, et de 100 francs pour les adjudants.

Art. 17. — Les agents inférieurs de la police forment un corps embrigadé. Lorsqu'ils sont admis à l'hôpital pour maladies ou blessures contractées en service, ils reçoivent la moitié de leur solde: ils ne reçoivent aucune solde lorsque les maladies ou blessures ne résultent pas du service.

Habillement. — Armement. — Equipement

Art. 18. — La tenue du commissaire de police est la même que celle des gardes principaux de 1re classe de la garde civile, auxquels il est assimilé, sauf que le pantalon sera bleu foncé; les galons sont en or et les boutons argentés avec le mot police: casque du modèle réglementaire.

Art. 19. — Les adjudants de police portent l'uniforme des gardes principaux de 2e classe de la garde civile, auxquels ils sont assimilés, sauf que le pantalon sera bleu foncé; les galons ainsi que les boutons sont en argent, la coiffure et le casque du modèle adopté dans l'infanterie de marine.

L'adjudant indigène n'a qu'un galon.

Les brigadiers, sous-brigadiers et gardes portent une blouse et un pantalon en toile bleue, une calotte rouge avec le numéro de l'agent. Le col de la blouse est bordé d'un galon en toile blanche de 0.02 de large; aux manches, même bordure. Sur la couture extérieure du pantalon, même bordure qu'au collet de la blouse. Le pantalon tombant à 0.20 au-dessous du genou.

Les brigadiers portent en outre deux galons blancs mobiles de 0,02 sur fond rouge débordant de 0,02 de chaque côte posés en chevron.

Les sous-brigadiers portent un galon semblable à ceux des brigadiers et posé de la même façon.

Art. 20 — L'habillement des gardes, sous-brigadiers et brigadiers indigènes leur est fourni par l'administration.

Art. 21. — L'armement des adjudants consiste en un sabre du modèle adopté dans l'infanterie, sans dragonne et un révolver du modèle 1974.

Les brigadiers, sous brigadiers et gardes indigènes ont un sabre-baïonnette, avec ceinturon en cuir noir.

Art. 22. — Le secrétaire général est chargé de l'exécution du présent arrêté qui sera enregistré, communiqué partout où besoin sera et inséré au *Journal Officiel* de la Colonie.

Porto-Novo, le 10 novembre 1894.

Victor Ballot.

Par le gouverneur,
Le secrétaire général
P. Capest.

Instruction publique. — La question de l'instruction publique a toujours été une des grosses préoccupations de l'administration locale.

Sa tâche est rendue des plus difficiles par la superstition et l'inertie des indigènes, contre lesquelles nos missionnaires eux-mêmes, malgré un dévouement et une abnégation de tous les instants, ne peuvent lutter qu'avec la plus grande peine.

Néanmoins, des écoles de garçons et de filles ont été établies à Porto-Novo, à Cotonou, à Ouidah, à Grand Opo, à Agoué, à Abomey-Calavi, à Kétou, à Abomey, à Zagnanado; de fortes sommes ont été inscrites au budget des différents exercices pour distribuer des primes aux interprètes en service dans l'intérieur qui parviendraient, avec l'appui des administrateurs et résidents, à réunir un certain nombre d'élèves. Il existe une école de garçons dans chacun des postes de la colonie. Des distributions gratuites de livres provenant, tant de dons de l'Alliance française, que d'achats effectués par la colonie, ont été faites à différentes reprises. Tous ces efforts commencent à vaincre les préventions des indigènes et l'on peut sans présomption espérer que, dans quelques années d'ici, il n'y aura pas dans la colonie un centre de quelque importance où ne se trouve une école française.

Les écoles religieuses, dont l'administration n'a jamais cessé d'encourager l'œuvre par des subventions en argent, des concessions et les facilités de toute nature qu'elle leur a accordées, commencent elles aussi à obtenir des résultats encourageants.

Elles ont fondé des écoles de garçons et de filles dans tous les centres importants de la côte et en créent chaque jour de nouvelles en remontant vers le nord.

Les missions vesleyennes de Londres entretiennent également plusieurs écoles dirigées par un missionnaire français. Celle de Porto-Novo seule compte plus d'une centaine d'enfants, mais elles ne peuvent rivaliser, par le nombre de leurs élèves, avec les établissements d'enseignement dirigés par les missionnaires catholiques.

Dans le nord, au Gourma, les Pères Blancs, dirigés par Mgr Hacquard, vicaire apostolique du Sahara, font un vigoureux effort pour combattre la propagande musulmane et propager la langue et l'influence françaises, mais toute cette partie de la colonie où nous ne sommes établis que depuis 1897 est d'occupation trop récente pour que des résultats sérieux aient pu être constatés ; néanmoins, quelques écoles dirigées par des interprètes ont déjà commencé à s'ouvrir.

Si l'on considère que notre situation n'a été définitivement établie dans le Bas-Dahomey qu'en 1894 et dans le Haut-Dahomey qu'en 1897, on voit que l'effort réalisé est déjà considérable et que l'on peut tout espérer de l'avenir.

Imprimerie. — Une imprimerie officielle fonctionne à Porto-Novo depuis 1889. Installée tout d'abord sur des bases

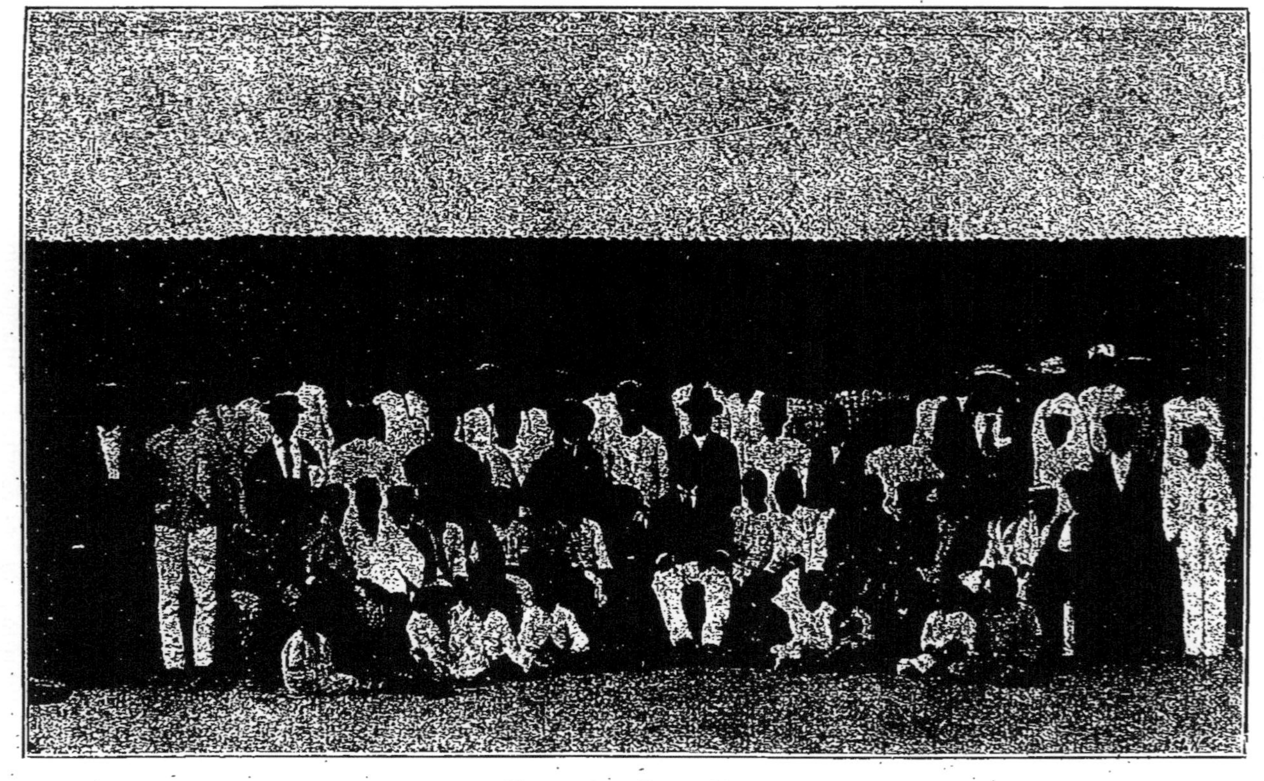

Une école à Porto-Novo

modestes, elle a pris, depuis quelque temps, une certaine importance, et non seulement elle assure le tirage du *Journal officiel* de la Colonie, mais encore elle établit tous les imprimés nécessaires à l'administration locale et peut même faire les travaux que lui demandent les particuliers. Elle comprend, en outre, un atelier spécial de reliure.

Elle est dirigée par un chef d'imprimerie de 1re classe, secondé par un ouvrier typographe européen et divers employés indigènes recrutés sur place et formés par elle.

Jardin d'essai. — Il a été créé par M. Pascal, secrétaire général et gouverneur intérimaire, à proximité de Porto-Novo, par arrêté du 10 janvier 1899, un jardin d'essai (ferme du service local), situé sur un terrain de 250 hectares cédé à titre gracieux par le roi Tofa et placé sous la direction et le contrôle direct de l'administration locale.

Cet établissement a pour but, ainsi que le dit l'arrêté du 10 janvier 1899 qui l'a institué :

« 1o De recevoir, garder ou vendre au profit du service local les divers produits provenant de l'impôt indigène perçu ou à percevoir ainsi que les produits résultant de l'élevage ; de rechercher et d'améliorer les variétés, chevalines, bovines, ovines, caprines, porcines, etc., existant déjà dans la colonie.

« 2o De rechercher les perfectionnements à apporter aux systèmes de culture suivis jusqu'à ce jour au Dahomey ; de tenter la culture de toutes les plantes, indigènes ou non, dont les produits peuvent donner lieu à un commerce quelconque et de fournir à un prix aussi minime que possible aux particuliers, aux colons européens ou indigènes dont il convient d'encourager les efforts, les plantes, boutures, graines, etc... »

Les résultats de l'année 1899 ont été bons en ce sens qu'il a pu être vendu au profit du service local pour 30,000 francs de

La ferme modèle à Porto-Novo

bétail provenant de l'impôt indigène. Mais cet établissement est encore à l'état embryonnaire, des préoccupations d'un autre ordre ayant absorbé l'attention de l'administration; il a pu toutefois tenter quelques essais intéressants et il s'est mis en relation avec le Jardin botanique de Saigon pour faire des échanges de graines, notamment en ce qui concerne le riz dont la culture réussirait probablement dans les terrains marécageux du bas Dahomey où des essais ont été entrepris.

Défense de la Colonie. — Au moment du retour de M. Ballot dans la colonie, juillet 1894, les troupes stationnées au Dahomey étaient en nombre plus que suffisant pour assurer la sécurité des nouveaux territoires. Elles se composaient :

1° A Abomey, du Résident (chef de bataillon Boutin), d'une compagnie de tirailleurs sénégalais, d'un lieutenant d'artillerie et douze canonniers;

2° A Zagnanado, d'un capitaine et d'un peloton de la 1re compagnie de haoussas;

3° A Dogba, d'un lieutenant et d'un peloton de la même compagnie;

4° A Porto-Novo, du lieutenant-colonel commandant supérieur des troupes; du commandant du dépôt et de trois compagnies de tirailleurs haoussas;

5° A Cotonou, de la direction d'artillerie; de la 4e batterie du groupe de l'Afrique et des Antilles et du détachement d'ouvriers d'artillerie;

6° A Ouidah, du commandant et du dépôt des tirailleurs sénégalais avec une compagnie de cette arme.

Ces nombreux effectifs devaient se fondre peu à peu, leur présence devenant d'autant moins nécessaire que la colonie développait son personnel de gardes indigènes au fur et à mesure que ses ressources augmentaient et qu'il allait pouvoir, avant la fin de 1895, se substituer presque complètement aux troupes entretenues par la métropole.

En effet, dès le 30 août 1894, le commandant Boutin était remplacé à Abomey par l'administrateur Lamy et, le 30 octobre de la même année, les garnisons étaient fixées comme suit :

1° A Abomey, un peloton de tirailleurs haoussas avec son capitaine ; une section d'artillerie commandée par un officier.

2° A Zagnanado, une section de tirailleurs haoussas sous le commandement d'un officier de la compagnie d'Abomey.

3° A Dogba, une section de tirailleurs haoussas sous le commandement d'un officier de la compagnie d'Abomey.

4° A Porto-Novo, deux compagnies de tirailleurs haoussas.

5° A Cotonou, une compagnies de tirailleurs sénégalais.

6° A Ouidah, une compagnie de tirailleurs haoussas.

Quelques jours après, le 9 novembre, le 1er conseil de guerre transportait son siège de Ouidah à Cotonou et le 15 du même mois, les services administratifs et de santé étaient rendus indépendants de l'autorité militaire et ne relevaient plus que de la seule autorité du gouverneur.

Le 24 décembre 1894, le colonel Nény fut rappelé en France par télégramme ministériel du 11 décembre et avec lui fut supprimé le poste de commandant supérieur des troupes. Le chef de bataillon Goldschoen prit à son départ les fonctions de commandant des troupes qu'il remit le 17 janvier 1895 au commandant Beaujeux.

Le bénéfice de campagne de guerre avait été supprimé depuis un an, le premier mars 1894, aux troupes stationnant au Dahomey ; l'indemnité d'entrée en campagne fut supprimée elle-même à compter du 12 février 1895.

Le 24 mars 1895, le chef du service administratif, le commissaire-adjoint Lallier du Coudray, rentrait en France et était remplacé par le sous-commissaire Henrion.

Le 24 avril 1895, une dépêche ministérielle prescrivait de ne conserver au Dahomey que le personnel d'artillerie suivant : 1 capitaine-directeur, 3 gardes titulaires, 1 second maître et 1 quartier-maître armurier, 1 portier-consigne, 1 lieutenant commandant la section d'ouvriers, 2 maréchaux de logis, 1 brigadier-fourrier, 2 brigadiers, 4 maîtres-ouvriers, 9 canonniers-ouvriers, 1 trompette, le personnel en excédent devant être rapatrié.

Un télégramme ministériel du 1er juin contenait au sujet de la réduction de l'effectif des troupes des ordres qui motivaient la décision ci-après prise par le gouverneur le 3 du même mois.

« Les dispositions suivantes seront prises en conformité des ordres ministériels :

Deux compagnies de tirailleurs haoussas seront licenciées par groupes et à dates différentes : la première dans le courant de juin, la seconde dans le courant de juillet.

Les cadres européens de la première de ces compagnies seront rapatriés par le courrier du 25 juin.

Les cadres européens de la seconde, par le courrier du 25 juillet.

La compagnie de tirailleurs sénégalais sera rapatriée par le courrier du 25 août.

Il sera conservé jusqu'à nouvel ordre un conducteur d'artillerie par deux mulets ; le reste du détachement sera congédié le plus tôt possible.

Une quatrième compagnie de gardes civils à effectif de 150 hommes, gradés indigènes compris, sera formée le plus tôt possible avec les tirailleurs haoussas congédiés qui continueraient à servir dans ce corps.

Quatre sous-officiers européens du corps des haoussas, au choix du commandant des troupes, seront conservés dans la colonie jusqu'à nouvel ordre, pour occuper provisoirement des emplois de garde principal... »

Le 12 juin 1895, le dépôt des vivres du service administratif à Ouidah fut transporté à Cotonou et le mois suivant, le

28 juillet, le matériel des conducteurs d'artillerie (voitures Lefèvre, mulets, matériel) fut divisé en trois catégories, l'une à céder aux Haoussas ou aux ouvriers d'artillerie ; une à envoyer au Sénégal pour y être remise à la direction d'artillerie, et enfin les animaux à vendre sur place.

Les troupes régulières abandonnaient peu à peu les postes de l'intérieur pour se rapprocher de la côte, mais les locaux de Cotonou devinrent insuffisants et une décision du 29 juillet 1895, ordonna la concentration à Porto-Novo du corps des Haoussas, à l'exception d'une section de la 1re compagnie et des détachements de Dogba, Zagnanado et Abomey que la garde indigène ne pourrait relever que lorsque la hauteur des eaux permettrait aux canonnières de remonter l'Ouémé.

Les tirailleurs sénégalais devaient être rapatriés le 25 août. Dès qu'ils eurent évacué Ouidah, le 18, un arrêté ordonna la suppression de la délégation du service administratif dans cette ville, la fermeture des bâtiments militaires du camp du Yevoghan et de l'hôpital de Ouidah-plage et le transport à Cotonou de son matériel et de celui de la direction de l'artillerie.

Le 6 septembre, le conseil de guerre de Cotonou fut supprimé, il ne restait plus que celui de Porto-Novo où se trouvait également un conseil de revision.

Le personnel de la garde indigène comprenait alors quatre compagnies qui se trouvaient : la 1re, à Porto-Novo ; la 2e, à Abomey ; la 3e, à Grand-Popo et la 4e à Savalou.

Enfin, à partir de novembre 1895, commença la liquidation définitive des services militaires, un ordre ministériel supprimant complètement les troupes d'occupation au Dahomey à partir du 1er janvier 1896.

Des décisions successives réglèrent le détail de cette opération ; l'une, du 16 décembre nommait une commission chargée de constater l'état des bâtiments militaires laissés par la métropole à la colonie ; une autre, du 18 décembre, prise en exécution d'un câblogramme du 3 décembre, ordonna le désarmement de la flottille. A la même date, le secrétariat général se substitua au service administratif. Une décision du 19 décembre ordonna la division du matériel d'artillerie en deux parts, l'une qui devait être renvoyée au Sénégal, l'autre déclassée et remise au domaine.

Entre temps, en octobre 1894, la 4e compagnie de haoussas reçut l'ordre de se rendre à Grand-Bassam se mettre à la disposition du lieutenant-colonel Monteil pour opérer contre Samory. Elle s'embarqua le 23 octobre et se distingua au combat de Bonoua et dans les opérations entreprises entre Dabou et Thiassalé.

Un peu plus tard, un décret du 21 mars 1895 créa un bataillon de marche de tirailleurs haoussas destiné à Madagascar. Le bataillon composé de quatre compagnies à l'effectif de 171 indigènes, comprenait de plus 29 Européens, soit 800 hommes, plus une section hors rang de 17 hommes et enfin 22 officiers. En tout 839 hommes, placés sous les ordres du chef de bataillon Vandenbrock qui s'embarquèrent le 5 avril, à Cotonou, à destination de Majunga.

Deux compagnies supplémentaires furent envoyées depuis, sous le commandement du capitaine de Bouvié, commandant des troupes au Dahomey.

Au 20 novembre 1896, la garde indigène se composait de :

4 inspecteurs de 1re classe.

4 inspecteurs de 2e classe.

6 inspecteurs de 3e classe,

1 inspecteur indigène.

6 gardes principaux de 1re classe.

6 gardes principaux de 2e classe.

2 gardes principaux indigènes de 1re classe.

2 gardes principaux indigènes de 2e classe.

Gardes indigènes du Dahomey

1 armurier (ayant rang de garde principal).
20 brigadiers.
40 sous-brigadiers.
100 gardes de 1re classe.
340 gardes de 2e classe.
Ainsi répartis :
1re compagnie, Porto-Novo, 120 hommes.
2e compagnie, Abomey, 100 hommes.
3e compagnie, Carnotville, 150 hommes.
4e compagnie, Parakou, 130 hommes.

Depuis 1894, il avait été créé au secrétariat général un bureau de la garde indigène dirigé par un inspecteur chargé de la comptabilité de cette troupe et de la tenue de son magasin.

Le 3 août 1897, le capitaine Duhalde remplaçait le capitaine Loyer. Le 16 septembre 1897, cet officier était mis à la disposition du gouverneur avec ses deux lieutenants, pour être affectés aux postes et stations du Dahomey.

Le 25 septembre 1897, la compagnie de haoussas fut licenciée par la métropole; mais la plus grande partie des tirailleurs qui la composaient furent engagés par la colonie pour former une compagnie auxiliaire de tirailleurs haoussas, créée par arrêté du gouverneur du 18 septembre 1897 en même temps qu'une compagnie de tirailleurs auxiliaires sénégalais destinée à opérer contre les Baribas.

Bien que les tirailleurs haoussas fussent licenciés, il fut conservé à Cotonou un lieutenant et deux sous-officiers pour diriger le dépôt des haoussas en service à Madagascar.

Actuellement, il existe au Dahomey comme troupes régulière, une seule compagnie de tirailleurs sénégalais, dont le dépôt est au Sénégal.

Cette compagnie comprend 150 hommes, placés sous le commandement d'un capitaine qui est en même temps résident du cercle du Moyen Niger. Il a sous ses ordres deux lieutenants dont l'un occupe Dosso, sur la rive gauche du Niger.

Le décret du 17 octobre 1899, qui a donné au Dahomey Say et les régions qui en dépendent, va probablement modifier cette situation soit en faisant occuper ces nouveaux territoires par la 7e compagnie qui serait remplacée au Moyen Niger par la garde indigène, soit que, les choses restant en l'état, Say continue à être occupée par les Sénégalais, ce qui mettrait à la disposition du Dahomey deux compagnies au lieu d'une.

La garde indigène, complètement entretenue par la colonie, se compose actuellement de quatre compagnies dont voici la répartition :

1re Compagnie

La 1re compagnie est à Porto-Novo, elle comprend :

Détachements	Brigadiers	Ss-Brigadiers	Gardes 1re et 2e cl.	Total	
Porto-Novo, pet. postes	4	6	86	96	1 Insp., 1 Garde princ.,
Sakété-Igolo........	1	»	12	13	1 Insp. 1re cl., 1 Garde
Ouidah...........	»	1	6	7	princ. 1re cl.
Grand-Popo, pet. postes	1	1	25	27	
Athiémé...........	1	1	19	21	1 Garde principal.
Allada............	»	»	5	5	
Zagnanado.........	1	»	11	12	
Abomey...........	1	1	8	10	
Savé.............	»	»	2	2	
Savalou...........	»	2	12	14	1 Inspecteur.
Totaux.....	9	12	186	207	

2e Compagnie

La 2e compagnie est à Kouandé ; elle comprend :

DÉTACHEMENTS	Brigadiers	Sous-Brigadiers	Gardes 1re et 2e classe	Gardes princi-paux indigènes	TOTAL	
Kouandé	2	2	26	1	31	1 Garde principal
Djougou et petits postes......	1	3	36		40	1 Garde principal
Fada N' Gourma .	2	3	55	1	61	1 Garde principal
Pama		1	19		20	1 Garde principal
Konkobiri		1	19		20	1 Garde principal
Au total. . .	5	10	155	2	172	

3e Compagnie

La 3e compagnie a été formée le 17 août 1898 avec les hommes non libérables ou rengagés des compagnies auxiliaires sénégalaise et haoussa.

Elle est commandée par un inspecteur qui réside à Parakou. Elle comprend, comme personnel indigène :

Sergent-major........................	1
Sergents.............................	3
Caporaux.............................	8
Gardes...............................	140
Total..............	152

Les cadres comportent, en plus de l'inspecteur-commandant, 2 inspecteurs et 4 gardes principaux.

La compagnie de tirailleurs auxiliaires occupe le cercle du Borgou et ses détachements sont répartis de la façon suivante :

Compagnie de tirailleurs auxiliaire.

DÉTACHEMENTS	Sergent-major	Sergents	Caporaux	Gardes	TOTAL	
Parakou	1	2	3	65	71	1 Inspecteur, deux gardes principaux.
Niki.		1	1	32	34	1 inspecteur, 1 garde principal.
Guinagourou . .			1	9	10	
Dunkassa. . . .			2	23	25	1 Garde principal.
Carnotville . . .			1	9	10	
	1	3	8	138	1·0	

En résumé, la garde indigène a actuellement un cadre de : 10 inspecteurs européens et 1 inspecteur indigène, 12 gardes principaux européens et 3 gardes principaux indigènes pour un effectif de 531 gradés et gardes indigènes.

Justice. — Le service de la justice a été organisé primitivement au Dahomey par un décret du 11 mai 1892, applicable à la Guinée française et dépendances, et promulgué par arrêté du 13 septembre 1892.

Ce texte complétant les dispositions du décret organique du 17 décembre 1891 constituant en colonie autonome les établissements des Rivières du Sud du Sénégal et ceux de Grand-Bassam et de Porto-Novo, donnait à la Guinée française, qui relevait, jusqu'à cette époque, de la Cour d'appel de Saint-Louis et du tribunal de première instance de Dakar, une organisation judiciaire indépendante. Trois justices de paix à compétence étendue étaient créées à Conakry, à Grand-Bassam et à Porto-Novo. Certaines des décisions de ces tribunaux étaient sujettes à appel devant un conseil spécial pouvant être constitué en tribunal criminel spécial pour les affaires ressortissant en France des cours d'assises.

Quelque temps après, un arrêté local du 20 avril 1894 fixait les limites de la juridiction de Porto-Novo.

Enfin, un décret en date du 26 juillet 1894, promulgué par arrêté du 20 septembre de la même année et dont le texte est ci-après, a organisé le service de la justice dans la colonie du Dahomey et dépendances sur des bases analogues à celles du décret du 11 mai 1894 avec cette différence qu'une deuxième justice de paix a été créée à Ouidah et que le conseil d'appel a son siège à Porto-Novo.

RAPPORT *au Président de la République française*

Paris, le 26 juillet 1894.

Monsieur le Président,

La colonie du Bénin est actuellement régie, au point de vue judiciaire, par le décret du 11 mai 1892, qui règle le service de la justice dans la Guinée française et dépendances. D'un autre côté, la nécessité de la séparation de nos divers établissements de la côte occidentale d'Afrique a été successivement admise par les décrets des 1er août 1889, 17 décembre 1891, 10 mars 1893 et, en dernier lieu, par celui du 22 juin 1894, qui a organisé le Dahomey et dépendances.

L'application du principe d'autonomie ayant donné des résultats satisfaisants, le moment paraît venu de doter le Dahomey d'une organisation judiciaire spéciale. Cette mesure s'impose d'autant plus que l'organisation actuelle ne répond plus aux besoins de la colonie ainsi qu'aux intérêts bien compris des habitants.

En effet, la distance qui sépare le Dahomey de la Guinée est considérable, et il en résulte des retards prolongés dans la suite donnée aux affaires dont le règlement a lieu le plus souvent en dehors de la présence des intéressés. Aussi les justiciables se plaignent avec raison d'un système qui, ne facilitant pas les revendications de leurs droits, lèse leurs intérêts.

Le projet de décret qui vous est soumis aujourd'hui a pour but de remédier à ces inconvénients. Il donne au Dahomey son indépendance judiciaire et reproduit, en somme, dans ses parties essentielles, le décret du 11 mai 1892. D'autre part, il ne crée pas de dépenses nouvelles, puisque le personnel chargé du service de la justice sera choisi parmi les fonctionnaires ou agents déjà en service dans la colonie.

Dans ces conditions, d'accord avec M. le garde des sceaux,

ministre de la justice, j'ai l'honneur de vous prier de vouloir bien revêtir de votre signature le projet de décret ci-joint.

Je vous prie d'agréer, Monsieur le Président, l'hommage de mon profond respect.

Le ministre des Colonies,

DELCASSÉ.

Le Président de la République française,

Sur le rapport du ministre des colonies et du garde des sceaux, ministre de la justice ;

Vu l'article 18 du sénatus-consulte du 3 mai 1854 ;

Vu le décret du 15 mai 1889, portant réorganisation de la justice au Sénégal ;

Vu le décret du 1er août 1889 réglant l'organisation politique et administrative des Rivières du Sud, des établissements français de la Côte d'Or et des établissements français du golfe de Bénin;

Vu le décret du 17 décembre 1891, portant organisation de la colonie de la Guinée française et dépendances ;

Vu le décret du 10 mars 1893, constituant en trois colonies distinctes les possessions françaises de la Guinée, de la Côte d'Ivoire et du Bénin ;

Vu le décret du 22 juin 1894, portant réorganisation de la colonie du Dahomey et dépendances ;

Décrète :

TITRE PREMIER

Dispositions préliminaires

Art. 1er. — La colonie du Dahomey et dépendances cesse de relever, au point de vue judiciaire, du conseil d'appel de la Guinée française,

TITRE II

Des juridictions de première instance

Art. 2. — Il est institué, dans la colonie du Dahomey et dépendances, deux justices de paix à compétence étendue, dont les sièges sont fixés, savoir :

1° A Porto-Novo ;

2° A Ouidah.

Art. 3. — Les fonctions de juge de paix, de greffier et d'huissier sont remplies par des officiers fonctionnaires ou agents désignés par le gouverneur.

Les fonctions du ministère public sont remplies par le commissaire de police ou à défaut, par un fonctionnaire désigné par le gouverneur.

Les greffiers remplissent, en outre des attributions de leur charge, les fonctions de notaire.

Art. 4. — Les tribunaux de paix de Porto-Novo et Ouidah connaissent :

1° En premier et dernier ressort de toutes les affaires attribuées aux juges de paix en France, de toutes les actions personnelles et immobilières jusqu'à 100 fr. de revenu, déterminé soit en rente, soit par prix de bail ;

2° En premier ressort seulement, et à charge d'appel devant le Conseil d'appel dont il sera parlé plus loin, de toutes les autres affaires.

En matière commerciale, leur compétence est celle des tribunaux de commerce de la Métropole.

Art. 5. — La procédure dans les affaires énumérées à l'article précédent est, à moins d'impossibilité reconnue, celle déterminée pour les justices de paix en France.

Art. 6. — Les affaires civiles portées devant les tribuneaux de paix du Dahomey et dépendances sont dispensées du préliminaire de conciliation.

Toutefois, dans toutes les causes, excepté dans celles qui requièrent célérité ou celles où le défenseur est domicilié hors du ressort des nouveaux tribunaux, aucune citation ne peut être donnée sans qu'au préalable les juges de paix aient appelé devant eux les parties par un avertissement conformément aux dispositions de l'article 1er de la loi du 2 mai 1855.

Art. 7. — Indépendamment des fonctions départies aux juges de paix par le code civil, le code de procédure civile et le code de commerce, les juges de paix de Porto-Novo et de Ouidah ont les attributions dévolues aux présidents des tribunaux de première instance.

Ils surveillent spécialement l'administration des successions vacantes.

Art. 8. — Les tribunaux de paix du Dahomey et dépendances connaissent en matière de simple police et de police correctionnelle, lorsque le prévenu est d'origine européenne ou assimilée :

1° En premier et dernier ressort, de toutes les contraventions déférées par les lois et règlements aux tribunaux de simple police, lorsque la peine consistera seulement en une amende, ou s'il y a condamnation à l'emprisonnement, lorsque le temps pour lequel cette peine est prononcée n'excédera pas deux mois ;

2° En premier ressort seulement, et à charge d'appel devant le Conseil d'appel dont il sera parlé plus loin, des délits à l'occasion desquels aura été prononcée une peine supérieure à celles indiquées par le paragraphe précédent.

Art. 9. — En matière correctionnelle et de simple police, les juges de paix suivront la procédure des tribunaux de simple police en France.

Toutefois, ils seront investis, en tous cas, des p uvoirs conférés par les articles 268 et 269 du code d'instruction criminelle, et les jugements pourront être exécutés sans signification préalable.

Art. 10. — En matière correctionnelle et de simple police, les fonctions du ministère public seront remplies par les titulaires de ces emplois prévus à l'article 3 ci-dessus.

Les juges de paix sont saisis par le ministère public ou directement à la requête de la partie civile.

Art. 11. — Des arrêtés du gouverneur fixeront la compétence territoriale des justices de paix du Dahomey et dépendances.

Art. 12 — Des arrêtés du gouverneur pourront autoriser ou ordonner la tenue d'audiences foraines.

TITRE III

De la juridiction d'appel

Art. 13. L'appel des jugements rendus en premier ressort par les tribunaux de paix du Dahomey et dépendances est porté devant un Conseil d'appel siégeant au chef-lieu et composé du gouverneur ou de son délégué président, et de deux assesseurs choisis, au commencement de chaque année, par le gouverneur, parmi les fonctionnaires ou officiers en service dans la colonie, Lorsqu'un des assesseurs sera absent ou empêché, il sera pourvu d'office, par le gouverneur, à son remplacement.

Les fonctions de ministère public seront remplies par les titulaires désignés à l'article 3 ci-dessus.

Art. 14. — Les jugements rendus en dernier ressort par les tribunaux de paix du Dahomey et dépendances pourront être attaqués par la voie de l'annulation devant le conseil d'appel pour excès de pouvoir ou violation de la loi. Lorsque celui-ci annulera un jugement rendu par une des justices de paix, il prononcera le renvoi de l'affaire devant le même tribunal, qui devra se conformer, pour le point de droit, à la doctrine adoptée par le Conseil d'appel.

TITRE IV

De la juridiction criminelle

Art. 15. — Le Conseil d'appel, constitué en tribunal criminel, connait des crimes commis sur le territoire dépendant du gouvernement du Dahomey et dépendances, et de toutes les affaires qui sont déférées en France aux cours d'assises.

Art. 16. — Lorsque le tribunal criminel devra procéder au jugement d'une affaire dans laquelle seront impliqués comme accusés des Européens ou assimilés, il s'adjoindra le concours de deux assesseurs supplémentaires.

Art. 17. — Ceux-ci ont voix délibérative sur la question de culpabilité seulement.

La condamnation est prononcée à la majorité de troix voix contre deux.

Art. 18. — Les deux assesseurs supplémentaires prévus à l'article 16, sont désignés par la voie du sort sur une liste de douze fonctionnaires ou notables de nationalité française, dressée chaque année dans la seconde quinzaine de décembre, par le secrétaire général et approuvée par le gouverneur.

Art. 19 — Les juges de paix rempliront les fonctions de magistrat instructeur. Les fonctions de ministère public et celles de greffier seront exercées par les titulaires de ces emplois prévus à l'article 3 du présent décret.

Le tribunal criminel est saisi par le ministère public.

Art. 20. — Les formes de la procédure, ainsi que celles de l'opposition devant le tribunal criminel, sont à moins d'impossibilité constatée, celles qui sont suivies en matière correctionnelle en France.

Art. 21. — Les décisions du tribunal criminel ne sont pas sujettes à appel. Elles sont susceptibles de recours en cassation dans l'intérêt de la loi et conformément aux articles 441 et 442 du Code d'instruction criminelle

Art. 22 — Les crimes et délits ayant un caractère politique ou qui seraient de nature à compromettre l'action de l'autorité française seront jugés par le tribunal criminel sans le concours des assesseurs supplémentaires.

TITRE V

Législation

Art. 23. — En toute matière, les tribunaux du Dahomey et dépendances se conforment à la législation civile commerciale et criminelle du Sénégal en tout ce qui n'est pas contraire au présent décret.

Art. 24. Les administrateurs, résidents et chefs de poste sont officiers de police judiciaire.

Ils peuvent procéder à l'arrestation du délinquant en cas de crime ou de flagrant délit.

Art. 25. — Toutes les fois qu'un indigène de leur ressort se sera rendu coupable d'un crime ou d'un délit nécessitant une instruction, ils pourront, sans attendre un réquisitoire de magistrat compétent, se livrer à cette instruction et détenir les prévenus pendant tout le temps de sa durée.

Art. 26. — L'instruction terminée, ils dirigeront, s'il y a lieu, le prévenu sur le tribunal correctionnel du ressort en le faisant accompagner des pièces de l'enquête.

S'ils jugent qu'il n'y a ni crime, ni délit, ils mettront le prévenu en liberté, sans pouvoir pour cela rendre une ordonnance de non-lieu.

Les pièces de l'instruction seront envoyées au magistrat du ressort qui, suivant les circonstances, classera l'affaire, demandera un supplément d'enquête, prononcera le renvoi du prévenu devant le tribunal correctionnel, ou en fera saisir le tribunal correctionnel.

TITRE VI

Dispositions diverses

Art. 27. — Sont maintenues, les juridictions indigènes actuellement existantes, tant pour le jugement des affaires civiles entre indigènes que pour la poursuite des contraventions et délits commis par ceux-ci envers leurs congénères.

Art. 28. — Les indigènes pourront, en tout état de cause, saisir de leurs procès les tribunaux français.

Art. 29. — Le secrétaire général au chef-lieu du gouvernement, ou en cas d'absence, le fonctionnaire qui le remplace, ainsi que les administrateurs dans leurs cercles et les résidents ou chefs de poste, rempliront les fonctions d'officiers de l'état-civil.

Ils tiendront en triple expédition les registres, dont un exemplaire restera déposé au greffe de la justice de paix du ressort, un autre au greffe du Conseil d'Appel ; le troisième sera envoyé au ministère des colonies pour être classé aux archives coloniales, conformément à l'édit de juin 1776.

Art. 30. — Les juges de paix du Dahomey et dépendances prêtent serment, verbalement ou par écrit, devant le Conseil d'Appel.

Les juges de paix reçoivent le serment de leur greffier.

Le Conseil d'appel reçoit le serment de ses membres.

Art. 31. — Avant d'entrer en fonctions, les administrateurs, résidents et chefs de postes qui sont officiers de police judiciaire, prêtent verbalement ou par écrit, devant le tribunal de paix du ressort, le serment prescrit pour les magistrats de l'ordre judiciaire.

Art. 32. — Sont abrogées, en ce qu'elles ont de contraire au présent décret, les dispositions du décret du 11 mai 1892 organisant le service judiciaire dans la Guinée française et dépendances.

Art 33. — Le ministre des colonies et le garde des sceaux Ministre de la justice, sont chargés, chacun en ce qui le concerne, de l'exécution du présent décret, qui sera inséré au *Journal Officiel* de la République Française, au *Bulletin des Lois* et au *Bulletin Officiel* des colonies.

Fait à Paris, le 26 juillet 1894,

CASIMIR-PÉRIER.

Par le Président de la République :

Le ministre des Colonies,

DELCASSÉ.

Le Garde des sceaux ministre de la justice,

E. GUÉRIN.

Cultes. — Les indigènes du Dahomey sont, pour la plus grande partie, fétichistes ; ils admettent bien un créateur mais, comme il a délégué sa puissance au fétiche qui représente pour eux un pouvoir tangible, pouvant mettre en jeu les forces de la nature, ils ne connaissent que ce dernier. Il y a, en outre, dans la colonie, un certain nombre de musulmans dont le chiffre s'accroît tous les jours et contre lesquels les missions, tant catholiques que protestantes, semblent lutter difficilement.

Catholiques. — Les premiers missionnaires catholiques, appartenant à la Société des Missions Africaines de Lyon, débarquèrent à Ouidah le 18 avril 1861. La maison Régis déjà établie dans le pays les reçut avec bienveillance et facilita leur installation.

Ils furent d'abord bien vus des autorités indigènes et purent commencer immédiatement leur œuvre d'évangélisation en s'appuyant sur un noyau d'anciens esclaves revenus du Brésil où ils avaient reçu le baptême.

Malheureusement, cette période de tranquillité dura peu. En 1862, la foudre tomba sur la mission et les indigènes prétendant qu'elle avait mécontenté le fétiche lui infligèrent une grosse amende que le P. Borghère, alors supérieur, refusa de payer.

Il fut jeté en prison et n'en sortit que grâce à la maison Régis.

Malgré cela, la chrétienté prospérait ; elle comptait plus de 150 enfants et put, le 27 janvier 1865, ouvrir une école à Porto-Novo.

En 1868, fut fondée la mission de Lagos, puis furent successivement ouvertes les stations d'Agoué, de Grand-Popo, de Zagnanado, d'Athiéné, de Ketou et d'Abomey-Calavi, qui toutes sont en pleine prospérité et donnent les meilleures espérances pour l'avenir.

Les missions catholiques du Dahomey sont divisées en trois groupes : 1° Les missions situées au Nord du 10e parallèle, qui appartiennent provisoirement aux Pères Blancs du Sahara ; 2° Les missions situées au Sud du 10e parallèle et à l'Ouest de l'Ouémé, qui relèvent de l'autorité de l'évêque de Lagos, vicaire apostolique du Bénin, et enfin 3° celles qui sont situées à l'Est de l'Ouémé, toujours au Sud du 10e degré qui relèvent de l'autorité du préfet apostolique du Dahomey, dont la résidence est Agoué.

L'administration locale s'est plainte, à différentes reprises, des inconvénients résultant de la dualité de direction des missions du Bas-Dahomey, et a manifesté le vœu qu'elles fussent réunies sous l'autorité d'un chef unique qui résiderait à Porto-Novo.

Les missions catholiques, indépendamment de leur œuvre religieuse, ont facilité la tâche de l'administration locale en lui fournissant des jeunes gens, sachant lire et écrire le français, qui ont fait de bons interprètes et ont pu remplir immédiatement les emplois inférieurs des postes, de la douane et des maisons de commerce. Mais il est à craindre qu'en ne développant que ce genre d'enseignement, les missions ne manquent leur but. On ne peut se dissimuler, en effet, que l'indigène qui a passé par l'école et qui sait écrire à peu près correctement son nom, tout en parlant un français médiocre, prend une idée exagérée de sa valeur. Il lui semblerait déchoir s'il se consacrait au travail de la terre ou apprenait une profession manuelle ; il n'a qu'un but : entrer dans l'administration ou trouver dans le commerce une place où il gagne assez pour pouvoir porter des cravates de couleur voyante et des souliers vernis. Comme ses aptitudes ne lui permettent pas de satisfaire ses desiderata, il accepte un emploi moins rétribué, s'endette, et trop souvent finit par commettre quelque indélicatesse pour sortir d'une position fausse.

Le moyen d'éviter cet écueil serait de ne donner, tous les ans, une bonne instruction primaire qu'à un nombre très

Mission catholique à Zagnanado

imité d'élèves choisis parmi les plus intelligents, et de pousser résolument les autres dans les professions manuelles, après leur avoir appris un peu de français et donné quelques notions de lecture et d'écriture.

Les ouvriers d'art, charpentiers, maçons, forgerons, etc., sont en nombre insuffisant au Dahomey, et ce serait rendre un véritable service et à la colonie et à ces jeunes gens que de leur apprendre des professions qui les mettront à même de faire immédiatement œuvre utile, tout en leur fournissant un moyen certain de gagner leur vie. L'administration s'occupe en ce moment, de concert avec le supérieur des missions catholiques à Lyon, de créer à bref délai des écoles professionnelles.

Protestants. — Les missions protestantes arrivèrent au Dahomey en 1843, date à laquelle M. Freemann, envoyé par la Société des Missions Vesleyennes de Londres, vint voir le roi Ghéso à Cana et obtint de lui la permission de fonder des missions et des églises où bon lui semblerait. Il en créa immédiatement une à Ouidah, et, neuf ans plus tard, en 1852, deux autres, à Agoué et à Grand-Popo.

C'est en 1862 que fut fondée la mission de Porto-Novo par Thomas Marshall, fils d'un féticheur, élevé à la mission de Badagry, où il s'était converti. Il resta à Porto-Novo jusqu'à la mort et donna une certaine importance à la mission qu'il avait créée. Il mourut en 1899, laissant une école qui reçoit une centaine d'enfants auxquels elle donne un enseignement élémentaire en français. Elle vient d'être réorganisée de façon à pouvoir accepter un plus grand nombre d'élèves.

Entre temps, en 1881, la mission de Ouidah, persécutée par le roi Glégié, se dispersa et ses membres se réfugièrent en grande partie dans celles d'Agoué et de Grand-Popo.

Actuellement, il y a au Dahomey trois stations principales et plusieurs petites stations. Elles sont sous la direction d'un missionnaire français, assisté de quatre missionnaires indigènes. Elles relèvent du synode de Lagos.

Indépendamment de leur action religieuse, les missions ont eu au Dahomey une influence heureuse en répandant notre langue et en nous faisant connaître dans ce pays où elles ont pénétré avant que la France y eût commencé son œuvre de

Femmes catholiques de Ouidah

paix et de civilisation. Ce sont elles qui ont provoqué, en 1863, la nomination de notre premier consul à Ouidah, et elles n'ont jamais cessé, depuis cette époque, de mettre à notre service l'influence qu'elles avaient su acquérir sur les indigènes.

CHAPITRE VI

Le Haut-Dahomey

EXPANSION TERRITORIALE. — MISSIONS. — EXPLORATIONS. — TRAITÉS — LE NIGER.

Le Dahomey était à peine conquis qu'il devenait nécessaire, pour conserver à notre nouvelle colonie son complet développement, de mettre son hinterland à l'abri des ardentes convoitises de nos voisins de Lagos et du Togo, qui ne cachaient pas leur désir de profiter de l'ébranlement causé par la chute de la puissance dahoméenne pour prendre possession des territoires de la boucle du Niger et nous couper la route de ce fleuve.

Cette partie de notre histoire coloniale paraît devoir se diviser logiquement en deux périodes : 1° celle des traités (1894-1895) ; 2° celle de l'occupation effective (1896-1897). L'une et l'autre eurent pour conclusion les conventions de 1897-1898 passées par la France avec l'Allemagne et l'Angleterre et fixèrent définitivement les limites du Dahomey, en assurant sa liaison au Nord et à l'Est avec le Niger, à l'Ouest avec le Mossi et, par suite, avec le Soudan et le Sénégal. Ajoutons que le décret du 17 octobre 1899, qui a réorganisé le gouvernement général de l'Afrique occidentale française, a déterminé en même temps les frontières respectives du Soudan et du Dahomey auquel il a rendu sa dépendance naturelle : le territoire de Say.

Ce sont les détails de ces opérations très délicates et très mouvementées que nous allons essayer de décrire.

Au mois de juillet 1894, la situation respective du Togo, du Dahomey et de la colonie anglaise de Lagos était la suivante : aux termes des conventions du 24 décembre 1885, avec le Togo, et du 10 août 1889, avec Lagos, la sphère d'influence de chacune de ces colonies avait été réservée jusqu'au neuvième degré, mais au delà le champ était libre et leurs intérêts se trouvaient opposés. La tâche du Dahomey était particulièrement difficile, car il était obligé de devancer, à l'Est, les Anglais qui voulaient déborder du Yoruba pour nous couper la route du Niger, et, à l'Ouest, les Allemands, dont le but était également d'atteindre le Niger à tout prix afin de rendre impossible la jonction du Dahomey et du Soudan.

L'objectif commun des Allemands et des Anglais était donc de faire leur jonction au Nord du Dahomey et de réduire notre colonie à n'être qu'une simple enclave côtière. Il n'y avait pas de temps à perdre pour devancer nos rivaux.

Deux missions, l'une anglaise, commandée par le capitaine Lugard, l'autre allemande, dirigée par M. Gruner, se disposaient à se mettre en route pour le Borgou et devaient s'efforcer de nous devancer dans l'hinterland du Dahomey. A cette époque, la mission Decœur était rentrée en France et le gouverneur du Dahomey n'était pas encore de retour dans la colonie.

M. Ballot reçut l'ordre de repartir au commencement du mois de juillet 1894 pour venir prendre possession de son gouvernement. Il avait reçu comme instructions générales de M. Delcassé, ministre des colonies, l'ordre de mettre en route la mission Decœur, qui allait prochainement quitter la France, et de devancer en même temps, par les moyens qu'il croirait les plus pratiques, les Allemands et les Anglais, qui menaçaient le Gourma et le Borgou, de manière à nous réserver, avec la plus grande étendue de territoire possible, le libre accès au Niger.

Le commandant Decœur avait déjà, dans le courant de l'année 1893, parcouru l'hinterland immédiat du Dahomey, accompagné du lieutenant d'infanterie de marine Baud. Il s'était rendu, tout d'abord, dans le haut Mono, avait atteint Pessi, et, un peu plus tard, Dadjo, Ouécé, Begbéra (Tchaourou). Il était rentré en France au mois d'avril 1894, en exprimant l'avis que, pour pouvoir pénétrer pacifiquement chez les Baribas, il fallait marcher très lentement en établissant des postes à partir du huitième degré.

Premier voyage de M. Ballot (du 26 août au 28 octobre 1894) de Porto-Novo à Carnotville. — M. Ballot, arrivé dans la colonie le 29 juillet 1894, se mit en route le 26 août avec le commandant Decœur. La mission du gouverneur se composait de :

M. le colonel Nény, de l'infanterie de marine ;

M. le capitaine d'artillerie Mounier, chef du bureau militaire du gouvernement ;

M. Deville, administrateur colonial ;

M. Xavier Béraud, interprète principal, secrétaire interprète du gouverneur.

L'escorte était composée de 25 gardes indigènes, commandé par l'inspecteur Achille Béraud, et un convoi de 80 porteurs.

Cette mission s'embarqua sur l'*Onyx* et l'*Opale*, qui remorquaient chacune deux grandes pirogues.

La mission du commandant Decœur se composait de :

M. Baud, lieutenant d'infanterie de marine ;

M. le Dr Danjou, médecin, aide-major de 1re classe ;

M. Molex, secrétaire ;

M. de Portzamparc, lieutenant d'infanterie de marine aux tirailleurs haoussas, commandant l'escorte ;

M. Vargoz, sous-lieutenant aux tirailleurs sénégalais ;

M. d'Auriac, inspecteur de la garde indigène.

Comme escorte : une section de tirailleurs sénégalais, une section de tirailleurs haoussas et 50 gardes indigènes; en tout, 150 hommes et un convoi de 250 porteurs.

Chef de Kétou

Les canonnières arrivèrent le 26 août au soir à Dogba, le 27 à Sagon, le 26 à Ouéméton (Zagnanado), où s'opéra le débarquement du personnel et du matériel.

La mission Decœur resta à Agony pendant que celle du gouverneur se dirigeait sur Zagnanado et Abomey, où elle arriva le 29 août. Elle y séjourna le 30, revint le 31 à Zagnanado, d'où elle partit le 2 pour les Dassas et Savé, où elle avait donné rendez-vous à la mission Decœur, qui devait s'y trouver le 7 ou le 8 septembre.

La mission du gouverneur arriva le 2 à Gahingon, le 3 à Kétou, où elle séjourna toute la journée du 4 ; le 5 à Agony-

Chef de Savé

Pao, le 6 à la rivière Ocpala, le 7 à la rivière Bessi, le 8 à Savé, où elle retrouve le commandant Decœur avec une partie de sa mission, le reste, avec le lieutenant Baud, ayant été dirigé sur Savalou pour s'y réapprovisionner. Le gouverneur reste le 9 à Savé, passe le 10 à Kaboua, le 11 à Kokoro, le 12 à Ouécé, le 13 à Vossa, le 14 à Dadjo, où il rejoint la mission Decœur.

Laissant dans ce village une partie de ses bagages, M. Ballot traverse, le 15, la rivière Bido, et enfin, le 16, il arrive à Agbassa il décrit ainsi la dernière partie de son voyage :

« La route suivie est un simple sentier de chasseurs. A six heures du matin, la colonne atteint le pied d'une chaîne de montagnes assez élevées et on commence l'ascension. L'unique chemin qui traverse cette chaîne passe par un des points les

Carnotville

plus bas. La marche de la colonne est forcément ralentie par les difficultés de la montée sur des blocs de marbre et de granit qui roulent sous les pieds. La descente se fait sans trop de peine sur le versant opposé, le sentier ne suivant plus la ligne de plus grande pente.

« Après avoir franchi un soulèvement beaucoup moins considérable, la route traverse un ruisseau de 8 mètres de largeur à fond rocheux que l'on peut passer en posant les pieds sur les pierres au milieu desquelles une eau claire coule en assez grande abondance.

« Contournant une autre chaîne de direction opposée à celle que la colonne vient de franchir, une route de 6 mètres de large mène à l'Agbassa, région située dans un véritable cirque tirant son nom de l'un des villages qui y sont situés. A neuf heures, la mission arrive au premier village au milieu duquel le campement est établi. Des cases d'indigènes servent d'abri. »

C'est dans ce village d'Agbassa, remarquable par sa situation et par sa proximité des routes conduisant aux grands centres du haut pays, que le gouverneur Ballot établit notre premier poste d'occupation. Il lui donna le nom de Carnotville.

Le 17 septembre, la mission redescend à Dadjo, le 18, franchit l'Ouémé, fort large à cet endroit et présentant certaines difficultés de passage, le 19, atteint Diagbalo, après avoir traversé l'Odouo, arrive le 20 à Agoua, le 21 à Kokoboa, le 22 à Savalou, où une nouvelle résidence venait d'être construite en quelques jours par M. Mounier, adjoint des affaires indigènes, premier résident de Savalou. La mission séjourne dans ce poste le 23 et en profite pour reconnaître le cours de l'Agbado. Elle en repart le 24 et va coucher sur les bords du Zou.

Le 25 septembre, la mission oblique vers l'Ouest et se dirige sur Djalloukou, où elle arrive le même jour. La route a été préparée d'avance par le roi de Djalloukou, prévenu de l'arrivée de la mission. Grossis par les pluies, les ruisseaux qui traversent le chemin peuvent être cependant franchis assez facilement, puis on atteint, à neuf heures trente, la ville bâtie dans un site très pittoresque au pied de rochers élevés et entremêlés de verdure. Le campement est établi dans une case trop rapidement construite par l'escorte, une violente tornade oblige à la quitter dans la soirée ; l'eau, l'envahissant entièrement, contraint la mission à profiter de l'hospitalité peu confortable du roi.

Le 26 septembre, elle se rend de Djalloukou au Couffo, le 27, elle va du Couffo à Didja et arrive le 28 à Abomey, où elle séjourne le 29, le 30 septembre et le 1er octobre. Le 2, elle repart dans la direction de Tado, couche à Avégamé et arrive à Tado, où elle séjourne le 4 octobre. Le 5, elle passe à Toune et campe à Ounbénié, le 6 à Topli. Elle y séjourne le 7 octobre, se rend le 8 à Affagnon, où elle reste un jour, arrive le 10 à Toune et le 11 à Agoué. Le gouverneur y reste le 12 et, le 13, profite de son séjour pour inspecter les postes de douane de la frontière allemande, se rend le 14 à Grand-Popo, y demeure jusqu'au 19 pour régler différentes affaires, arrive le 20 à Ouidah, y reste jusqu'au 23, repart le 24 pour Allada, y arrive le même jour et repart le 26 pour Abomey-Calavi. Le 27, la mission couchait à Godomey et atteignait Cotonou le 28, où l'*Opale* l'attendait pour l'emmener à Porto-Novo, où elle arrivait le même jour.

Le résultat pratique de la première mission du gouverneur a été de mettre en route la mission Decœur et d'assurer sa subsistance par la concentration d'importants approvisionnements de vivres, d'abord à Savalou et ensuite à Carnotville. Ce voyage permit, en outre, au gouverneur de se rendre compte de la situation générale des pays nouvellement soumis à notre influence dans le Nord de la colonie et aussi de recueillir dans des régions encore inexplorées de précieux renseignements géographiques qui trouveront leur place dans un autre chapitre.

M. Ballot avait également profité de son passage à Agoué pour rendre visite au gouverneur du Togo. Là, il avait appris que M. Polekowski était débarqué à Petit-Popo le 2 octobre et en était parti le 14 pour Misahohé et Krathyé avec 100 miliciens et un convoi important. Cet officier allemand avait pour instructions de fonder une station à Krathyé et d'y attendre l'arrivée du Dr Gruner. Le but apparent de cette mission était de visiter l'hinterland de la colonie allemande, son but réel était d'atteindre le Niger entre Gomba et Say. Le gouverneur avait immédiatement informé le commandant Decœur de la gravité de la situation en lui prescrivant de se hâter. La

Femme Mina d'Agoué

mission Decœur était, à cette époque, revenue au Sud de Carnotville et perdait un temps précieux dans les environs de Bédou et de Manigri, un peu au Nord de Savalou.

Apprenant, d'autre part, que le capitaine Lugard avait quitté Ibadan le 5 septembre, se dirigeant vers le pays des Baribas, afin d'y devancer la mission française, le gouverneur

Ballot mit immédiatement en route M. Alby, administrateur, chef du service des affaires politiques, avec mission de rejoindre le commandant Decœur, de le tenir au courant des progrès des Anglais et des Allemands et surtout de l'inviter à hâter sa marche en avant, sur Niki d'abord, pour y devancer le capitaine Lugard, et ensuite sur le Mossi, pour y devancer la mission Gruner.

Le 6 novembre, M. Ballot écrivait de nouveau au ministre : « J'ai l'honneur de vous adresser, ci-joint, copie de quatre traités passés par le commandant Decœur avec les chefs des villages de Bédou, Blé, Manigri et avec le roi du Gambari.

« Ces documents sont parvenus à Porto-Novo le 24 novembre. Depuis cette époque, je n'ai reçu aucune nouvelle de la mission Decœur, et j'ignore où elle se trouve actuellement. A la date du 24 novembre, le commandant Decœur était encore à Manigri et avait l'intention de partir le lendemain pour Kirikri, Aledjo, Séméré et, de ce point, de suivre l'itinéraire de Wolf jusqu'à Niki.

« J'ai reçu le 1er de ce mois une lettre de M. Alby, datée d'Alafia, le 23 novembre, dans laquelle il dit que tout va bien et annonce son intention de marcher rapidement sur Niki, où il espère arriver le 28. »

La mission Decœur, au lieu de marcher directement sur Niki, avait cru, en effet, devoir suivre la route déjà explorée par Wolf en 1889 : Manigri, Pénésoulou, Pélala, Aledjo, Séméré, Ouangara, Bori, N'Dali, Tébo, Péréré, Doroukpara ; elle n'atteignit Niki que le 25 novembre, malheureusement cinq jours après le capitaine Lugard ! Le commandant Decœur parvint à signer cependant avec le roi de Niki un traité régulier, plaçant le Borgou sous le protectorat de la France. Il redescendit ensuite sur Parakou et Carnotville.

La mission Decœur repartit de cette dernière ville le 19 décembre, se dirigeant sur Kouandé et Maka, où elle arriva le 31.

Campement du gouverneur Ballot à Boussa

Là, elle se divisa en deux parties : l'une, composée des lieutenants Baud et Vergos, se dirigea sur Say pendant que le commandant Decœur, le lieutenant Vermeersch et M. Molex, partant le 9 janvier de Sansanné-Mango, continuaient leur route au Nord à travers le Gourma, en essayant de distancer le second du Dr Gruner, le lieutenant allemand de Carnap, lancé en avant par son chef. Malgré les efforts du commandant Decœur, M. de Carnap arriva le premier à Pama, où il fit signer un traité le 14 janvier. Puis, apprenant que le chef de Pama n'était pas le vrai roi du Gourma, il continua sa route au Nord, sur Nando, qu'il supposait être la capitale de ce pays. Le roi de Nando étant à Kantkantchari, il alla l'y trouver, lui fit signer un traité et attendit dans ce village l'arrivée du Dr Gruner. Mais, au lieu de son chef, ce fut le commandant Decœur qu'il vit arriver. Ce dernier, de Pama, s'était dirigé sur Fada N'Gourma ou Noungou, la véritable capitale du Gourma, contrairement à ce que pensait le lieutenant de Carnap. Il avait, dans cette dernière ville, signé un traité avec le roi Bantchandé puis avait continué sa route par Nando et Say, où il rejoignit le lieutenant Baud, qui y était installé depuis le 25 janvier.

Entre temps, M. Ballot, inquiet des progrès des Anglais et des Allemands, désolé de savoir que le commandant Decœur n'était arrivé à Niki qu'après le capitaine Lugard, résolut de partir lui-même pour le haut pays afin de suivre de plus près la marche des missions et de pouvoir les seconder au besoin.

La situation politique du bas pays était bonne : le premier voyage du gouverneur à Carnotville avait produit le meilleur effet chez les indigènes et calmé tous les esprits. La création des postes permanents de Kétou, Badagba, Agoua, Dadjo et Carnotville, ainsi que l'installation définitive des résidents de Savalou, de Sagon et d'Athiémé avaient prouvé aux indigènes notre intention bien arrêtée d'organiser et de pacifier leur pays.

« A Savalou, écrivait le gouverneur à M. Delcassé, ministre des colonies, nous avons été accueillis comme des libérateurs. Grâce au roi Baguidi, les porteurs et les courriers peuvent y être facilement recrutés, les routes de Savalou à Carnotville sont actuellement largement ouvertes et bien entretenues.

« En résumé, la colonie tout entière est absolument calme et c'est en toute confiance que je quitterai ces jours-ci le centre du gouvernement pour me rendre de nouveau dans le haut pays.

« Je sais, monsieur le ministre, quelle importance vous attachez à tout ce qui concerne notre œuvre de pénétration. Je puis vous donner l'assurance que j'y emploierai toute mon énergie et que j'arriverai, si nous n'avons pas été devancés par nos rivaux, à assurer la réussite du plan dont vous avez bien voulu me confier l'exécution. »

M. Ballot partit de Porto-Novo le 27 décembre, et, après avoir passé par Abomey-Calavi pour y organiser et mettre en route la mission Toutée, qui arrivait de France, il continua sa route sur Abomey, où il parvint le 1er janvier 1895. Il arriva à Savalou le 6, à Carnotville le 11. Après avoir envoyé des instructions aux missions Decœur, Alby, Baud et Toutée, le gouverneur se dirigea sur le Niger par Niki, capitale du Borgou, afin de s'assurer par lui-même de l'existence et de la valeur des traités passés par la Compagnie Royale Anglaise avec les chefs des provinces du Niger. Il voulait aussi étudier de près le Borgou et le Boussang, pays jusqu'alors inexplorés.

Il partit de Carnotville le 13 janvier, accompagné, comme lors de son premier voyage, du capitaine Mounier, de l'administrateur Deville et de l'interprète principal Xavier Béraud, avec une escorte de 25 tirailleurs sénégalais, commandés par le sous-lieutenant Macodou M'Baye, et de 50 gardes indigènes, sous les ordres de l'inspecteur Achille Béraud ; 200 porteurs formaient le convoi.

Il arriva sans encombre à Niki le 20 janvier en suivant la route Halafia, Parakou, Guinagourou, Schori et Péréré, où le commandant Decœur avait été fort mal reçu. A Niki, il constata l'existence d'un traité signé par le capitaine Lugard avec l'Iman des musulmans de cette ville, le 10 novembre 1894; mais le roi lui affirma que cet acte avait été passé à son insu et qu'il refusait de le reconnaître. Le 22 janvier, M. Ballot quitta Niki, passa le 23 à Yassikérah et Bétay, à Kayoma le 25, à Ouaoua le 27 et arriva à Boussa le 29 janvier. Là, le roi lui montra deux traités, un du 10 novembre 1885 pour le compte de la *National african company limited*, l'autre du 20 janvier 1890, signé par un agent de la *Royal Niger company*. Ce dernier acte assurait à cette Compagnie anglaise le monopole commercial du Boussang.

Le gouverneur, après être resté quelques jours sur les bords du Grand-Fleuve, repart de Boussa le 31 janvier, passe à Zali le 1er février, à Louma le 2, à Coubli le 3, à Galondgi le 4, à Yagbassou le 5, à Pagnian et Dékala le 6 février, à Péhangou le 7, à Sakamandgi et Niki le 8 février. A partir de ce point, la mission reprend le même itinéraire qu'à l'aller : elle passe le 9 à Sia, le 10 à Ourobérou, le 11 et le 12 elle séjourne à Schori, le 13 passe à Sinagourou, le 14 à Bégourou, arrive à Parakou le 15 février 1895, et, enfin, le gouverneur rentre à Porto-Novo le 11 mars, après avoir, à son passage à Carnotville, envoyé chez les Kodokolis le capitaine Mounier, qui signa un traité avec le chef de ce pays le 24 février 1895; et, dans le royaume de Bouay, l'administrateur Deville, qui poussa jusqu'à Kandi et conclut, le 8 mars, un traité de protectorat avec le chef de cette province du Borgou.

Pendant ce temps, la mission Decœur quittait Say, longeait le Niger et redescendait à Carnotville, où elle se disloqua le 21 mars. Le commandant Decœur descendit à la Côte pendant que le lieutenant Baud et le lieutenant Vermeersch, contournant le Togo et la Côte d'Or, se dirigèrent sur Grand-Bassam par le Gourounsi, Bouno et Bondoukou.

M. l'administrateur Alby, à son retour de Niki, au mois de décembre, avait été chargé par le gouverneur d'une double mission : 1° rechercher le commandant Decœur et le lieutenant Baud dans la direction de Sansanné-Mango et communiquer au commandant les ordres du ministre, prescrivant son retour à la côte et la remise du commandement de la mission au lieutenant Baud ; 2° remonter jusqu'à Ouagadougou, capitale du Mossi, et passer un traité avec le chef de ce pays, de manière à relier le Dahomey au Soudan français, en passant par le Kaarga et la Gambakha et en revenant, si possible, par la capitale du Gourma.

Le Niger à Boussa

M. Alby ne put tout d'abord rejoindre le commandant

Decœur, qui avait quitté Sansanné-Mango et se dirigeait aussi vite que possible sur Say en essayant de distancer le lieutenant de Carnap.

M. Alby raconte ainsi son départ de Sansanné-Mango : « D'autre part, tous mes renseignements concordaient pour attester le passage relativement récent de missions anglaises et allemandes, fortement escortées, dans le Kaarga et le Gambakha, venant de Salaga et de Yendi.

« Je ne pus que profiter d'un heureux concours de circonstances pour passer un traité de protectorat avec le roi de Sansanné-Mango, et je pris la résolution de remplir la seconde partie de mes instructions en essayant de gagner Ouagadougou aussi rapidement que possible par une route directe encore inconnue. »

M. Alby, qui avait avec lui 14 gardes indigènes et 50 porteurs, repartit le 29 janvier de Sansanné-Mango, passa par Borgou, Pougno, Djébiga, Découi, Sanka, traversa le Yanga, le Boussangsi et entra sur le territoire du Mossi le 4 février. Il continua par les villages de Bani, Tingourkou, Béri, Boussourima et Konbitchiri. Malheureusement, le sultan de Ouagadougou fut prévenu de son arrivée et lui interdit l'entrée de cette ville. M. Alby dut s'arrêter à Boussourima, à un jour de marche de la capitale. Il envoya des messagers au roi, qui les reçut fort bien mais n'accorda pas l'autorisation demandée. Après avoir vainement essayé à plusieurs reprises de passer outre à cette défense, M. Alby se décida enfin à partir le 24 février.

Il se proposait de redescendre par Noungou (Fada N'Gourma) et, en second lieu, de trouver une route directe de Fada N'Gourma à Pama ou Kouandé, mais il dut renoncer à ce projet. Il fut obligé, par suite des troubles qui existaient alors entre le Mossi et le Gourma, de reprendre son premier itinéraire et de passer par Tingourkou, d'où il gagna Pama, qu'il atteignit

Route de Boussa à Ouaoua

le 8 mars. Il arriva le 14 à Konkobiri, puis continua sa route par Kombogou, Firou, Lambouti Kouandé, Djougou, Ouari, Carnotville et Abomey, où il arrivait le 31 mars.

Quant au commandant Toutée, après avoir traversé le Yoroubah, il s'était installé à Badjibo, ayant constaté que ce point n'avait pas été occupé par les Anglais et qu'aucun bateau à vapeur n'y était venu depuis sept ans ; il y fonda en conséquence un fort auquel il donna le nom d'Arenberg.

Après avoir redescendu le fleuve et s'être assuré que l'occupation anglaise ne commençait réellement qu'à Egga (270 kilomètres au Sud de Badjibo), le commandant Toutée se décida à remonter le fleuve et partit le 25 mars, laissant un poste à Arenberg. Il franchit d'abord les rapides de Boussa, après avoir rencontré à Léaba un simple noir se disant représentant de la *Royal Niger* qui voulut lui créer des difficultés, puis il continua intrépidement son voyage jusqu'à Gao dans une embarcation indigène, à peine escorté de quelques tirailleurs et laptots.

En résumé, les missions Ballot, Decœur, Baud, Alby et Toutée, par les traités qu'elles avaient passé avec les rois de Niki, du Gourma, de Kouandé, Sansanné-Mango, Ouangara, Say, Ilo, Bikini, etc., nous avaient donné sur nos rivaux des droits incontestables. Ces actes furent très bien accueillis en France, mais il n'en fut pas de même à l'étranger, surtout en Angleterre, où la presse se montra fort agressive contre nos explorateurs. Quoiqu'il en soit, grâce aux constatations du gouverneur Ballot, nous pouvions soutenir la validité du traité passé par nous à Niki malgré la convention conclue par le capitaine Lugard avec le chef des musulmans, mais non le roi de ce pays.

Par son traité avec le roi du Gourma, le commandant Decœur avait placé ce royaume tout entier sous notre protectorat. Les premiers, nous étions arrivés à Say, les premiers,

Campement des tirailleurs à Boussa

nous avions reconnu la partie inexplorée du fleuve de Say à Boussa.

Le bulletin du Comité de l'Afrique française du mois de mai 1895 appréciait ainsi les résultats des missions de nos explorateurs :

« Nos lecteurs peuvent maintenant apprécier l'importance des résultats tant politiques que géographiques qu'ont obtenus les missions françaises.

« S'ils considèrent en même temps que le Dahomey, resserré entre le Togo allemand et le Lagos anglais, ne peut prendre tout son développement que s'il a accès aux marchés de l'intérieur comme il a accès sur la côte, ils comprendront l'utilité, au point de vue de l'avenir économique et commercial de notre colonie, des missions qu'ont accomplies avec tant d'énergie, d'abnégation et de succès les explorateurs dont nous venons d'exposer l'œuvre.

« Si l'on jette les yeux sur les cartes de l'influence française en Afrique dressées en 1890 au moment où l'attention publique porta son attention sur les choses coloniales, on y voit que dans la région Nord-Ouest les plus hardis limitaient la partie teintée de notre couleur à une ligne allant d'Assynie à Say par Bandoukou et englobant les territoires récemment visités par M. Binger dans le vaste blanc qui représentait les territoires de la boucle du Niger compris entre cette ligne et le fleuve ; le Dahomey était une petite colonie côtière limitée au Nord par le 9e degré.

« Ce blanc doit être aujourd'hui teinté de notre couleur sur tous les territoires par lesquels s'est faite notre jonction entre notre colonie dahoméenne, le Niger, la Côte d'Ivoire et le Soudan français.

« L'œuvre inaugurée par MM. Binger, Monteil, Crozat, et si brillamment continuée par MM. Ballot, Decœur, Hourst, Toutée, Baud, Marchand, Braulot, Alby, sera accomplie à ce prix, et c'est dans ces limites agrandies que doit être constituée l'Afrique occidentale française telle que l'a faite le grand mouvement de pénétration de 1895. »

On a vu précédemment que, pendant les années 1894 et 1895, les missions envoyées par la France, l'Angleterre et l'Allemagne n'avaient eu qu'un but : distribuer et faire signer des traités à tous les sultans, rois ou même simples chefs de

Le roi de Sansanné-Mango et sa suite

village qu'elles avaient rencontrés sur leur route.

Comme elles employaient pour vaincre la résistance des autorités indigènes, les promesses, les cadeaux et souvent les menaces, celles-ci n'hésitaient pas longtemps à signer des conventions, dont elles ignoraient souvent la valeur, pourvu toutefois, qu'en échange, il leur fut abandonné une quantité suffisante de marchandises.

On comprend que dans ces conditions, chaque nation avait

pu faire une abondante moisson de ces papiers, et les diverses missions étaient rentrées en Europe d'autant plus enchantées du résultat de leur campagne, que chacune d'elles était persuadée que ses traités seuls étaient bons et que ceux de ses rivaux n'avaient aucune valeur.

C'est ainsi que le Dr Gruner publiait dans *Deutsche Kolonial Zeitung* du 30 novembre 1895, un long article par lequel il s'efforçait de prouver que nos traités, simples chiffons de papier, n'avaient aucune valeur, alors qu'au contraire, ceux faits par lui et le lieutenant de Carnap, établissaient indubitablement les droits des Allemands sur les régions situées dans l'hinterland du Togo et du Dahomey au nord du 9e degré. Il s'appuyait pour cela sur ce que les traités allemands sont écrits et signés en arabe et qu'ils ont donné lieu à de longues négociations, tandis que les traités français ne portent que la croix des indigènes !

En résumé les deux questions importantes en litige avec les Allemands étaient celles de Sansanné-Mango et du Gourma. Pour la première, (Sansanné-Mango), M. Decœur y était arrivé le premier, le 6 janvier, précédant de quelques jours la mission allemande. Quant au Gourma, le traité signé à Pama et ensuite à Kankantchari par le lieutenant de Carnap ne pouvait avoir aucune valeur en regard de celui signé par nous à Fada N'Gourma (Noungou) dans la véritable capitale et avec le véritable roi du Gourma. Nous avions également l'avantage du côté de Say : d'abord en vertu du traité Monteil de 1891, ensuite de ce fait que les Allemands n'y étaient arrivés qu'au mois de février, alors que le lieutenant Baud, qui s'y trouvait depuis le 28 janvier, avait déjà renouvelé le traité Monteil et y avait été rejoint par la mission Decœur qui avait ensuite redescendu le cours du fleuve juqsu'à Gomba.

Afin de sauvegarder nos droits, des négociations furent

engagées avec l'Allemagne au commencement de 1896 pour arriver à éclaircir les droits respectifs des deux nations.

Des pourparlers avaient, d'autre part, été engagés avec l'Angleterre dès la fin de 1895. La France était représentée par MM. Roume, directeur des affaires politiques, et Larrouy, ministre plénipotentiaire et l'Angleterre par M. Henry Howard, de l'ambassade d'Angleterre, sir A. Hemming, gouverneur de la Guyane anglaise et le colonel Everett.

Bien que commencées depuis plusieurs mois, les négociations n'avaient pu aboutir, tant par suite des prétentions exagérées des Anglais que de la difficulté de se reconnaître parmi tous les traités que présentaient les représentants de chaque nation.

Pas plus que les Allemands d'ailleurs, les Anglais ne voulaient admettre la théorie de l'occupation effective, bien qu'ils s'en fussent autrefois prévalus dans leurs différends avec le Portugal au sujet du Machuanaland et du Matabeleland.

Néanmoins, les négociations n'avaient pas été rompues et elles se poursuivaient péniblement; lorsque le bruit vint en Europe que pendant que la France négociait loyalement, ses rivaux commençaient à occuper effectivement le pays contesté, de façon à essayer de nous placer en présence d'un fait accompli, contre lequel toutes nos protestations ne sauraient prévaloir.

L'éveil fut donné en avril 1896 par un télégramme venu de Brass et ainsi reproduit par le *Times* :

« Au commencement du mois de mars, une dépêche de Brass signale que sir John Taubman Goldie, président de la Compagnie royale du Niger est rentré à Akassa avec M. Wallace, agent général de la Compagnie, revenant de Boussa, capitale du Borgou.

« Le roi du Borgou maintient avec fermeté le traité qu'il a « signé en 1890 avec les Anglais. Il refuse formellement de

« conclure des traités avec les missions des autres nations.

« La Compagnie royale du Niger a établi des stations mili-
« taires sur plusieurs points du royaume du Borgou et du pays
« d'Ilorin, territoire situé à l'ouest du Niger. »

On ne saurait contester à cette dépêche l'opportunité avec laquelle elle arrivait pour tenter d'influer sur les négociations actuellement engagées entre la France et l'Angleterre, au sujet de la délimitation du bas Niger.

Elle nous prouvait aussi que la Compagnie du Niger ne restait pas inactive et qu'elle s'efforçait de détruire l'œuvre considérable des missions françaises du Niger.

Quelques mois après, aucune entente n'ayant pu intervenir, les négociations étaient interrompues.

Le *Bulletin du Comité de l'Afrique Française* exposait ainsi la situation des trois puissances dans la boucle du Niger :

« Les négociations engagées depuis de long mois entre la France et l'Angleterre, pour la délimitation du haut Dahomey, sont suspendues et subissent un temps d'arrêt, malgré les efforts très louables des commissaires français.

« Nous n'en serions pas trop alarmés si des faits récents ne nous avaient fait connaitre les tentatives faites par nos concurrents, pendant les négociations, pour prendre possession des territoires réclamés par nous. Nous ne voulons pas seulement parler des efforts de l'Allemagne, avec laquelle toute négociation parait d'ailleurs abandonnée, et qui vient de renvoyer dans l'arrière-pays du Togo le docteur Gruner, chef de la mission allemande de 1895. Nous sommes inquiets, surtout des menées de l'Angleterre, ou plutôt de la Compagnie royale du Niger, qui veut sans doute triompher de la campagne menée contre elle par les Chambres de commerce anglaises en prenant une position plus forte et plus étendue dans le Niger. Ces menées avaient été déjà signalées à notre attention par le singulier voyage de sir John Taubman Goldie, qui, à l'heure où s'ouvraient les délibérations de la commission franco-anglaise, se rendait à Akassa, remontait à la hâte le Niger jusqu'à Boussa et télégraphiait que les populations et les chefs confirmaient avec enthousiasme les prétendus traités de la Compagnie.

« Un nouveau fait a mis en lumière, pendant le mois de juin, la tactique de la Compagnie royale. Une mission française a

Un fétiche dans la brousse

été attaquée par des indigènes du haut Dahomey. Comme nous sommes tributaires des lignes télégraphiques anglaises pour l'Afrique presque entière, c'est un câblogramme de Brass qui nous en a informés. Il avait grossi considérablement les faits et ne parlait de rien moins que du massacre d'une forte expédition française allant au Niger et dirigée par le commandant Toutée, lequel est actuellement à Paris ! On s'aperçut sans peine, en France, de l'exagération voulue de ces nouvelles, et un télégramme officiel du gouverneur du Dahomey vint quelques jours après rétablir les faits : une mission, dirigée par M. l'administrateur Fonssagrives, était allée dans le nord du Dahomey rechercher les restes du chef de bureau Forget, parti de la côte vers le Niger, dans un accès de folie et assassiné par des coupeurs de route ; après avoir retrouvé le corps de ce malheureux, elle avait poussé jusqu'à Yagbassou, où avait eu lieu l'assassinat et où elle avait été attaquée par les Baribas, qui lui tuèrent sept miliciens et blessèrent M. Fonssagrives.

« Cet incident, qui n'a eu rien de grave au point de vue politique, a été exploité par la Compagnie royale, qui a tenté d'établir que notre influence dans le Borgou était bien précaire. Mais elle a montré très nettement le but qu'elle poursuit en télégraphiant en Europe « qu'elle envoyait de Badjibo des secours à la mission attaquée » ce qu'elle n'a d'ailleurs jamais fait. Nous n'avons plus à prouver à nos lecteurs que l'autorité de la Compagnie dans le Niger, en amont de Rabba, était une légende, — au moins jusqu'au voyage du commandant Toutée, car, par suite de l'inexcusable évacuation du poste d'Arenberg, on a fait la partie belle à sir John Taubman Goldie, qui a agi dans cette région en toute liberté.

« Nous sommes, d'ailleurs, persuadés que la situation de la Compagnie royale ne s'est pas améliorée de façon si sensible, et la dépêche disant qu'elle a envoyé des secours de Badjibo tend surtout à faire croire en Europe qu'elle possède maintenant des traités et des factoreries dans les territoires nigériens, en aval de Say et dans le Borgou. C'est ainsi que les Anglais avaient réussi à accréditer, avant les voyages du commandant Mizon, la légende de la toute-puissance de l'Angleterre dans la Bénoué, le Mouri, l'Adamaoua et les pays haoussas du triangle Say-Lokodja-Barroua.

« Il n'en est pas moins certain qu'elle tente de substituer en fait son influence à la nôtre dans les territoires sur lesquels portent les négociations franco-anglaises. Il semble, dès lors, qu'il ne suffise plus de réclamer nos droits. Le gouvernement a des mesures à prendre dans le haut Dahomey et au Niger pour leur donner une sanction. Il pourrait sembler plus convenable de n'exercer aucune action dans le territoire en litige pendant les négociations dont il est l'objet. Mais la Compagnie du Niger n'ayant pas respecté cette convenance et cherchant des arguments dans le fait accompli, il faudrait de la part de notre gouvernement, la plus regrettable apathie pour qu'il nous laissât, à cet égard, dans un état d'infériorité vis-à-vis de nos entreprenants rivaux. »

Dans un nouvel article du mois de septembre, le *Bulletin du Comité de l'Afrique* signalait de nouveau, et en ces termes, les agissements des Anglais et des Allemands :

« Au commencement de 1896, le comité de l'Afrique française jetait un cri d'alarme : il faisait observer que depuis 1896, il n'avait cessé de mettre le gouvernement en garde contre les dangers d'une inaction où il paraissait se complaire. Du jour où les négociations diplomatiques engagées à Paris, d'une part officiellement avec l'Angleterre, d'autre part, officieusement avec l'Allemagne, traînèrent en longueur, nous avons dit qu'il convenait de prendre en Afrique, dans les territoires en litige, telles mesures conservatoires qu'exigeait la sauvegarde de nos droits. Nos soupçons étaient éveillés par les agissements singuliers de la Compagnie royale du Niger, dont le président, sans même attendre l'arrêt des négociations engagées, alla dans le Niger pour tenter d'annihiler notre influence et d'y faire disparaître toute trace de ce poste d'Arenberg que nous réclamons avec plus d'énergie que jamais comme le poste le plus en aval du cours français du Niger. L'attitude de nos rivaux du Togoland éveillait également notre inquiétude, car nous avions appris et annoncé la présence, au Togo, du docteur Gruner, le chef de la mission allemande de 1895, et nous savions que le parti colonial allemand n'a rien abandonné de ses prétentions.

« Un fait très grave est venu nous apprendre que l'action de nos rivaux du Togo était aussi dangereuse, et malheureusement aussi avancée, que celle des Anglais des bouches du Niger. Pendant que sir G. Taubman Goldie accomplissait son voyage au Niger, les Allemands ont commencé une campagne décisive dans le haut Togoland, et notre gouvernement ne connaissait pas encore leur marche en avant que déjà ils avaient fait acte de possession effective dans un des points les plus importants du conflit, à Sansanné-Mango,

« Nous avons fait d'une façon si complète la critique des prétentions des Allemands et nous en avons si nettement montré l'exagération qu'il nous semble superflu d'exposer de nouveau les arguments si probants que nous leur avons opposés. Il nous suffira de rappeler que c'est à nos dépens que le parti colonial allemand et le gouvernement impérial projettent de développer le Togoland : du Togo resserré entre la mer et le 9e parallèle, ils veulent faire une colonie allant s'appuyer au Niger et s'étendant même au delà sur la rive gauche, à travers la partie du Haut-Dahomey que les missions Ballot, Decœur, Baud et Alby nous ont acquise et qui est la voie d'accès de notre colonie au Soudan français, à la Côte d'Ivoire et au cours moyen du grand fleuve commercial de l'Afrique occidentale.

« L'occupation de Sansanné-Mango et la création d'un service de courriers ne sont que les premiers pas de la marche des Allemands au Niger. Sansanné-Mango est le point de départ, mais Say et Ilo sont les objectifs. Les Allemands ont demandé au mois de mars dernier, qu'on donnât au Togo un point d'accès au Niger. Les négociations n'ayant pas abouti, ils vont sur place occuper ce point d'accès. Ils n'en sont plus très éloignés peut-être y sont-ils déjà.

« Nous professons le plus grand respect pour les négociations diplomatiques engagées à Paris; nous en avons attendu, et, puisqu'elles ne sont pas rompues, mais seulement suspendues, nous en attendrons encore la réalisation des espérances que nous avons conçues. Mais il ne nous semble pas que notre gouvernement ait pris des mesures suffisantes pour appuyer ses demandes. L'administration locale du Dahomey avait commencé, l'année dernière, à pousser une ligne de postes sur la route du Niger et à établir des agents dans la région, convoitée par le Togoland. Nous suivions cette action avec le plus vif intérêt : après l'explorateur, qui établissait notre influence sur des régions nouvelles, venait ensuite l'agent de l'administration prenant possession effective et précédant le commerçant et le colon. Il semble qu'aujourd'hui toute action soit arrêtée.»

On voit que l'opinion publique s'était vivement émue. Le Ministère des Colonies qui avait suivi de près les agissements de nos rivaux avait déjà pris des mesures et, en novembre 1896, M. le gouverneur Ballot, alors en congé en France, regagnait le Dahomey suivi à un mois d'intervalle du lieutenant de vaisseau Bretonnet et des capitaines Baud et Vermeersch.

Dans un article du 1er avril, le Bulletin du comité annonce ainsi l'envoi de ces missions et le rôle qu'elles auront à jouer.

« La reprise de notre expansion dans la boucle du Niger a soulevé des protestations aussi bien en Allemagne qu'en Angleterre. On pouvait facilement s'y attendre et nous les avions prévues. Les protestations ont été assez vives et assez précises pour que nous ne les laissions point sans réponse.

« Avant même la rupture des négociations entreprises avec les Anglais et les Allemands ils avaient repris la marche en avant, ne dissimulant plus leur intention de s'emparer du Borgou, du Mossi, du Gourma, du Gourounsi et du Mampoursi. Non seulement les territoires acquis par nos missions allaient nous échapper, mais le Dahomey allait être réduit à une simple colonie côtière, sans issue vers le Nord.

« Pour défendre nos droits contestés à la fois au Mossi et dans le haut Dahomey, le gouvernement conçut le plan d'occuper effectivement les territoires que nous revendiquions en faisant partir du Dahomey deux missions qui, s'avançant vers le Nord, pour ainsi dire en éventail iraient, l'une sur le Niger pour s'y établir, l'autre dans le Mossi pour donner la main au lieutenant Voulet et à nos avant-postes du Soudan français.

« Les deux missions furent placées sous la haute direction de M. Ballot, gouverneur du Dahomey, dont l'initiative et le dévouement ont certainement contribué pour une large part à leur succès et elles furent confiées par lui : la première au lieutenant de vaisseau Bretonnet, l'ancien second de Mizon dans la Benoué; l'autre au capitaine Baud de l'infanterie de marine, dont on connaît le beau voyage du Dahomey à la Côte d'Ivoire. »

Mission Baud. Pour comprendre le but de la mission Baud il est nécessaire de donner quelques explications sur la mission Voulet qui opérait alors dans le Mossi. Après la défaite des partisans d'Amadou Cheikou à Bandiagara, les lieutenants Voulet et Chanoine avaient reçu l'ordre d'occuper le Mossi de manière à faire échec aux projets des Anglais et des Allemands dans ce territoire. Ils entrèrent à Ouagadougou le 1er septembre 1896, redescendirent jusqu'à Sati, où ils signèrent le 19 septembre un traité établissant notre domination sur le Gourma; puis ils rentrèrent à Ouagadougou et de là à Bandiagara (Soudan).

La mission Baud quitta Bafilo le 6 janvier 1897 pour commencer ses opérations et presque immédiatement des difficultés se produisirent entre elle et les Allemands. M. Gruner et le lieutenant de Carnap qui, en 1895, avait, poussé jusqu'au delà du Niger, étaient revenus au Togo et avaient recommencé à s'établir dans l'arrière pays. Au moment où M. le gouverneur

Ballot était à Carnotville pour mettre en route les missions Baud et Bretonnet, il apprit qu'un officier allemand, le lieutenant Von Sicfried avait installé un poste à Bafilo, malgré le traité signé avec nous par le roi de cette ville et la présence d'une garnison française, et que les Allemands depuis qu'ils avaient brûlé Bembilla et Yendi, cherchaient à établir leur domination par tous les moyens. M. Ballot, en compagnie du capitaine Baud, fit réunir une assemblée du roi et des notables de Bafilo, ceux-ci reconnurent la fausseté du traité que nous opposaient les Allemands et nous assurèrent de leur fidélité ; le roi intima l'ordre à la garnison allemande de se retirer et le gouverneur installa à Bafilo une nouvelle garnison de 25 hommes. Après avoir mis MM. Baud et Vermeersch en route vers le nord, M. Ballot se rendit à Kirikri où il trouva la même situation qu'à Bafilo. Depuis le matin, le lieutenant comte de Zech y avait établi une garnison d'une quarantaine de miliciens allemands quoiqu'une garnison française y fût établie depuis plus de dix-huit mois. En réponse à une protestation de M. Ballot, M. de Zech répondit que cette occupation était fondée sur un traité passé depuis longtemps avec le roi de Sogaday, souverain des chefs de Bafilo et de Kirikri. Le gouverneur fit également réunir les chefs qui reconnurent que Kirikri et Bafilo étaient indépendants et avaient le droit de signer des traités exclusifs avec la France. Le comte de Zech sommé, par M. Ballot, de se retirer répondit, d'abord, qu'il agissait conformément aux ordres de son gouvernement; mais sur de nouvelles instances du gouverneur il consentit à se retirer à Sogoday. Pendant ce temps le capitaine Baud, après avoir installé des postes à Dako et à Kountoun, continuait sa route sur Fada N' Gourma, résidence du roi Bantchandé, où il arrivait le 1er février. Il commença par aider le roi à réduire des rebelles qui s'étaient soulevés à Toucouna et c'est à cette époque qu'il prit contact, à Tibga, avec la mission Voulet-Chanoine. Les deux missions s'aidèrent quelque temps pour mettre de l'ordre dans le pays et consolider l'autorité de Bantchandé avec lequel Adama (Tourintouriba), que nous opposaient les allemands, ne put désormais lutter, ni comme puissance ni surtout comme prestige. Le capitaine Baud rejoignit ensuite le lieutenant allemand Thierry à Pama et en sa présence reçut du chef du village la déclaration que Pama, comme Matiacouali, dépendait du roi de Fada N'Gourma, ce qui annihilait complètement les effets du traité passé à Pama par le lieutenant de Carnap et surtout réduisait à rien les prétentions du pseudo roi Adama.

Sur ces entrefaites la France et l'Allemagne nommèrent une commission mixte dont le rôle a été défini par le *Bulletin du Comité de l'Afrique française* comme suit : « Les gouvernements français et allemand se sont mis d'accord pour nommer une commission mixte chargée d'examiner les prétentions de la France et de l'Allemagne sur l'arrière-pays du Dahomey et du Togo et de jeter les bases d'une délimitation. Cette nouvelle sera bien accueillie de tous ceux qui s'intéressent à notre expansion dans l'Afrique occidentale car les compétitions actuelles ne peuvent que nuire au développement économique de notre colonie du Dahomey. Nous ne contestons pas la valeur des efforts de pénétration que les allemands ont faits depuis la fin de 1894 dans l'arrière-pays du Togo mais nous estimons que ces efforts ne peuvent être comparés à la politique de pénétration que nous avons suivie dans le haut Dahomey et dont la guerre sanglante et coûteuse contre Béhanzin n'a été que le premier acte. Après avoir établi nos droits par des traités, nous avons procédé à l'occupation effective des territoires qui nous étaient acquis et les renseignements déjà connus ont montré que grâce à la vigoureuse impulsion de M. Ballot, gouverneur du Dahomey, et à l'énergie des capitaines Baud, Vermeersch et du personnel du haut Dahomey, l'occupation effective était chose faite. »

La commission mixte commença ses travaux le 24 mai 1897. Les délégués français étaient MM. Lecomte, secrétaire d'ambassade, et Binger, directeur des affaires d'Afrique au ministère des Colonies, pour la France; et MM. F. Muller, conseille-de l'ambassade d'Allemagne, le consul Zimmerman et M. Vohsen, consul en retraite, pour l'Allemagne. A ces trois délégués étaient adjoints à titre technique MM. de Denkelmann et Kœhler, gouverneur du Togo. Les négociateurs aboutirent à nous conserver le Gourma et à donner à l'Allemagne Sansanné-Mango et la rive droite du Mono. Une convention, dont on trouvera plus loin le texte, fut signée sur ces bases le 23 juillet 1897.

Mission Bretonnet. — On vient de voir les heureux résultats obtenus par la mission Baud. Le lieutenant de vaisseau Bretonnet n'avait pas moins bien réussi : parti de Carnotville le 28 décembre 1896, accompagné de MM. Carron et Carrérot, inspecteurs de la garde indigène, de Bernis, maréchal de logis de cavalerie, de 50 gardes indigènes et 100 tirailleurs auxiliaires sénégalais, il suivit d'abord jusqu'à Kandi l'itinéraire de l'administrateur Deville. Le 20 janvier il arriva à Ilo où il laissa comme résident l'inspecteur Carrérot et le 4 février il parvint à Boussa. Sur une réclamation faite quelques jours après par la compagnie du Niger, Bretonnet répondait avec fermeté qu'il était venu à Boussa sur l'invitation du roi, et qu'il était chargé par le gouverneur du Dahomey des fonctions de résident de France dans le Moyen Niger.

Dans le courant du mois de mars, ayant appris qu'un chef compétiteur du roi de Boussa se dirigeait en armes sur cette ville, Bretonnet marcha à sa rencontre et le mit en déroute près de Zali. Quelque temps après ayant reçu des renforts il se dirigea sur Ouaoua, où étaient concentrées les forces du chef rebelle, et emporta cette ville d'assaut le 14 avril. Dans cette affaire le maréchal des logis de Bernis se fit particulièrement remarquer par sa brillante conduite. La mission revint ensuite à Boussa d'où elle remonta vers le Nord laissant M. Carron, résident de France à Boussa. Au retour il eut une deuxième affaire du coté de Kandi où s'étaient concentrés les rebelles réunis à Yagbassou après la prise de Ouaoua. Le 6 juillet, Bretonnet revint à Ilo, il en repartit le 22 et retourna à Boussa où M. Carron serré de près avait dû livrer combat.

Cependant le roi de Kayoma menacé par des Baribas révoltés contre son autorité nous avait fait demander du secours. M. Bretonnet lui envoya MM. Carron et Carrérot qui dégagèrent la ville où ce dernier resta comme résident.

En résumé nous étions installés sur toute la rive droite du Niger, du pays de Say à Boussa, et sur la ligne Boussa, Kayoma, Kissi, c'est-à-dire de Boussa au 9e degré.

Cependant les Baribas s'étaient de nouveau concentrés dans les environs de Yagbassou et menaçaient Kayoma. Bretonnet se rendit dans cette ville et après avoir essayé une tentative de conciliation qui ne réussit pas, se porta rapidement sur le village de Moré, très fortifié, où 1500 hommes se trouvaient retranchés. Il donna un assaut qui réussit complètement, mais M. Carrérot malheureusement fut blessé d'une flèche empoisonnée dont il mourut en moins d'une heure. Le lendemain la mission livra un nouveau combat à Barou. Ce fut le dernier, les Baribas terrifiés cessèrent dès lors toute résistance.

Les succès de ces missions avaient soulevé de violentes colères en Angleterre : les journaux anglais de nouveau jetèrent feu et flammes.

De nouvelles négociations furent alors ouvertes entre la France et l'Angleterre, mais les opérations militaires au lieu d'être interrompues, comme elles l'avaient été en 1896, furent poussées avec d'autant plus d'activité que le gouverneur avait demandé et obtenu de nouvelles troupes sénégalaises pour réprimer un soulèvement qui s'était produit dans le Borgou.

Le poste français de Boussa. — Logement des Européens

En août les villages baribas de Schori, Bori, Saoré, Bouay et Kandi s'étaient révoltés et les postes établis sur ces points avaient dû se replier sur Parakou. Le capitaine Vermeersch fut chargé tout d'abord de dégager Kouandé. Il y arriva le 20 août accompagné de MM. de Bournazel et de la Villéon, inspecteurs de la garde indigène, Lan, garde principal et de 200 gardes indigènes. Il décima les rebelles et nomma un nouveau chef. Il retourna ensuite à Parakou où arrivèrent en même temps que lui le capitaine Ganier, avec une compagnie de tirailleurs sénégalais, une compagnie de tirailleurs auxiliaires sénégalais et une compagnie de tirailleurs auxiliaires haoussas, envoyées de la côte par le gouverneur. Toutes ces troupes firent leur jonction à Parakou le 1er novembre.

Colonne expéditionnaire du Borgou. — La colonne ainsi formée fut placée par le gouverneur Ballot sous les ordres de l'officier le plus ancien en grade, le capitaine Ganier; le capitaine Vermeersch fut désigné comme chef d'état-major.

La colonne, forte de 690 fusils, fut répartie en trois groupes commandés par les capitaines Dumoulin, Duhalde et Chambert, de l'infanterie de marine.

L'expédition quitta Parakou le 4 novembre 1897, emmenant avec elle le daoudou ou second de la ville. A peine avait-elle passé le village de Bégourou qu'elle fut attaquée par les gens de ce village et de Bénassi. Ceux de Guinagourou et de Sinagourou qui voulaient participer à l'attaque hésitèrent devant la rapidité de la répression et s'enfuirent à Schori où se fit la concentration des rebelles. Là, s'étaient réunis les guerriers de *Péréré*, de *Bornou*, de *Tébo*, de *Daroupara*, de *Schori*, de *Ouémou* et de *Bori*, soit en tout, près de 8.000 hommes. Pour être prête à tout, la colonne adopta la marche en carré : la face avant était formée de quatre petites colonnes de tirailleurs, chacune d'une section, l'une suivant le sentier, les trois autres marchant à la même hauteur dans la brousse; derrière ces quatre sections, et dans les sentiers ainsi frayés, suivait le convoi également partagé en quatre groupes; la face arrière était formée des quatre sections de tirailleurs fermant la marche des fractions correspondantes du convoi.

Enfin, deux pelotons, marchaient dans la brousse en avant et sur les côtés.

Le 5 novembre, après avoir traversé Bénassi, la colonne passa l'Okpara et campa à la petite rivière Pésida. Elle traversa successivement Sinagourou et plusieurs villages peulhs, Guinagourou, ville bariba qu'elle trouva évacuée. Le 8 novembre, elle se heurta aux rebelles, partis de Guinagourou en plusieurs colonnes : l'une, celle de Péréré, suivait le sentier; celles de Bérou, Tébo et des autres villes marchaient à la même hauteur dans la brousse. La rencontre eut lieu à neuf heures du matin, dans un épais fourré, au delà des ruines de Tiaré. La surprise fut pour les Baribas. Les éclaireurs de notre colonne, entendant la rumeur faite par cette cohue d'hommes, se replièrent précipitamment et donnèrent l'alarme, les sections se formèrent rapidement en ligne et ouvrirent le feu. Les gens de Péréré, atteints les premiers, s'enfuirent en déroute et le pavillon du général en chef Chaca-Yérouma tomba entre nos mains. Les autres groupes, ignorant la fuite des gens de Péréré, attaquèrent le carré, mais sans pouvoir l'entamer. Au bout d'une heure et demie, ils s'enfuirent en déroute complète. Le 9 novembre, la colonne occupait Sehori, trouvant à chaque pas des cadavres et des blessés abandonnés par l'ennemi. Elle traversa successivement Ourobérou, Kénou, Gourou, Péréré, Daroupara, où les habitants, tout en s'enfuyant, avaient laissé un pavillon français planté sur la place devant la case du chef.

Le 13 novembre, à neuf heures du matin, la colonne arrivait à Nikki. La ville était évacuée. Un seul homme s'y trouvait, un notable musulman, que le roi et l'iman avaient laissé avec la mission d'entrer en relations avec les Français. Le roi de Nikki Sirré-Torou, faisait dire par son représentant qu'il était complètement étranger aux crimes que notre colonne venait punir, qu'il avait subi la loi de son entourage, notamment de Chaca-Yérouma, et qu'il désirait se rendre. Pendant que l'on installait le poste, le 19, Sirré-Torou venait se soumettre. Un acte constatant sa soumission et annexant son royaume à la colonie du Dahomey fut aussitôt dressé et signé par lui et par ses ministres. Divers vassaux, les chefs de Schori, de Dounkassa, imitèrent son exemple, qui fut bientôt suivi par Sinaouarigui grand chef de guerre, rival du roi de Kayoma, avec lequel la mission Bretonnet avait dû soutenir une lutte acharnée.

Pendant ce temps les négociations poursuivies entre la France et l'Angleterre aboutissaient à la signature de la convention du 14 juin 1898 dont nous donnons plus loin le texte et qui était ainsi appréciée à son apparition : « Ce n'est pas sans une vive satisfaction que nous enregistrons la fin des contestations qui s'étaient élevées entre la France et l'Angleterre pour la répartition des territoires nigériens. Aucune de ces deux puissances n'avait intérêt à voir prolonger le conflit. Pendant les dix mois qu'ont duré les négociations, on a pu craindre bien souvent qu'aucune base d'entente ne fut possible. Nous apportions à la discussion la ténacité et la résolution que nous donnaient la confiance dans nos droits et dans notre situation de fait. Nos concurrents affirmaient sans cesse des prétentions nouvelles qui auraient dû s'effacer devant les renseignements apportés par chaque courrier sur les progrès de notre occupation effective. Toutes ces difficultés sont résolues.

« En résumé si cette convention ne mérite pas que des éloges, elle est cependant très acceptable. Nous aurions pu, certainement, aller moins loin dans la voie des concessions si l'action de nos négociateurs n'avait été dès le début entravée par les résultats de cette injuste convention de 1890 qui avait si prématurément et si légèrement tracé à notre expansion ses premières limites théoriques.

« C'est à cette convention, et à l'arrêt de notre expansion, à la fin de 1895, que nos concurrents doivent d'avoir pu limiter notre expansion sur le Niger.

« Heureusement, nos droits ont été défendus par une belle pléiade de français, dont il faut aujourd'hui rappeler les noms. Ce sont les soudanais Binger, Crozat, Monteil, Destenave, Voulet, Hourst et ses compagnons et les dahoméens Dodds, Ballot, Decœur, Toutée, Baud, Vermeersch, Bretonnet, Alby et tant d'autres qui ont travaillé et lutté de leur côté. *(Bulletin du Comité de l'Afrique française.)* »

CONVENTION ENTRE LA FRANCE ET L'ALLEMAGNE

Le gouvernement de la République française et le gouvernement de Sa Majesté l'empereur d'Allemagne ayant résolu, dans un esprit de bonne entente mutuelle, de donner force et vigueur à l'accord préparé par leurs délégués respectifs pour la délimitation des possessions françaises du Dahomey et du Soudan et des possessions allemandes du Togo, les soussignés :

Son Excellence M. Gabriel Hanotaux, ministre des affaires étrangères de la République française;

Son Excellence M. le comte de Münster, ambassadeur de Sa Majesté l'empereur d'Allemagne, roi de Prusse, près le Président de la République française ;

Dûment autorisés à cet effet, confirment le Protocole avec son annexe dressé à Paris, le 9 de ce mois, et dont la teneur suit :

Protocole

Les soussignés :

René Lecomte, secrétaire d'ambassade de 1re classe, sous-directeur adjoint à la direction des affaires politiques du ministère des affaires étrangères;

Louis-Gustave Binger, gouverneur des colonies, chargé de la direction des affaires d'Afrique au ministère des colonies;

Félix de Müller, conseiller de légation et premier secrétaire de l'ambassade d'Allemagne à Paris;

Docteur Alfred Zimmermann, consul impérial, chargé des affaires du Togo à la section coloniale du ministère des affaires étrangères;

Ernest Vohsen, consul impérial en retraite;

Délégués par le gouvernement de la République française et par le gouvernement de l'Empire allemand, à l'effet de préparer un projet de délimitation définitive entre les possessions françaises du Dahomey et du

Soudan et les possessions allemandes du Togo, sont convenus des dispositions suivantes, qu'ils ont résolu de soumettre à l'agrément de leurs gouvernements respectifs.

Article premier

La frontière partira de l'intersection de la côte avec le méridien de l'île Bayol, se confondra avec ce méridien jusqu'à la rive Sud de la lagune, qu'elle suivra jusqu'à une distance de 100 mètres environ au delà de la pointe Est de l'île Bayol, remontera ensuite directement au Nord jusqu'à mi-distance de la rive Sud et de la rive Nord de la lagune, puis suivra les sinuosités de la lagune à égale distance des deux rives jusqu'au septième degré de latitude Nord.

De l'intersection du thalweg du Mono avec le septième degré de latitude Nord, la frontière rejoindra, par ce parallèle, le méridien de l'île Bayol, qui servira de limite jusqu'à l'intersection avec le parallèle passant à égale distance de Bassila et de Penesoulou. De ce point, elle gagnera la rivière Kara, suivant une ligne équidistante des chemins de Bassila à Bafilo pour Kirikri et de Penesoulou à Séméré par Aledjo, et ensuite des chemins de Sudu à Séméré et d'Aledjo à Séméré, de manière à passer à égale distance de Daboni et d'Aledjo, ainsi que de Sudu et d'Aledjo. Elle descendra ensuite le thalweg de la rivière Kara sur une longueur de 5 kilomètres, et de ce point remontera en ligne droite vers le Nord jusqu'au dixième degré de latitude Nord, Séméré devant, dans tous les cas, rester à la France.

De là, la frontière se dirigera directement sur un point situé à égale distance entre Djé et Gandon, laissant Djé à la France et Gandon à l'Allemagne, et gagnera le onzième degré de latitude Nord en suivant une ligne parallèle à la route de Sansanné-Mango à Pama et distante de celle-ci de 30 kilomètres. Elle se prolongera ensuite vers l'Ouest sur le onzième degré de latitude Nord jusqu'à la Volta blanche, de manière à laisser, en tout cas, Pougno à la France et Koun-Djari à l'Allemagne; puis elle rejoindra par le thalweg de cette rivière le dixième degré de latitude Nord, qu'elle suivra jusqu'à son intersection avec le méridien 3°52' Ouest de Paris (1°32' Ouest de Greenwich).

Art. 2

Le gouvernement français conservera pour ses troupes et son matériel de guerre le libre passage par la route de Kouandé à la rive droite de la Volta, par Sansanné-Mango et Gambaga, ainsi que de Kouandé à Pama, par Sansanné-Mango, pour une durée de quatre années, à partir de la ratification du présent arrangement.

Art. 3

La frontière déterminée par le présent arrangement est inscrite sur la carte ci-annexée.

Art. 4

Les deux gouvernements désigneront des commissaires qui seront chargés de tracer sur les lieux la ligne de démarcation entre les possessions françaises et allemandes en conformité et suivant l'esprit des dispositions générales qui précèdent.

Art. 5

En foi de quoi, les délégués ont dressé le présent protocole et y ont apposé leurs signatures,

Fait à Paris en double expédition, le 9 juillet 1897.

Les délégués francais :

Signé : René Lecomte,
G. Binger.

Les délégués allemands :

Signé : F. von Muller,
A. Zimmermann,
Ernst Vohsen.

La présente convention sera ratifiée et les ratifications en seront échangées à Paris dans le délai de six mois, ou plutôt, si faire se peut.

Fait à Paris, le 23 juillet 1897, en double exemplaire.

Signé : (L. S.) G. Hanotaux,
(L. S.) Munster.

Le gouvernement de la République française et le gouvernement de Sa Majesté l'empereur d'Allemagne, ayant résolu, dans un esprit de bonne entente mutuelle, de donner force et vigueur à l'accord préparé par leurs délégués respectifs pour la délimitation des possessions françaises du Dahomey et du Soudan et des possessions allemandes du Togo, les soussignés :

Son Excellence M. Gabriel Hanotaux, ministre des affaires étrangères de la République française ;

Son Excellence M. le comte de Münster, ambassadeur de Sa Majesté l'empereur d'Allemagne, roi de Prusse, près le Président de la République française ;

Comme partie complémentaire et intégrante à la convention par eux signée à la date du présent jour et confirmant le Protocole dressé à Paris le 9 de ce mois, pour la délimitation des possessions françaises du Dahomey et du Soudan et des possessions allemandes du Togo par les délégués ci-dessus désignés ;

Et dûment autorisés à cet effet, confirment l' « Annexe », dressée également par les mêmes délégués, le 9 de ce mois, pour être annexée au susdit Protocole, et dont la teneur suit :

Annexe

§ 1. — Les deux gouvernements se font mutuellement abandon de tous les droits qu'ils ont acquis par des traités, savoir :

La France cède à l'Allemagne ses droits sur Sansanné-Mango, Gambaga, Bafilo, Kountoum et Kirikri ;

L'Allemagne cède à la France ses droits sur Aledjo, Séméré, Suguruku, Djugu, Pama et Gurma.

§ 2. — L'Allemagne s'engage à ne pas faire valoir vis-à-vis de la France des droits sur la rive droite du Niger.

§ 3. — L'Allemagne s'engage à rembourser à la France, immédiatement après la ratification du présent arrangement, les annuités payées au roi de Sansanné-Mango.

§ 4. — Les paragraphes 2 et 3 de la présente annexe ne seront pas publiés sans l'agrément préalable des deux gouvernements.

Vu pour être annexé au Protocole du 9 juillet 1897.

Les délégués français :

Signé : René Lecomte,
G. Binger,

Les délégués allemands :

Signé : F. von Muller,
A. Zimmermann,
Ernst Vohsen.

La présente convention sera ratifiée et les ratifications en seront échangées à Paris dans le délai de six mois, ou plus tôt, si faire se peut.

Fait à Paris, le 23 juillet 1897. en double exemplaire.

Signé : (L. S.) G. Hanotaux,
(L. S.) Munster.

CONVENTION ENTRE LA FRANCE ET L'ANGLETERRE

Le gouvernement de la République française et le gouvernement de Sa Majesté la reine du Royaume-Uni de Grande-Bretagne et d'Irlande, impératrice des Indes, ayant résolu, dans un esprit de bonne entente mutuelle, de confirmer le Protocole avec ses quatre annexes, préparé par leurs délégués respectifs pour la délimitation des possessions françaises de la Côte d'Ivoire, du Soudan et du Dahomey et des colonies britanniques de la Côte d'Or, de Lagos et des autres possessions britanniques à l'Ouest du Niger, ainsi que pour la délimitation des possessions françaises et britanniques et des sphères d'influence des deux pays à l'Est du Niger,

Les soussignés :

Son Excellence M. Gabriel Hanotaux, ministre des affaires étrangères de la République française, et Son Excellence le Très Honorable sir Edmund Monson, ambassadeur de Sa Majesté la reine du Royaume-Uni de Grande-Bretagne et d'Irlande, impératrice des Indes, près le Président de la République française, dûment autorisés à cet effet, confirment le Protocole avec ses annexes, dressé à Paris le 14 juin 1898, et dont la teneur suit :

Protocole

Les soussignés :

René Lecomte, ministre plénipotentiaire, sous-directeur adjoint à la direction des affaires politiques du ministère des affaires étrangères ;

Louis-Gustave Binger, gouverneur des colonies, hors cadres, directeur des affaires d'Afrique au ministère des colonies ;

Martin Gosselin, ministre plénipotentiaire, premier secrétaire de l'ambassade de Sa Majesté britannique à Paris ;

William Everett, colonel dans l'armée de terre de Sa Majesté britannique et « assistant adjudant général » au bureau des renseignements au ministère de la guerre ;

Délégués respectivement par le gouvernement de la République française et par le gouvernement de Sa Majesté britannique, à l'effet de préparer, en exécution des déclarations échangées à Londres le 5 août 1890 et le 15 janvier 1896, un projet de délimitation définitive entre les possessions françaises de la Côte d'Ivoire, du Soudan et du Dahomey et les colonies britanniques, à l'Ouest du Niger, et, entre les possessions françaises et britanniqnes et les sphères d'influence des deux pays, à l'Est du Niger, sont convenus des dispositions suivantes qu'ils ont résolu de soumettre à l'agrément de leurs gouvernements respectifs :

Article premier

La frontière séparant les colonies françaises de la Côte d'Ivoire et du Soudan de la colonie britannique de la Côte d'Or partira du point terminal Nord de la frontière déterminée par l'arrangement franco-anglais du 12 juillet 1893, c'est-à-dire de l'intersection du thalweg de la Volta Noire avec le neuvième degré de latitude Nord et suivra le thalweg de cette rivière vers le Nord jusqu'à son intersection avec le onzième degré de latitude Nord.

Dc ce point, elle suivra dans la direction de l'Est ledit parallèle de latitude jusqu'à la rivière qui est marquée sur la carte n° 1 annexée au présent Protocole comme passant immédiatement à l'Est des villages de Souaga (Zwaga) et de Sebilla (Jebilla). Elle suivra ensuite le thalweg de la branche occidentale de cette rivière en remontant son cours jusqu'à son intersection avec le parallèle de latitude passant par le village de Sapeliga. De ce point, la frontière suivra la limite septentrionale du terrain appartenant à Sapeliga jusqu'à la rivière Nouhan (Nuhan) et se dirigera ensuite par le thalweg de cette rivière en remontant ou en descendant, suivant le cas, jusqu'à un point situé à 3,219 mètres (2 milles), à l'Est du chemin allant de Gambaga à Tingourkou (Tenkrugu) par Bankou (Baioku). De là, elle rejoindra en ligne droite le point d'intersection du onzième degré de latitude Nord avec le chemin indiqué sur la carte n° 1, comme allant de Sansanné-Mango à Pama par Djebiga (Jebiga).

Art. 2

La frontière entre la colonie française du Dahomey et la colonie britannique de Lagos, qui a été délimitée sur le terrain par la commission franco-anglaise de délimitation de 1895, et qui est décrite dans le rapport signé le 12 octobre 1896 par les commissaires des deux nations, sera désormais reconnue comme la frontière séparant les possessions françaises et britanniques de la mer au neuvième degré de latitude Nord.

A partir du point d'intersection de la rivière Ocpara avec le neuvième degré de latitude Nord, tel qu'il a été déterminé par lesdits commissaires, la frontière séparant les possessions françaises et britanniques se dirigera vers le Nord et suivra une ligne passant à l'Ouest des terrains appartenant aux localités suivantes : Tabira, Okouta (Okuta), Boria, Téré, Gbani, Yassikera (Ashigere) et Dekala.

De l'extrémité Ouest du terrain appartenant à Dekala, la frontière sera tracée dans la direction du Nord, de manière à coïncider autant que possible avec la ligne indiquée sur la carte n° 1 annexée au présent Protocole, et atteindra la rive droite du Niger en un point situé à 16,093 mètres (10 milles) en amont du centre de la ville de Guéris (Géré) (port d'Ilo), mesurée à vol d'oiseau.

Art. 3

Du point spécifié dans l'article 2 où la frontière séparant les possessions françaises et britanniques atteint le Niger, c'est-à-dire d'un point situé sur la rive droite de ce fleuve à 16,093 mètres (10 milles) en amont du centre de la ville de Gniris (Géré) (port d'Ilo), la frontière suivra la perpendiculaire élevée de ce point sur la rive droite du fleuve jusqu'à son intersection avec la ligne médiane du fleuve. Elle suivra ensuite, en remontant la ligne médiane du fleuve jusqu'à son intersection avec une ligne perpendiculaire à la rive gauche et partant de la ligne médiane du débouché de la dépression ou cours d'eau asséché, qui, sur la carte n° 2 annexée au présent Protocole, est appelé Dallul Mauri et y est indiqué comme étant situé à une distance d'environ 27,359 mètres (17 milles), mesurés à vol d'oiseau d'un point sur la rive gauche en face du village ci-dessus mentionné de Guiris (Géré).

De ce point d'intersection, la frontière suivra cette perpendiculaire jusqu'à sa rencontre avec la rive gauche du fleuve.

Art. 4

A l'Est du Niger, la frontière séparant les possessions françaises et britanniques suivra la ligne indiquée sur la carte n° 2 annexée au présent Protocole.

Partant du point sur la rive gauche du Niger indiqué à l'article précédent, c'est à-dire la ligne médiane du Dallul Mauri, la frontière suivra cette ligne médiane jusqu'à sa rencontre avec la circonférence d'un cercle décrit du centre de la ville de Sokoto avec un rayon de 160,932 mètres (100 milles). De ce point, elle suivra jusqu'à sa seconde intersection avec le 14e degré de latitude Nord. De ce second point d'intersection, elle suivra ce parallèle vers l'Est sur une distance de 112,652 mètres (70 milles), puis se dirigera au Sud vrai jusqu'à sa rencontre avec le parallèle 13° 20' de latitude Nord, puis vers l'Est, suivant ce parallèle sur une distance de 402,230 mètres (250 milles), puis du Nord vrai jusqu'à ce qu'elle rejoigne le quatorzième parallèle de latitude Nord, puis vers l'Est sur ce parallèle jusqu'à son intersection avec le méridien vers le Sud, jusqu'à son intersection avec le méridien passant à 35' Est du centre de la ville de Kuka, puis ce méridien vers le Sud jusqu'à son intersection avec la rive Sud du lac Tchad.

Le gouvernement de la République française reconnaît comme tombant dans la sphère britannique le territoire à l'Est du Niger compris entre la ligne sus-mentionnée, la frontière anglo-allemande et la mer.

Le gouvernement de Sa Majesté britannique reconnaît comme tombant dans la sphère française les rives Nord, Est et Sud du lac Tchad qui sont comprises entre le point d'intersection du 14e degré de latitude Nord avec la rive occidentale du lac et le point d'incidence sur le lac de la frontière déterminée par la convention franco-allemande du 15 mars 1894.

Art. 5

Les frontières déterminées par le présent Protocole sont inscrites sur les cartes nos 1 et 2 ci-annexés.

Les deux gouvernements s'engagent à désigner, dans le délai d'un an pour les frontières à l'Ouest du Niger et de deux ans pour les frontières à l'Est de ce même fleuve, à compter de la date de l'échange des ratifications de la convention qui doit être conclue aux fins de confirmer le présent Protocole, des commissaires qui seront chargés d'établir sur les lieux les lignes de démarcation entre les possessions françaises et britanniques, en conformité et suivant l'esprit des stipulations du présent Protocole.

En ce qui concerne la délimitation de la portion du Niger, dans les environs d'Ilo et du Dallul Mauri, visée à l'article 3, les commissaires chargés de la délimitation, en déterminant sur les lieux la frontière fluviale, répartiront équitablement entre les deux puissances contractantes les îles qui pourront faire obstacle à la délimitation fluviale telle qu'elle est décrite à l'article 3.

Il est entendu entre les deux puissances contractantes qu'aucun changement ultérieur dans la position de la ligne médiane du fleuve n'affectera les droits de propriété sur les îles qui auront été attribuées à chacune des deux puissances par le procès-verbal des commissaires dûment approuvé par les deux gouvernements.

Art. 6

Les deux puissances contractantes s'engagent réciproquement à traiter avec bienveillance (considération) les chefs indigènes qui, ayant eu des traités avec l'une d'elles, se trouveront, en vertu du présent Protocole, passer sous la souveraineté de l'autre.

Art. 7

Chacune des deux puissances contractantes s'engage à n'exercer aucune action politique dans les sphères de l'autre, telles qu'elles sont définies par les articles 1,2, 3 et 4 du présent Protocole. Il est convenu par là que chacune des deux puissances s'interdit de faire des acquisitions territoriales dans les sphères de l'autre, d'y conclure des traités, d'y accepter des droits de souveraineté ou de protectorat, d'y gêner ou d'y contester l'influence de l'autre.

Art. 8

Le gouvernement de Sa Majesté Britannique cèdera à bail au gouvernement de la République française aux fins et conditions spécifiées dans le modèle de bail annexé au présent Protocole, deux terrains a choisir par le gouvernement de la République française de concert avec le gouvernement de Sa Majesté Britannique, dont l'un sera situé en un endroit convenable sur la rive droite du Niger entre Léaba et le confluent de la rivière Moussa (Mochi) avec ce fleuve et l'autre, sur l'une des embouchures du Niger.

Chacun de ces terrains sera en bordure sur le fleuve sur une étendue de 400 mètres au plus et formera un tènement dont la superficie ne sera pas inférieure à 10 hectares, ni supérieure à 50 hectares. Les limites exactes de ces terrains seront indiquées sur une place annexée à chacun des baux.

Les conditions dans lesquelles s'effectuera le transit des marchandises sur le cours du Niger, de ses affluents, de ses embranchements et issues, ainsi qu'entre le terrain ci-dessus mentionné situé entre Léaba et le confluent de la rivière Moussa (Mochi) et le point à désigner par le gouvernement de la République française sur la frontière française feront l'objet d'un réglement dont les détails seront discutés par les deux gouvernements immédiatement après la signature du présent protocole.

Le gouvernement de Sa Majesté Britannique s'engage à donner avis quatre mois à l'avance au gouvernement de la République francaise de toute modification dans le règlement en question, afin de mettre ledit gouvernement Britannique en mesure de formuler toutes les représentations qu'il pourrait désirer faire.

Art. 9

A l'intérieur des limites tracées sur la carte n° 2 annexée au présent protocole, les citoyens français et protégés français, les sujets britanniques et protégés britanniques, pour leurs personnes comme pour leurs biens, les marchandises et produits naturels ou manufacturés de la France et de la Grande-Bretagne, de leurs colonies, possessions et protectorats respectifs, jouiront pendant 30 années, à partir de l'échange des ratifications de la convention mentionnée à l'article V, du même traitement pour tout ce qui concerne la navigation fluviale, le commerce, le régime douanier et fiscal et les taxes de toute nature.

Sous cette réserve, chacune de deux puissances contractantes conservera la liberté de régler sur son territoire et à sa convenance le régime douanier et fiscal et les taxes de toute nature.

Dans le cas où aucune des puissances contractantes n'aurait notifié, douze mois avant l'échéance du terme précité de trente années, son intention de faire cesser les effets du présent article, il continuera à être obligatoire jusqu'à l'expiration d'une année à partir du jour où l'une où l'autre des puissances contractantes l'aura dénoncé.

En foi de quoi les délégués soussignés ont dressé le présent protocole et y ont apposé leurs signatures.

Fait à Paris en double expédition le quatorze juin mil huit cent quatre-vingt-dix-huit.

Signé : René Lecomte
G. Binger
Martin Gosselin
William Everett

ANNEXE

Bien que le tracé des lignes de démarcation sur les deux cartes annexées au présent protocole soit supposé être généralement exact, il ne peut être considéré comme une représentation absolument correcte de ces lignes jusqu'à ce qu'il ait été confirmé par de nouveaux levés.

Il est donc convenu que les commissaires ou délégués locaux des deux pays qui seront chargés par la suite de délimiter tout ou partie des frontières sur le terrain devront se baser sur la description des frontières telle qu'elle est formulée dans le protocole. Il leur sera loisible en même temps de modifier lesdites lignes de démarcation en vue de les déterminer avec une plus grande exactitude et de rectifier la position des lignes de partage, des chemins ou rivières ainsi que des villes ou villages indiqués dans les susmentionnées.

Les changements ou corrections proposés d'un commun accord par lesdits commissaires ou délégués seront soumis à l'approbation des gouvernements respectifs.

Signé : René Lecomte
G. Binger
Martin Gosselin
William Everett

ANNEXE

Modèle de Bail

1° Le gouvernement de Sa Majesté Britannique cède à bail au gouvernement de la République française un terrain situé
du Niger
ayant en bordure du fleuve un dévelopement de
et formant un tènement d'une superficie de
hectares dont les limites exactes sont indiquées au présent bail.

2° Le bail aura une durée de trente années consécutives à partir de
, mais dans le cas où aucune des parties contractantes n'aura notifié douze mois avant l'échéance du terme susmentionné de trente ans son intention de mettre fin au présent bail, ledit bail restera en vigueur jusqu'à l'expiration d'une année à partir du jour ou l'une ou l'autre des parties contractantes l'aura dénoncé.

3° Ledit terrain sera soumis aux lois en vigueur pendant cette période dans le protectorat britannique des districts du Niger.

4° Une partie du territoire ainsi cédé à bail et dont l'étendue n'excédera pas 10 hectares sera utilisée exclusivement pour les opérations de débarquement, d'emmagasinage et de transbordement des marchandises et pour toutes fins pouvant être considérées comme subsidiaires à ces opérations et les seuls résidents permanents seront les personnes employées pour le service et la sécurité desdites marchandises avec leurs familles et leurs domestiques.

5° Le gouvernement de la République française s'engage :

(a) A clore la partie dudit terrain mentionné à l'article IX du présent bail (à l'exception du côté bordant le Niger) par un mur ou par une palissade ou par toute autre sorte de clôture continue dont la hauteur ne sera pas inférieure à 3 mètres, il n'y aura qu'une seule porte sur chacun des trois côtés de la clôture.

(b). — A ne pas permettre dans ladite partie de terrain la réception ou la sortie d'aucune marchandise en contravention avec les règlements douaniers britanniques. Tout acte fait en violation de cette stipulation sera considéré comme équivalant à une fraude de droit de douane et sera puni en conséquence ;

(c). — A ne pas vendre ni autoriser à vendre des marchandises en détail sur ladite partie de terrain. La vente de quantités d'un poids ou d'une mesure inférieure à 1,000 kilogrammes, 1,000 litres ou 1,000 mètres sera considérée comme vente au détail. Il est entendu que cette stipulation n'est pas applicable aux marchandises en transit.

(d). — Le gouvernement de la République française ou ses locataires ou agents auront le droit de construire sur ladite portion de terrain, des magasins, des maisons, pour locaux et tous autres édifices nécessaires pour les opérations de débarquement, d'emmagasinement, et de transbordement des marchandises et également de construire, dans la partie de l'avant-rivage du Niger comprise dans le bail, des quais, des ponts, des docks, et tous autres ouvrages nécessaires au cours desdites opérations, pourvu que les plans de tout ouvrage à construire ainsi, sur l'avant-rivage du fleuve, soient communiqués pour examen aux autorités britanniques, afin que vérification puisse être faite, que ces ouvrages ne sauraient, en aucune manière, gêner la navigation du fleuve ni être en opposition avec les droits de tiers ou avec le système douanier.

(e). — Il est entendu que l'embarquement et l'emmagasinement des marchandises sur ladite partie de terrain seront effectués à tous égards conformément aux lois alors en vigueur dans le protectorat britannique des districts du Niger.

6° — Le gouvernement de la République française s'engage à payer annuellement au gouvernement britannique, le 1er janvier de chaque année, un loyer d'un franc.

7° — Le gouvernement de la République française aura le droit de sous-louer tout ou partie du terrain faisant l'objet du présent bail, pourvu que les sous-locataires ne fassent usage de ce terrain à d'autres fins que celle stipulée dans le présent bail, et que ledit gouvernement demeure responsable envers le gouvernement de Sa Majesté Britannique de l'observation des stipulations du présent bail.

8° — Le gouvernement de Sa Majesté Britannique s'engage à remplir à l'égard du preneur à bail toutes les obligations qui lui incombent en sa qualité de propriétaire dudit terrain.

9° — A l'expiration du terme de trente ans spécifié à l'article 2 du présent bail, le gouvernement français ou ses sous-locataires pourront rester pour une période qui, cumulée avec cedit terme de trente ans n'excèdera pas quatre-vingt-dix-neuf-ans en possession et jouissance des constructions et installations qui auront été faites sur le terrain cédé à bail. Toutefois le gouvernement de Sa Majesté Britannique se réservera, à l'expiration ou à la mise à terme du présent bail, survenue dans les conditions spécifiées à l'article 2, le droit de racheter, à dire d'experts, qui seront nommés par les deux gouvernements, lesdites constructions et installations moyennant que notification de son intention soit donnée au gouvernement français, au plus tard dix mois avant l'expiration ou mise à terme du bail En cas de dissentiment entre eux, les experts désigneront un tiers arbitre dont la décision sera définitive.

Pour calculer la valeur des constructions et installations ci-dessus mentionnées, les experts se guideront d'après les considérations suivantes :

(a). — Dans le cas où le bail expirerait à la fin des trente premières années, la valeur de rachat des biens sera la pleine valeur marchande ;

(b). — Dans le cas où le bail cesserait postérieurement au terme de trente ans, la valeur à payer sera la pleine valeur marchande, moins une fraction dont le numérateur sera le nombre d'années qu'aura durées le bail, diminué de trente, et dont le dénominateur sera soixante-neuf.

10°. — Le terrain compris dans le bail sera arpenté et délimité sans retard :

11°. — Dans le cas où une différence d'opinion surgirait entre les deux gouvernements, sur l'interprétation du bail ou sur tout autre sujet se rapportant à ce bail, la question sera réglée par l'arbitrage d'un jurisconsulte d'une nationalité tierce, désigné d'accord par les deux gouvernements.

Signé : René Lecomte
G. Binger
Martin Gosselin
William Everett

La présente convention sera ratifié et les ratifications en seront échangées à Paris dans le délai de six mois au plus tôt si faire et peut.

En foi de quoi, les soussignés ont signé la présente convention et y ont apposé leurs cachets.

Fait à Paris, en double exemplaire, le 14 fuin 1898.

L S Signé: G. Hanotaux.
L S Edmond Monson.

Le Haut-Dahomey a éte ..ganisé par l'arrêté suivant :

Arrêté :

Le gouverneur du Dahomey et dépendances, commandeur de la Légion d'honneur,

Vu le décret du 22 juin 1894 portant organisation politique et administrative de la colonie du Dahomey et dépendances;

Vu la dépêche ministérielle en date du 6 août 1897 ;

Arrête :

Article premier. — Les territoires situés dans la zone française entre le 9e et le 14e parallèles sont divisés en quatre cercles conformément aux indications de la carte annexée au présent arrêté.

Art. 2. — Chacun de ces cercles est administré par un résident, désigné par le chef de la colonie et placé sons les ordres directs d'un résident supérieur qui réside à Parakou.

Art. 3. — Le présent arrêté sera enregistré, communiqué partout où besoin sera et inséré au Journal officiel de la colonie.

Porto-Novo, le 1er octobre 1897.

Victor Ballot.

1° *Cercle de Borgou.* — Le cercle du Borgou est formé par les provinces de Niki. de Parakou et leurs dépendances; la capitale Parakou, où habite le résident supérieur, est en quelque sorte le chef-lieu du haut Dahomey.

Ce cercle comprend la plus grande partie du Borgou qui formait autrefois un grand Etat borné au Nord par le Gourma au Sud par le Yorouba; à l'Est par le royaume de Boussang, et à l'Ouest par le Schabé. Il y a une centaine d'années, il s'est divisé en trois royaumes complètement indépendants et même parfois ennemis les uns des autres: le royaume de Niki; le royaume de Bouay, qui fait aujourd'hui partie du cercle du moyen Niger; le royaume de Kouandé, de beaucoup le plus important des trois, bien que le roi de Niki s'intitule roi du Borgou parce qu'il habite l'ancienne capitale de cet ancien royaume.

Indépendamment du Borgou, ce cercle comprend le Gambari, dont la capitale est Parakou. Ce royaume est nommé Gambari (qui veut dire étranger) à cause de sa population très mélangée, qui comprend des indigènes de toutes les races, haoussas, baribas, etc.

Parakou, résidence du roi des Gambaris, est divisée en deux parties. La première, dite ville du roi, est petite mais bien tenue ; c'est là qu'avait été construit au début le poste. Il a été plus tard, ainsi que la résidence, l'ambulance et le magasin de vivres du haut Dahomey, transporté à la seconde ville, dont la population est d'environ 15.000 habitants. Elle contient des marchés très importants où l'administration locale cherche à attirer les caravanes du Boussang et du Yorouba, de façon à profiter de la position centrale qu'occupe Parakou, où viennent aboutir toutes les routes du haut et du bas Dahomey, pour essayer d'en faire un centre commercial comme Kratyé ou Salaga.

Niki, l'ancienne capitale du Borgou, a dû être autrefois fort importante ; elle ne se compose plus aujourd'hui que de 7 ou 8 villages groupés autour des cases du roi et pouvant contenir une population de 5.000 habitants.

Tout le Borgou est habité par les Baribas, que nous retrouverons dans le cercle du moyen Niger et de Djougou-Kouandé. Le Dr Bartet, médecin-major de l'expédition du Borgou, les décrit ainsi : « Ce sont de beaux hommes qui habitent un pays relativement riche. La terre rapporte du maïs, du mil, du riz rouge, des ignames, des arachides, des haricots, du tabac. Les pâturages sont beaux et les troupeaux nombreux. La région est forcément le lieu de passage des caravanes de Haoussas, qui viennent commercer à la côte et acheter des kolas. Aussi grèvent-ils ces commerçants d'un droit très élevé.

Ce sont des pillards de profession. En général, ils sont presque uniformément vêtus d'une tunique sans manches, ouverte en triangle sur le devant de la poitrine et très peu pincée à la taille. La couleur en est presque généralement verte avec des

Guerrier bariba de Niki

raies longitudinales jaunes ou bleues. Les uns portent le pantalon bouffant de forme arabe, de la même couleur jaune-vert ; les autres n'ont qu'un lambeau d'étoffe semblable autour des reins. Le matin, le soir et par les temps humides, ils se drapent tous, hommes et femmes, de grands pagnes bleus foncés dont ils rejettent comme une toge les pans sur l'épaule gauche. Sur la tête, un bonnet d'étoffe rond affectant la forme d'un bonnet napolitain, et toujours de la même couleur jaune, vert ou blanc. Les cheveux sont, comme chez les Mahis, décomposés en îlots de toutes les façons possibles. Le bonnet des chefs est plus élevé et est orné de losanges de drap, de peaux de bêtes et de plaques de métal. Les chefs sont revêtus d'une longue robe à traîne et portent des sandales. Le Bariba se reconnait à un tatouage générique. C'est une incision de 4 à 5 centimètres de long, qui part du milieu du nez pour aboutir au milieu de la joue; les cicatrices diverses que portent beaucoup de gens sont des tatouages accessoires. La moustache est rare, la barbe existe au menton. Ils portent des bracelets de cuivre rouge, de fer, ou des bracelets avec mélange de ces deux métaux, qui leur sont fournis par les Haoussas.

« Les femmes portent un grand pagne bleu attaché à la taille et pouvant en même temps recouvrir les seins. Leur grande coquetterie consiste à s'entourer la tête de morceaux d'étoffes de couleur voyante roulées en turban. Elles plient cette étoffe plusieurs fois sur elle-même et s'en parent tous les jours. Comme les hommes, les femmes portent des anneaux de cuivre ou de bois aux bras, quelquefois aux pieds.

« Le Bariba est hospitalier, lorsqu'il est votre ami; mais, sans cela, il est cupide et plein d'orgueil.

« Les villes sont fortes, beaucoup sont défendues par de beaux tatas. Les cases rondes sont en terre de barre ou en paille tressée. Quelquefois, les deux matériaux sont superposés.

« Les chevaux, nombreux et beaux, sont traités avec grand soin, mais ils viennent du Gourma ou des rives du Niger et ne paraissent vivre ni facilement ni longtemps.

« L'armement des Baribas comprend le couteau, le sabre, la lance, le bouclier en peau de bœuf pour les cavaliers. Les

Le roi de Parakou

gens de pied ont l'arc, les flèches et de mauvais fusils à pierre dont ils ne se servent guère que dans les réjouisancess publiques. Les flèches sont enduites d'une composition mortelle, empruntée à un strophantus. »

On trouve également dans tout le Borgou des Peuhls pasteurs qui se livrent activement à l'élevage des bœufs et des moutons, dont ils ont fait une des richesses du pays. Ils nous étaient primitivement fort hostiles et avaient, au début de notre occupation, commencé à émigrer dans les territoires de Boussang et du Yorouba. Une politique ferme et bienveillante, la sécurité absolue qui règne dans le pays ont contribué non seulement à enrayer ce mouvement, mais encore nous ont ramené la plupart de ceux qui avaient émigré.

L'élément musulman est assez nombreux. Il représente, par opposition aux fétichistes, la partie intelligente et éclairée de la population, qu'il convertit peu à peu. Il a jusqu'à présent plutôt aidé qu'entravé notre action dans ces régions, contrairement à ce qui se passe plus au Nord.

2° *Cercle de Djougou-Kouandé.* — Le cercle de Djougou-Kouandé est compris entre les neuvième et dixième degrés de latitude Nord et le premier degré d longitude Ouest et le méridien de Paris.

Il est traversé du Nord au Sud par la chaîne de l'Atacora, dont la hauteur maxima ne dépasse pas 800 mètres et sur laquelle se trouve, à quelque distance du village de Tassigou, la ligne de partage de quelques-uns des sous-affluents du Niger, des Volta et de l'Ouémé.

Cette région est sillonnée de nombreux cours d'eau qui, dans les régions montagneuses de l'Ouest, deviennent, au moment des pluies, de véritables torrents et s'étalent, au contraire, en marécages dans les régions moins accidentées situées à l'Est.

Le pays est riche, fertile et peuplé. Les villages, fort nombreux, sont entourés de cultures de mil, d'ignames, de maïs et d'arachides, qui non seulement suffisent largement à nourrr la population, mais encore permettent aux nombreuses caravanes allant du Niger à Kratyé de se ravitailler.

Le cercle de Djougou-Kouandé est habité, de Bassila à

Guerrier bariba de Boussa

Djougou, par les Kodokolis, indigènes de même race que les mahis de Savalou ; à Djougou et jusqu'à Birni, par les Kafiris ; à partir de Birni, par les Baribas, et enfin dans le royaume de Konkobiri, par les Gourmabés ou Gourmantchés.

M. le Dr Bartet décrit ainsi les Kodokolis, les Kafiris et le pays qu'ils habitent : « Les villes sont fortes et situées au milieu de magnifiques forêts, où l'on s'engage sans avoir trouvé un être sur la route, sans avoir d'autres indices de la présence de l'homme que quelques champs cultivés aux alentours. Tout d'un coup, un village se dresse devant vous, il se compose de cases rondes à murs épais en terre de barre, de hauteur d'homme. Un toit de paille les recouvre. Mais leur caractère saillant est le fait qu'elles sont reliées entre elles par des murs demi-circulaires. Seules, deux ou trois ouvertures, qui indiquent l'existence de rues étroites et tortueuses, permettent de s'y engager. Bref, la vue de ces villages est en rapport avec le genre de vie des habitants et le tout conforme à leur air sauvage. C'est le triomphe de la force physique et de la rudesse chez les hommes et chez les femmes; les hommes sont quelque peu vêtus. Il en est de même de la femme mariée. Quant à la jeune fille, jusqu'au jour où elle est demandée en mariage, elle est entièrement nue et porte seulement des colliers autour du cou et des reins et des bracelets aux bras. Les étoffes sont le meilleur objet d'échange dans la région. La coiffure est curieuse. Les mahis, hommes et femmes, ont la tête rasée, à l'exception de trois ou quatre touffes de cheveux découpées en îlot, situés un à chaque extrémité de la suture sagittale et un sur chaque pariétal, ou, comme les arabes, ils laissent un long toupet sur le sommet de la tête, mais la plus grande diversité existe dans les coiffures que chacun arrange à sa fantaisie. »

C'est dans cette région qu'on commence à trouver des gens en armes, au contraire de ce qui existe dans tout le Dahomey proprement dit. Les hommes sont tous munis d'arcs et de flèches empoisonnées et d'un couteau dont la poignée embrasse la main et dont la lame est par suite dirigée horizontalement à l'extérieur. Les villages les plus remarquables de la région des Kodokolis sont Banté, Akpassi, Pira, Caboli et surtout Bédou.

A partir de Djougou vivent les Kafiris; on remarque sur la carte, à côté du nom de ce village, le nom de « Ouangara ».

C'est qu'en effet on trouve dans ces régions une organisation spéciale. A côté des habitants primitifs du sol sont venus se fixer des commerçants, haoussas surtout. Ceux-ci n'habitent pas au même endroit que les premiers possesseurs du sol. Ils

Femme du Yoruba

habitent le « Ouangara », la ville des étrangers, très riche, possédant un grand marché, entourée d'un tata. A la tête du « Ouangara » est un chef qui porte le titre de « Parapei » ou chef des étrangers. Les autochtones ont leur chef propre. Outre ces deux personnages, il faut compter avec les Imans, chefs religieux musulmans. A partir de Bassila, en effet, on sent qu'un élément étranger et plus civilisé a fait son apparition; on voit que l'islamisme a déjà jeté les bases de sa conquête morale.

Le gouverneur Ballot décrit ainsi les Kafiris : « Les demeures de ces gens sont en pisés, reliées entre elles par des murs de 3 m. 50 à 4 mètres de hauteur, d'une grande épaisseur et sans ouverture pour y pénétrer. On entre et on sort au moyen d'une pièce de bois entaillée sur lequel les gens grimpent à la façon des singes. Quand l'échelle est retirée, il n'y a plus de moyens de pénétration. Pas de toits en paille, mais une terrasse à l'épreuve de la pluie.

« Hommes et femmes sont nus et prennent tous les armes en cas de guerre. Rien n'est plus curieux que l'équipement de ces guerriers. Des plumes fort hautes sur la tête, des colliers de piquants de porc épic ou de plumes aux bras, aux coudes, aux genoux ; des anneaux dans le nez et dans la lèvre inférieure : tels sont leurs ornements guerriers. Si on leur offre des étoffes, ils éclatent de rire, disant qu'ils n'en ont que faire. Un peu de sel est la seule chose qu'ils désirent. Ils détestent les étrangers, et c'est avec raison que les musulmans les appellent « Kafiris ou Kéfiris », c'est-à-dire sauvages, infidèles. »

A partir de Birni, la population change et les Kafiris sont remplacés par les Baribas que nous avons déjà décrits plus haut. Ils s'étendent au Nord jusqu'au village de Firou et peuplent le royaume de Kouandé, dont la capitale, qui porte le même nom, est située au pied du massif de l'Atakora, à environ 100 kilomètres de Djougou. C'est un centre important moins par le commerce qui s'y fait que par l'étendue de ses cultures, qui permettent aux caravanes allant de l'Est à l'Ouest de se ravitailler.

Le royaume de Kouandé faisait autrefois partie du Borgou, dont il s'est séparé il y a une centaine d'années; son chef est parent du roi de Niki, mais Kouandé et les territoires qui en dépendent ont été rattachés politiquement avec le royaume de Konkobiri à Djougou pour former le cercle de Djougou-Kouandé.

Jusqu'à notre arrivée, le Djougou était politiquement très divisé; il comprenait les royaumes suivants, dont les rois ou chefs se faisaient entre eux des guerres acharnées auxquelles notre occupation a seule pu mettre fin :

1° Le Sachérou, qui avait pour capitale Djougou. Son chef. le roi Pétoni, est originaire du Gourma, et il se reconnaissait vassal du roi de Niki. Il a sous son autorité une vingtaine de villages, dont les principaux sont Djougou-Ouangara, Mami et Cécé;

2° Le Sobroukou, appelé ainsi du nom de sa capitale, dont le roi, Marsa-Saba-Malou, est le chef d'une quinzaine de villages, dont les principaux sont Pédebina et Foumga;

3° Le village de Séméré et le territoire qui l'entoure;

4° Le village de Pabégou, qui relève du roi de Kouandé, auquel il paye tribut;

5° Les villages de Bariénou et de Sérou, qui relèvent du roi de Bori;

6° Les villages d'Aledjo et de Bodi, qui reconnaissent l'autorité du roi de Kirikri.

Enfin, le cercle de Djougou-Kouandé comprend le royaume de Konkobiri, borné à l'Ouest par le pays de Pama, au Nord par le pays de Botou, à l'Est et au Sud par les royaumes de Kandi et de Kouandé.

Bien que d'une superficie de 4,500 kilomètres carrés, il ne comprend que quelques villages peu importants par leur population, à l'exception de Kadiagara et de Konkobiri, la capitale, qui est située sur la route des caravanes venant de Say ou du Nord du Sokoto et allant à Sansanné-Mango, par Botou, Kodjar et Konkobiri. Elles faisaient autrefois des haltes assez longues dans ce dernier centre pour compléter leurs approvisionnements en bœufs, moutons, ivoire, qu'elles troquaient ensuite, à Sansanné-Mango, contre de la kola et de l'argent.

Malheureusement, une de ces caravanes fut pillée, à la fin de 1894 ou au commencement de 1895, par Aguari, chef de Lambounti, qui, ayant eu connaissance de la présence à Konkobiri de nombreux marchands haoussas, se rendit dans ce dernier centre avec des guerriers et captura toute la caravane, hommes, femmes et marchandises.

Depuis cette époque, jusqu'au milieu de 1899, il ne vint plus une seule caravane. Mais la prise de Niki et l'occupation complète du Borgou, en assurant la sécurité des routes, ont amené, pendant ces derniers mois, la reprise du mouvement commercial. Elle s'accentuera d'autant plus que le Konkobiri, occupé par nous depuis 1897 et habité par des Gourmas et des Peuhls, qui s'occupent activement de culture et d'élevage, a retrouvé une certaine prospérité depuis que nous l'avons mis à l'abri des incursions des Baribas.

Les habitants possèdent de nombreux troupeaux de moutons, de chèvres et de bœufs. Les pâturages sont excellents et très favorables à l'élevage. La volaille abonde.

Ils cultivent, en outre, d'une façon très sérieuse le mil, qui est leur principal aliment, le maïs, l'arachide, l'igname, le manioc, le tabac et récoltent enfin le beurre de karité, qu'on trouve en abondance dans toute la région.

Malgré tout, le point de beaucoup le plus important de toute cette région est Djougou, où passent presque toutes les caravanes de l'Est à l'Ouest. Celles-ci, après avoir franchi le Niger, suivent la route Ilo, Kandi, Ouassa, Djougou et apportent de l'ivoire, des plumes, du caoutchouc, de la gomme, des étoffes, des chevaux, des ânes, des bœufs et des moutons.

La plus grande partie de ces marchandises sont échangées contre de la noix de kola. Le reste, contre de l'alcool et des étoffes ajourées fabriquées dans le pays et connues sous le nom de Salas de Djougou. Les caravaniers, après avoir terminé leurs transactions, ce qui dure rarement plus de huit jours, tellement est grande l'activité commerciale de cette région, remontent vers le Nord. Les gens de Djougou forment alors de nouvelles caravanes qui vont à Salaga ou à Katyé échanger leurs produits et s'approvisionner des kolas qui leur sont indispensables pour commercer avec les Haoussas.

Depuis longtemps déjà, l'administration locale a fait tous ses efforts pour détourner sur un point français de la côte les caravanes allant à Salaga et à Kratyé, de façon à faire bénéficier nos commerçants des riches produits du Sokoto et à remplacer par des marchandises françaises les produits étrangers qu'achètent les gens de Djougou. Quant aux kolas, il est facile d'en faire venir de Conakry, où on les trouve en abondance.

Dans ce but, une grande route allant de Djougou à la côte a été entreprise. Elle réduira considérablement la distance entre le premier de ces points et Savalou et permettra à nos commerçants, s'ils sont assez hardis, de bénéficier des nombreuses caravanes qui alimentent les grands marchés de Salaga et de Kratyé.

3° *Cercle du Gourma.* — Le cercle du Gourma, formé par l'ancien royaume de ce nom, moins le Konkobiri, est aussi appelé Noungou. Il est limité au Nord par les territoires de Dori, du Torodi et de Say; à l'Est par le Dendi, le Borgou et la chaîne de l'Atakora; au Sud par le pays des Kafiris et le territoire de Sansanné-Mango, enfin à l'Ouest par le Mossi et le Boussangsé. Il a pour capitale Fada N'Gourma.

Le Gourma, qui, dans le Sud, est accidenté, sillonné de nombreux cours d'eau, est au contraire dans le Nord uni, sablonneux, complètement dépourvu d'eau et les villages s'alimentent avec des puits.

Le pays est d'aspect triste. Le sol est ferrugineux, la terre sèche, la couche d'humus faible, les arbres sont rares et de petite taille. Cette contrée étant inondée pendant une partie de l'année, l'herbe pousse partout et sert à la nourriture de nombreux troupeaux.

Les hommes sont vigoureux, leur air est moins intelligent que celui des Baribas. Ils sont bien plus paisibles. Les villes sont peu ou pas fortifiées. Les cases sont rondes, leurs murs sont en terre ou en paille tressée, les toits sont également en paille. Les villages sont formés par des agglomérations étendues de cases groupées par huit ou dix suivant les familles et séparées par des champs. Les cases ne sont reliées entre elles que par des barrières de paille de mil. On sent qu'on n'a pas à faire aux pillards du Borgou ; cependant ils sont loin d'être parfaits. Ils ne s'aventuraient autrefois que rarement en dehors de leurs villages respectifs, de crainte d'être faits captifs. Les cases des chefs ne diffèrent guère des autres; comme celles de leurs gens, elles sont circulaires. La case d'entrée possède deux ouvertures à hauteur d'homme : elle sert aux palabres, à la réception des étrangers. Souvent aussi on y loge les chevaux. Les cases ont pour ouverture une porte circulaire, si basse qu'il faut presque s'accroupir pour y entrer. Leur aération est faible, elles sont peu propres. Le groupe des cases du chef se reconnaît aux œufs d'autruche qui les surmontent.

Les hommes sont vêtus de la même façon que les Baribas, pantalon bouffant, large tunique, faite de bandes d'étoffe en coton du pays, larges comme la main, alternativement blanches et bleues. Toutefois les étoffes sont plus grossières que celles du Borgou. Les femmes sont vêtues de pagnes bleus et ne portent rien sur la tête, sauf aux jours de grande fête où elles mettent quelquefois une sorte de turban. Les filles sont nues, sauf un linge qui pend au devant des jambes et qui tombe jusqu'à terre. Ce linge est fixé au moyen d'un collier de reins en cauris d'une éclatante blancheur. Toutes les femmes portent des gris gris suspendus au cou par des lacets de cuir. Ces gris gris ont la forme d'un rectangle de cuir avec trois cauris dans l'axe. Des bracelets de fer, de cuivre, de bois ou de cuir d'éléphant, témoignant de l'habileté des chasseurs, ornent leurs bras. Les hommes ont les mêmes bracelets et, au-dessus

Un banian à Kouti (Haut-Dahomey)

du coude, ils portent quelquefois une pierre taillée ayant la forme d'un anneau.

Les chefs ne portent pas la robe à traîne de ceux du Borgou. Ils sont vêtus richement, ils portent généralement un bracelet d'argent au bras droit et marchent précédés d'un bâton au sommet duquel pend une queue de bœuf.

Les femmes ont les traits masculins; elles portent dans les oreilles des morceaux de bois aux extrémités desquelles sont des cauris.

Au contraire des Baribas, qui sont propres dans leur mise, les gens du Gourma sont d'un aspect sale et le grand nombre d'affections oculaires dont ils sont affligés par suite de la fréquence de la conjonctivite granuleuse ne contribue pas à les embellir.

Les Gourmabés sont fétichistes, leur croyance aux amulettes est très grande. Les musulmans, nombreux dans le pays, sont tous d'origine étrangère, Foulbés du Soudan, Haoussas ou Zabermah du Dendi.

Le royaume du Gourma présente ce phénomène, assez rare dans les régions si troublées de la boucle du Niger, d'avoir pu se conserver intact sous la même dynastie pendant près de deux siècles.

Il le doit probablement à ses limites naturelles qui en rendaient l'invasion difficile, à l'unité de sa race qui ne paraît avoir été troublée par aucun mélange étranger, et, enfin à l'autorité absolue dont ont joui longtemps les rois de ce pays et qui commençait seulement à s'affaiblir au moment de notre arrivée.

Les rois du Gourma ont toujours été renommés pour leur luxe et leur orgueil. Ils vivent entourés d'une cour nombreuse, composée de dignitaires revêtus de titres pompeux, comme le « Tangari », introducteur des chefs etc, de griots, de cavaliers et de mendiants.

Le roi ne se découvre jamais. Il porte dans les cheveux un fétiche qui vient du fondateur de la dynastie et qu'une femme, la « Matanou », est spécialement chargée de couper à la mort du roi. Cette importante fonction lui donne en outre une certaine autorité dans les conseils.

Le souverain actuel, Bantchandé, 23me roi du Gourma, fait remonter sa dynastie à un nommé Lompo qui serait tombé du ciel sur un rocher que l'on montre encore près de Madjori.

Tous les rois du Gourma ont soutenu victorieusement de nombreuses guerres contre leurs voisins : Kafiri de Pama et de Sansanné Mango, Baribas du Borgou et Peuhls du Nord.

S'il faut en croire la légende, les rois du Gambakha, du Mossi, du Boussangsé, leur payaient autrefois tribut et les autres grands chefs du Dendi, du Zabermah et du Borgou recherchaient leur amitié.

Lors de notre arrivée en 1895 la puissance des rois du Gourma avait bien diminué. Non seulement tous leurs anciens tributaires avaient repris leur indépendance, mais encore Bantchandé luttait péniblement contre le chef de Matiacouali qui s'était révolté et qu'il ne put réduire qu'avec l'aide de la mission Baud.

Les ressources du Gourma sont assez nombreuses, on y trouve en abondance des chevaux d'une belle race, des bœufs, des moutous, des chèvres, des poules, des pintades, des canards. Le gibier, les éléphants et les fauves y sont nombreux et il y a presque dans chaque village des chasseurs de profession.

Les principales cultures sont le maïs et le mil dont il est récolté des quantités considérables. Viennent ensuite le riz, les ignames, les haricots et enfin l'arachide qui n'est actuellement qu'une culture vivrière, mais susceptible de se développer considérablement quand ce produit pourra être transporté jusqu'à la côte. Les industries du Gourma sont assez peu développées, on n'y trouve guère que quelques forgerons, des selliers, des potiers et des teinturiers.

Cette région est sillonnée de nombreuses routes commerciales ouvertes depuis notre occupation, les principales sont :

Say-Matiacouali. — Fada N'Gourma.

Dori-Bilanga. — Fada-N'Gourma.

Ouagadougou. — Koupéla, Fada N'Gourma.

Fada N'Gourma. — Yanga, Djebiga, Samka, Gambaka, Yendi et Kratyé (Togo).

Say. — Botou, Matiacouali, Bozogou, Pama, Sansanné-Mango, Yendi.

Ilo. — Kandi, Baniquara, Konkobiri.

Les « dioulas », commerçants venant du Sud, apportent surtout la kola, qui est le principal produit d'importation, de la verroterie, du sel, des tissus divers, de la poudre, de la quincaillerie, de la chaudronnerie et de la coutellerie. La presque totalité de ces produits sont de fabrication allemande ou anglaise et viennent des marchés de Kratyé. Les tissus recherchés sont les étoffes de couleur voyante : la guinée et les étoffes rouges. Les étoffes blanches très apprêtées sont de vente courante mais peu estimées.

La verroterie et la bimbeloterie comprennent tous les objets de parure, mais surtout les filières de perles bleues, rouges, blanches ou même d'ambre et de corail, ces dernières très recherchées par l'élément peuhl.

Les fils de coton, le salpêtre, l'antimoine, le cuivre en barre viennent de Gambakha où ils sont importés par la colonie anglaise de la Côte d'or. Le Gourma reçoit encore du sel, des parfums et quelques articles de sellerie de Tombouctou.

Les produits français, inconnus avant notre occupation, commencent à se répandre. La nouvelle route de Djougou à la côte facilitera à nos produits manufacturés l'accès de ces régions.

Cercle du Moyen-Niger et rive gauche du Niger. — Le cercle du Moyen-Niger qui s'étend sur les deux rives du fleuve a pour capitale Kandi. Il est formé par les provinces de Bouay et de Kandi, par les pays indépendants de Baniquara et les territoires Zaberma ou Dendi situés sur les deux rives du

(1) Les renseiguements concernant les provinces du Niger sont extraits des rapports officiels au ministre des colonies.

Le Marché de Kouti (Haut-Dahomey)

fleuve. Il est limité, au nord, par le Soudan français, à l'est par la frontière franco-anglaise, au sud par le cercle de Parakou et à l'ouest par la province de Kouandé.

Toute la partie sud de ce c rcle, est formée par le royaume de Bouay qui appartenait autrefois au Borgou. Elle est peuplée de ces Baribas que nous avons déjà dépeints.

Voici comment M. le gouverneur Ballot décrivait cette contrée dans le rapport du voyage qu'il fit au Niger en 1895 : « Le pays est inculte, les habitants en sont inhospitaliers, menteurs et fourbes.

« Les routes sont impraticables pour l'étranger, les caravanes qui descendent le Niger ou qui arrivent par terre évitent les pays baribas où elles sont rançonnées sans merci.

« Quand une caravane arrive, elle est reçue avec beaucoup d'empressement, surtout lorsque ses marchandises sont riches. Le chef lui fait bonne figure, comble ses membres de prévenances pendant tout son séjour chez lui, en ayant soin cependant de leur soutirer le plus grand nombre possible de cadeaux pour lui et sa famille toujours très nombreuse. Mais, quand les voyageurs désirent continuer leur route et demandent à partir, la scène change. Le chef jette tout à coup le masque devient insolent, violent, déclare brutalement que les cadeaux sont insuffisants, peu en rapport avec le grand nombre des charges et la richesse des marchandises, bref, qu'il lui faut tels et tels objets pour autoriser le départ et donner un guide. Ce dernier est d'autant plus indispensable qu'il ne sert pas seulement à indiquer la route, mais qu'il est en même temps un protecteur, une sorte de sauf-conduit sans lequel les villages suivants ne laisseraient pas passer les voyageurs ou feraient des difficultés pour les recevoir. Les malheureuses caravanes doivent, pour continuer leur route, satisfaire aux exigences de ces bandits, en s'estimant encore fort heureuses de n'être pas complètement dévalisées dès la première étape.

« Généralement, le chef se contente de la cinquième partie des marchandises, mais cette opération se répétant dans chaque village, on voit où en est réduite la malheureuse caravane après quelques étapes... »

Depuis notre occupation tout a changé : les routes sont devenues sûres, les caravanes commencent à reprendre la route de Djougou et les habitants, privés des ressources qu'ils tiraient du pillage, se sont remis à cultiver les ignames, les haricots, le mil, le maïs et le riz. L'occupation des territoires du Maouri situés sur la rive gauche du Niger, presque complètement inconnus jusqu'à ce jour et que pour cette raison nous allons décrire longuement, complètera l'œuvre entreprise. Elle assurera la sécurité aux caravanes, de leur sortie du Sokoto à Djougou et contribuera à faire du Dahomey la route commerciale des régions avoisinant le Tchad.

Le Niger (la rive gauche). — Le pays reconnu à la France, par la convention du 14 juin 1898. dans la région comprise entre le Niger et son affluent le Dallol Maouri, affecte la forme d'un grand V et n'a pas de limites bien précises vers le Nord où il s'étend jusqu'au Sahara. Il forme une transition entre le désert et les régions boisées du Sud. Bien que sablonneux, le sol de cette région n'est pas stérile et il est couvert d'une brousse épaisse partout où les indigènes n'ont pas mis le feu pour les besoins de leurs cultures. Il semble que c'est au Niger, qu'il faille attribuer cette action bienfaisante, car bien que son influence fertilisante ne s'étende en apparence qu'à quelques kilomètres de ses rives, on trouve dans toute la région, de l'eau en abondance à des profondeurs variables, presque au ras de terre dans les Dallol, larges vallées qui recueillent les eaux de pluie et les conduisent au Niger, et à une profondeur plus grande mais qui ne dépasse guère 40 ou 50 mètres dans tout le reste du pays.

Les eaux qui tombent dans la saison des pluies, sont suffisantes pour faire pousser les quelques plantes alimentaires que sèment les indigènes, et pendant la saison sèche les Dallol se couvrent de paturages où les Peuhls, qui s'adonnent surtout à l'élevage, trouvent de quoi nourrir leurs troupeaux.

Le Niger qui délimite cette région au sud et à l'ouest se dirige, dans cette partie de son cours, du N.-N.-O, au S.-S.-E. Large de 3 à 500 mètres il est assez rapide et peu profond. Son lit est souvent embarrassé de rochers et de grandes îles marécageuses. Des terrains d'inondation, quelquefois plus larges que le fleuve lui-même, rendent son abord malaisé et augmentent les difficultés du passage. Ils sont couverts par les eaux au moment de la saison des pluies, en septembre et octobre, mais la crue se prolonge au delà de cette époque par les apports de son cours supérieur qui atteignent leur maximum en décembre.

Les principaux affluents de gauche sont : le Dallol Bosso et le Dallol Maouri. Ce sont de larges rigoles plates qui ne coulent que pendant trois ou quatre mois de l'année, mais dont le sol, constamment humide, est très fertile. Leur possession a donné lieu autrefois à des luttes acharnées entre les différentes peuplades habitant ces régions.

Le Dallol Bosso, le mieux connu, reçoit à l'ouest le Dallol Toumbodi dont la vallée s'étend du Dentchiendou à Tamkalla.

Le Dallol Maouri est moins long et moins important, bien que tous deux semblent néanmoins s'étendre fort loin dans le Sahara. Il est formé par la réunion à Massaraoua de deux Dallol venus l'un de l'Areura par Matankari, l'autre du Sokoto par Bindjié. Il reçoit à l'ouest le Goulmandou qui sépare le territoire de Bosso du Maouri et le Fogha venu de l'Immaman.

L'orographie parait assez simple. Il y a d'abord une longue chaîne de collines qui suivent la vallée du Dallol Bosso par Sargadjié Koigolo et s'affaissent près de Garbou après avoir détaché vers l'est une chaîne de hauteurs qui couvrent le pays de Dosso. Au sud de la ligne Say, Tamkalla Tilly, le pays est absolument plat. Au nord il y a toute une chaîne de collines qui semblent être les derniers contreforts des montagnes du Sahara et diminuent de hauteur au fur et à mesure qu'elles s'en éloignent.

On trouve dans cette région plusieurs races fort différentes qui sont :

La race Peuhl,

La race Zaberma,

Les Touaregs.

La première, de beaucoup la plus intéressante, est suffisamment connue.

Les Peuhls (Pouls, Foulbés et Foulanis) sont maigres, nerveux, à peau bistrée, très intelligents, intrigants, mal avec tous leurs voisins, oppresseurs dès qu'ils cessent d'être opprimés, très attachés à leurs chefs et aux gens de leur race, ennemis jurés des blancs, dès qu'ils n'en ont plus besoin, au demeurant grands travailleurs ; ils se livrent surtout à l'élevage du bétail. Les femmes peuhls sont relativement très belles.

Les Zabermas, au contraire, sont très noirs de peau et ne diffèrent pas moins de leurs voisins au moral qu'au physique. Pauvres en bétail, mais possédant de nombreux chevaux, paresseux, ne cultivant que le mil qui leur est nécessaire, peu solidaires les uns des autres malgré leur groupement, de caractère brutal, peu experts en intrigues, ne cédant qu'à la force, cavaliers infatigables, pillards invétérés, peu courageux et naturellement cruels. Les villages et les chemins sont fort mal entretenus; les femmes, les enfants et les esclaves travaillent seuls pendant que les hommes se reposent ou font la guerre. Par leurs exactions, ils ont fini par détourner de leur pays, dont c'était pourtant la route naturelle, les caravanes, qui l'ont tellement déserté, que l'on n'y trouve aucun objet d'échange, pas même du savon indigène. L'industrie y est également nulle. Vêtus de haillons sordides à notre arrivée, ils commencent à être moins déguenillés et moins sales. Ils sont assez bien avec leur équipement de guerre emprunté en grande partie aux Touaregs : la figure voilée du litham, vêtus d'un pagne flottant et de grandes jambières de cuir, l'anneau de pierre au bras, un poignard passé le long de l'avant-bras, le large sabre à poignée en croix suspendu à un baudrier, un bouclier en cuir de bœuf suspendu à la selle, leur harnachement est généralement très pittoresque.

Les Touaregs, que les Zabermas appellent Sourongué, habitent le pays de Tagazza (en peuhl Tiapari) et d'Immanan. Ils sont de race berbère, cuivrés de peau. Ce sont nos ennemis les plus acharnés, mais la petite fraction qui habite Tagazza et Immanan est dégénérée, isolée et ne pourrait nous résister longtemps.

Tous ces indigènes sont de religion musulmane, mais ce sont des croyants fort tièdes attachés à quelques momeries seulement. Les marabouts, souvent totalement illettrés et ne connaissant que quelques traditions, sont peu influents, et la religion chrétienne trouverait ici des gens faciles à convertir et aurait une heureuse influence sur ces polygames abrutis et fainéants.

Les villages sont fort nombreux; le seul chef de Tessa commande à 30 villages ne formant qu'une très faible partie du Zaberma. Tous ces villages sont en paillottes (c'est nous qui avons construit les premières cases en maçonnerie) ; ils sont, par suite, aussitôt reconstruits que brûlés, chose qui arrivait souvent autrefois. Beaucoup sont entourés d'un tata ou d'une palissade. Ils sont groupés autour de puits qui fournissent de l'eau presque toute l'année. Quelques-uns sont très profonds et leur forage constitue un véritable tour de force. Les traditions racontent qu'ils ont été creusés autrefois par des blancs venus du Nord qui sont allés ensuite au Borgou. On montrait encore récemment à Garbou des chaînes de fer dont ils se servaient. Quels étaient ces hommes blancs? On ne le saura probablement jamais.

La race peuhl a formé le puissant empire du Sokoto avec ses feudataires, le Godobaua, le Gando, le Kantagora, le Yaouri etc., dans lequel sont disséminés de nombreux Haoussas industriels et commerçants qui, avec les Peuhls contribuent à la prospérité du Sokoto et semblent fort bien s'y accorder.

Il n'en fut pas de même autrefois dans le Gando où les Haoussas étaient esclaves. Se sentant un jour plus forts que leurs maîtres, ils se révoltèrent et, après avoir fait un gros butin se réfugièrent dans le Kabbi où ils fondèrent les grands tatas de Birni, M'Kabbi et d'Argoungou qui devint leur capitale.

Malgré tous leurs efforts les Peuhls du Sokoto ne purent les en déloger et ils n'aboutirent qu'à cimenter entre les Haoussas et leurs nouveaux voisins, les Zabermah, - une alliance qui devait leur faire courir les plus grands dangers.

Les Zabermah viennent, d'après leurs traditions, d'un pays situé à l'ouest et nommé Malé. Faut-il voir dans ce mot une corruption de Malinké, race avec laquelle les Zabermah ont une certaine ressemblance, ou doit-on les considérer comme les derniers débris du grand empire de Mel qui existait il y a plusieurs siècles. On ne sait? Quoiqu'il en soit, chassés par les Peuhls, ils émigrèrent dans ce pays où ils se fondirent avec la race autochtone dont il ne reste que quelques représentants. De même que les Haoussas, ils considéraient les Peuhls comme leurs ennemis séculaires, ils les avaient chassé du Dallol-Bosso où ils n'en toléraient qu'un petit groupe.

La haine des Peuhls existait donc chez les Haoussas du Kabbi comme chez les Zabermah; il ne fallait plus qu'un incident pour en faire des alliés. Cet incident se produisit après le voyage de Barth, en 1853-1854.

Vers cette époque, alors que le Zermacoi, ou chef des

Zabermah était Kossam, un Zabermah nommé Daoudou vint lui demander sa protection. Il avait commis divers crimes et ses compatriotes voulaient lui faire un mauvais parti. Kossam qui était un homme doux et faible accueillit le proscrit dans sa propre demeure. Mais Daoudou se sentant protégé ne tarda pas à recommencer ses méfaits en même temps qu'il gagnait à sa cause par l'espoir de la guerre et du butin, les Zabermah qui n'attendaient qu'un chef pour recommencer la guerre contre les Peuhls. Les hostilités commencèrent sous un prétexte futile et il les chassa successivement de tous les villages qu'ils occupaient dans le Dallol Bosso. La lutte fut longue, opiniâtre et les Zabermah actuels se souviennent encore des combats de Tamkalla, Kalla, Keni, Fabedjié, Baschi, Bélandé « où furent tués beaucoup d'hommes » et qui furent autant de succès pour Daoudou. Il fut pourtant battu une fois à Garbou sur la route de Dosso à Karimama. Furieux, il rentra à Dosso et convoqua tous les Zabermah à une revanche ; il invoqua même l'aide du chef des Kabbi qui lui envoya ses guerriers. Cependant Aboul Hassani, chef des Peuhls de la région, vint à Garbou et décida les habitants à fuir au Sokoto pour éviter un massacre certain. Furieux, Daoudou se retourna contre lui et après le plus violent combat de cette guerre s'empara de sa résidence, Arkanassou. Il n'y avait plus de Peuhls dans le pays Zabermah ; tous leurs villages étaient détruits et les survivants s'étaient enfuis au delà du Niger jusqu'à Yagha. Reconnaissant de l'appui prêté par le chef du Kabbi, Daoudou décida le Zermacoi et les Zabermah à reconnaître ce chef comme leur maître et à le proclamer zerchi (chef) de tout le pays. Ainsi fut faite l'union. L'assistance que prêtèrent peu après les Zabermah au Kabbi contre le Sokoto la cimenta ; l'adhésion des habitants du Maouri et de l'Arewa, de race Zabermah, en fit un royaume important.

Daoudou tourna ensuite ses armes contre les Zabermah

établis à l'Ouest du Dallol Bosso et leur fit une guerre d'extermination pendant laquelle il brûla plus de trente villages. Il détruisit également Karimama et menaça Kirtachi qui se soumit pour éviter le pillage. Au cours d'une de ces expéditions il tomba malade et mourut il y a une vingtaine d'années...

Un Dioulas des bords du Niger

Les Zabermah étaient plus puissants qu'ils ne l'avaient jamais été, ils continuèrent leur existence de pillages et de vols lorsque l'arrivée d'Ahmadou-Sheikou ancien roi de Ségou faillit amener leur perte.

Celui-ci, qui avait refusé de se soumettre après la prise de

Nioro, était venu, il y a environ quatre ans, du côté de Say pour tâcher de se constituer un nouveau royaume. Il avait avec lui des bandes éprouvées munies d'armes à feu et pour lieutenant Aly Boury, prince du Djolof, qui avait été notre ennemi acharné. Il vint s'établir à Dounga et y fut très bien accueilli, non seulement par les Peuhls des environs, mais encore par ceux du Torodi et ceux qui avaient été chassés du Dallol Bosso. Ils vinrent sous le commandement de leur chef, Ibrahim Galadjo et Bairo, se placer sous ses ordres et le décidèrent à marcher contre les Zabermah.

Ce fut Aly Boury qui conduisit l'expédition. Il se dirigea d'abord sur le Dendi et y brûla les villages Zabermah, isolés sur le fleuve et sur la route Dosso Karimama.

Les Zabermah, commandés par Issa Korombé, successeur de Daoudou, lui livrèrent combat à Boumba. Ils furent défaits et leur chef tué. Aly Boury continua sa pointe le long du fleuve et alla brûler des villages jusque dans le Dallol Fogha. Il marcha enfin sur Dosso et brûla sur sa route Soumakoi, Boumdou, Boalo et Boumdou-Madi. Mais il fut alors averti de l'arrivée d'une colonne française qui marchait sur Say et il s'enfuit précipitamment dans la direction de Souroungué, où l'attendait Ahmadou-Sheikou. Après avoir inutilement essayé de décider les chefs peuhls Bairo et Ibrahim Galadjo à le suivre, ils s'enfuirent dans l'Immanan, où ils guerroyèrent contre les gens de Kourfai. De là, ils passèrent au Sokoto, et c'est, sans nul doute, à leur présence dans ce dernier pays qu'il faut attribuer la recrudescence de haine qui s'y est manifestée contre nous. Ahmadou-Sheikou, au dire des indigènes, serait mort depuis peu de temps.

A notre arrivée, tout le pays situé au Nord du 14° degré et compris entre le Niger et le Dallol-Maouri faisait partie du royaume du Zerchi-N'Kabbi-Ismail, fils de Baraza, qui habitait Argoungou.

La contrée était divisée en quatre parties, toutes de souche Zabermah :

1° Le Zabermah proprement dit, dont la capitale était Dosso et le chef Zermacoi ou Attibou;

2° Le Maouri, à l'Est du Zabermah, dont la capitale était Bey-Beya et le chef Soumana;

3° L'Arewa, à l'Ouest du Zabermah, dont la capitale était Mantankari et le chef Bagadge;

4° A l'Ouest et au Sud, le Dendi oriental presque complètement désert.

Au Nord, cette contrée était bornée par le Fakara et le Terma Ganda, pays habités par les Ziben Haoua, sortes de maures métis de Songhays et de gens de l'Azben. Les liens qui réunissent les cinq troncs du Kabbi ne sont pas très étroits, l'autorité du chef s'y mesure à sa richesse, représentée par ses esclaves, ses femmes, ses cases, ses chevaux et ses terres, à sa générosité, car l'impôt est remplacé par le pillage, dont le chef a la plus grande part, et surtout à sa valeur comme guerrier et à la crainte qu'il sait inspirer.

D'une façon générale, on peut dire que le pays Zabermah n'était pas exploré avant 1898, date de notre occupation. Le Dr Barth l'avait bien traversé à deux reprises en 1853-1854, à l'aller et au retour, de Say à Kallioul (Kaoura), mais il ne s'y était pas arrêté et n'en avait vu, à part Tamkalla, que la partie la moins importante, actuellement déserte. Il existe encore de vieux Foulanis qui se rappellent le voyageur déguisé en marabout, dissimulant ses traits sous une ample coiffure et une barbe noire. Il se rendait, disait-il, aux lieux saints et recevait sur son passage le lait et les offrandes que les peuhls offraient à ce saint homme. Il avait bien été surpris à rédiger des notes de voyage, le soir, mais c'était, disait-il, de simples versets du Koran...

Pendant de longues années, cet itinéraire fut le seul renseignement sérieux qu'on eut sur ce pays. Dosso était à peine marqué, et encore beaucoup trop au Nord; le cours du Niger, de Say à Gomba, était lui-même inconnu.

Le voyage du lieutenant de vaisseau Hourst, en 1896, éclaircit cette dernière énigme. Si les cartes portent actuellement quelques noms de villages inconnus sur les bords du fleuve, il ne faut pas s'en étonner; les brigandages d'Aly-Boury, qui n'eurent lieu qu'après le passage de Hourst, ont fait disparaître un grand nombre de villages.

Auparavant, en 1890, Monteil avait traversé le pays de l'Ouest à l'Est par Say, Dosso-Falakari, il laissa un excellent souvenir dans la mémoire des habitants.

Le commandant Destenave, du Soudan français, poussa jusqu'à Say qu'il occupa dès les premiers mois de 1897 et il y installa comme résident le capitaine Betbeder. Nous avons vu que l'approche de la colonne avait fait fuir dans l'est Ahmadou Sheikou et Aly Bory. Malheureusement notre occupation s'arrêta là pendant près de deux ans. L'action de la résidence de Say (dépendance du Soudan) se borna sur la rive gauche du Niger à recevoir la soumission de deux villages riverains, Kollo et Dounga. La petite colonie du Dahomey au contraire, avec des ressources modestes, faisait tous ses efforts pour atteindre le fleuve en aval de Say et y réussissait. Au Nord le capitaine Baud arrivait à Karimama et était nommé Résident du moyen Niger; au Sud la mission Bretonnet occupait Boussa. L'occupation d'Ilo et de Boussa nous assurait le cours du fleuve de Karimama à Boussa (1897).

De plus, en vue des négociations qui allaient s'ouvrir, la mission Cazemajou fut envoyée sur la rive gauche pour recueillir sur place des documents et des renseignements. Elle partit de Karimama en décembre 1897, traversa le Niger et remonta successivement le Dallol Fogha et le Dallol Maouri pour aller à Argoungou par la route la plus directe.

Arrivée dans cette ville elle y fut cordialement reçue par le Zerchi qui signa avec elle un traité qui mettait son pays sous le protectorat de la France.

C'était un événement heureux et s'il se fût produit six mois

Femme Djej

plutôt il nous eût peut être assuré la possession du Kabbi; malheureusement quand il arriva à Paris les négociations qui devaient aboutir à la convention de délimitation du 14 juin 1898 étaient trop avancées. Toutefois on en tint compte dans une certaine mesure en adoptant comme frontière sur la rive gauche du Niger, le thalweg du Dallol Maouri qui coupe en deux le Maouri et l'Arewa en laissant une moitié à l'Angleterre et l'autre à la France. Nous n'avions pas été malheureux que sur la rive gauche; la même convention du 14 juin 1898 nous faisait perdre les 2/3 de nos belles conquêtes sur la rive droite. Le cercle du moyen Niger, considérablement diminué, eut son chef-lieu transporté à Karimama.

Néanmoins le Dahomey continuait activement sa marche en avant et cherchait à s'établir solidement sur la rive gauche aussi bien pour se rapprocher de la route du Tchad que pour assurer la sécurité du pays et y attirer les caravanes allant de l'est à l'ouest et dont c'était la route naturelle.

A la fin de septembre le capitaine Lorho, résident du Moyen Niger, établit, conformément aux ordres du gouverneur, un poste à Kirtachi et le 15 novembre envoya le lieutenant Laussu occuper Dosso dont le chef nous avait demandé notre protection.

Cette occupation ne se fit pas sans difficulté. La petite troupe du lieutenant Laussu eut à traverser un désert de cent kilomètres où elle souffrit beaucoup. Enfin le 19 novembre elle arriva à Dosso où elle fut bien accueillie par le chef, mais très mal par les habitants. La situation s'améliora cependant peu à peu grâce au caractère énergique et conciliant du lieutenant Laussu.

Au mois de février suivant, le lieutenant Laussu fut remplacé comme chef du poste de Dosso par le lieutenant Cornu. Cet officier, dès son arrivée, tint un grand palabre auquel vinrent tous les chefs de la région et les envoyés du Serchi M'Kabbi et qui établit d'une façon définitive notre autorité dans le pays.

Quand cette région aura été complètement pacifiée par une administration ferme et prudente, que les villages peuhls, qui commencent à se construire, auront atteint leur complet développement, que les caravanes, certaines d'être respectées auront repris la route du Dallol qu'elles suivaient autrefois, le pays sera plus prospère qu'il ne l'a jamais été. Il peut produire en abondance le petit mil (yéro) base de la nourriture des indigènes, que l'on peut cultiver partout le fenioc (sorte de tapioca) les haricots, les pois, le maïs, les pistaches (arachides). On trouve aussi dans certaines régions, surtout dans le Dendi des arbres à Karité et des caoutchoucs qui atteignent un prodigieux développement et qu'il serait possible d'utiliser. A Sourougué, les indigènes savent travailler le cuir et le fer, dans le pays Zabermah, on trouve des tisserands, des forgerons et des potiers, enfin certains villages du Dallol Fogha contiennent du sel, qui constitue un produit d'échange important dont vivent plusieurs villages et dont le commerce ne pourra que se développer quand, avec la paix, renaîtra la sécurité des routes.

CHAPITRE VII

Le Bas Dahomey

LE SOL. — LE CLIMAT. — L'HYGIÈNE

Le sol. — Quand du large on se dirige vers la côte de Guinée, on aperçoit d'abord, se profilant sur le ciel, la verdure des arbres qui bordent le littoral, puis, au fur et à mesure qu'on

Pirogue de barre à Cotonou

se rapproche, la teinte jaune pâle de la bande de sable unie et régulière du rivage et enfin la ligne d'écume blanche que forme la barre en venant se briser à terre.

Tout le monde connaît ce phénomène qui ne règne nulle part avec la même force et la même continuité que le long du golfe de Guinée, M. le Dr Féris en a donné, il y a longtemps déjà, dans les archives de médecine navale, une description restée classique :

« Pendant neuf mois de l'année, les vents du sud-ouest règnent dans le golfe de Guinée. Ils y sont attirés, selon quelques savants, par la raréfaction de l'air, due à l'influence des rayons solaires répercutés par les sables brûlants du vaste continent africain. Sous son action incessante, l'océan se creuse en longues ondulations qui viennent se briser sur la plage sablonneuse dont la déclivité vers la haute mer est presque insensible. Ces gigantesques lames (quelques-unes atteignent 40 à 50 pieds de hauteur) sont arrêtées brusquement à leur base par le peu de profondeur du fond, tandis que leur partie supérieure obéissant à l'impulsion reçue, et continuant sans aucun obstacle leur course furieuse, se roulent en énormes volutes qui viennent déferler sur la plage avec un bruit terrible.

« Elles forment ainsi en rebondissant trois lignes de brisants à peu près également espacées et dont la première est à environ trois cents mètres du rivage. C'est un spectacle qu'on n'oublie plus dès qu'on l'a une fois contemplé, et si quelque chose peut ajouter à l'impression qu'il cause, c'est de voir l'homme se jouer dans une frêle embarcation des colères de la nature et en triompher à force de courage et d'adresse. »

Après avoir dépeint la barre elle-même, il décrit la manière de franchir cet obstacle, qui rend si difficiles et si dangereuses les communications avec cette côte qui s'étend sur plusieurs centaines de milles et le long de laquelle ne se trouvent ni un port ni une baie : « Quand les noirs veulent passer la barre, ils roulent leur pirogue sur le sable jusqu'au bord de l'eau et la font entrer dans la mer par secousses successives, profitant chaque fois de l'arrivée de lames qui s'étendent sur la plage en formant une écume bouillonnante.

21

Une équipe de Kroummen à Cotonou

« Enfin la pirogue est mise à l'eau et tous les noirs s'embarquent prestement, pendant que le féticheur debout sur le rivage, cherche à calmer le démon de la barre par des gestes et des invocations.

» L'équipage de ces embarcations est généralement composé de 12 à 16 hommes dont 10 ou 14 rameurs, plus l'homme de barre qui est armé d'un aviron de queue, en guise de gouvernail. Les hommes sont assis sur le bord du canot et, munis de pagayes ils nagent en cadence et avec un ensemble parfait. Chaque fois qu'ils plongent la palette dans les flots, ils font une profonde inspiration et, faisant passer l'air entre leurs dents de devant ils produisent un sifflement prolongé. Dans les moments périlleux, ils s'excitent mutuellement en poussant de grands cris.

« Le passage de la barre étant toujours dangereux, ils obéissent ponctuellement aux moindres signes du pilote. Celui-ci veille l'instant propice pour passer avec les meilleures chances, aussi la pirogue reste-t-elle souvent stationnaire pendant quelques minutes en dedans de la barre, laissant passer les lames sous sa quille, à mesure qu'elles se présentent. Puis, tout à coup, à un indice particulier, le pilote, reconnaissant un moment favorable, pousse un cri, et toutes les pagaies frappent violemment les ondes furieuses. Les noirs, animés par leurs exclamations inarticulées, font des efforts si vigoureux qu'ils paraissent surhumains. Pendant ce temps, le pilote, debout et regardant la haute mer, donne des ordres, en même temps qu'il fait des gestes de la main droite, comme pour calmer les vagues frémissantes. Dès que la barre est passée, les noirs lèvent leur pagaies en l'air, puis se mettent à ramer de la façon tranquille et cadencée qui leur est habituelle.

« Généralement l'obstacle est plus facile à franchir lorsqu'on vient de terre que lorsqu'on veut débarquer. Il arrive souvent, surtout dans la mauvaise saison, qu'une lame vient balayer la pirogue et tremper entièrement le malheureux passager.

« Lorsqu'il atterrit, les derniers rouleaux poussent l'embarcation avec une rapidité vertigineuse sur la plage. Dès que

Un élégant de Porto-Novo

l'avant a touché, toutes les pagaies sont vivement lancées à terre, les noirs se jettent à l'eau, prennent rapidement l'Européen par la ceinture et le transportent sur le sol. »

Ce qui frappe le plus, quand on longe la côte du golfe de Bénin, c'est sa monotonie. De Grand-Bassam à Cotonou, elle est toujours semblable à elle-même, plate et unie, défendue par la barre et bordée de la ligne vert sombre des palmiers d'où émergent par place les arbres immenses des forêts équatoriales, les fromagers et les rocos, qui semblent trouver là leur habitation de prédilection.

La régularité de toute cette côte s'explique par sa nature alluvionnaire et les courants qui règnent dans le golfe de Guinée.

Il semble hors de doute que tous les terrains qui se trouvent au sud de la lagune allant de Porto-Séguro à Jabon soient de création relativement récente et formés tant par les apports de la mer, toujours houleuse par suite de l'action des vents de Sud-Est, que par suite de l'apport des rivières dont le courant, très violent pendant la première partie de leur cours, devient presque insensible quand elles se rapprochent de la mer.

D'après le Père Borghère, missionnaire au Dahomey, le littoral aurait, à Badagry, gagné 2 milles environ depuis la découverte de la Guinée par les Portugais.

Entre la bande de sable ainsi formée et la côte proprement dite, les rivières s'écoulent lentement et capricieusement, formant des lagunes qui allaient autrefois, sans interruption, de Porto-Seguro à Jabon (Lagos).

Une solution de continuité s'est produite à une date relativement récente, à Godomey probablement, par suite du changement de direction de l'Ouémé, dont l'embouchure s'est brusquement fermée à Cotonou et qui va maintenant se déverser à Lagos par l'estuaire de la rivière Ogoun.

En 1893, à la suite d'une crue exceptionnelle, la lagune s'ouvrit à Cotonou, mais elle se referma à l'époque de la baisse des eaux.

En temps ordinaire, il y a rarement plus de 2 mètres d'eau dans la lagune de Porto-Novo; mais cette profondeur suffit à des chaloupes et à des caboteurs à fond plat, qui l'utilisent

Cotonou vu du large

pour transporter à Cotonou et à Lagos plus de 30,000 tonnes de marchandises par an.

L'aspect de ces lagunes est riant, les eaux vert sombre, bordées de papyrus de couleur plus claire, se prolongent jusqu'aux rideaux de grands arbres qui indiquent la rive.

De loin en loin, on rencontre des caïmans dormant au soleil, la bouche ouverte, mollement couchés sur les roseaux ou les îlots d'herbe qui parsèment le Toché, ou de grands oiseaux blancs, qui regardent sans bouger les chaloupes passer à quelques mètres d'eux.

Quand on débarque à Cotonou, village élevé au milieu des sables dans un paysage aride et nu, la première impression est triste; mais l'aspect de Porto-Novo, au contraire, dont les maisons se voient de loin, émergeant d'une verdure épaisse, surprend agréablement, après trois heures de traversée sur la lagune.

En débarquant, on remarque d'abord la couleur du sol, formé dans tout le bas Dahomey d'une argile rouge compacte. C'est la terre de barre qui, dans ce pays, où le calcaire n'existe pas, sert aux indigènes à construire les maisons et les murs de clôture.

Ce genre de construction donne aux villes dahoméennes un aspect très particulier lorsque le sol, les murs, flamboient sous le grand soleil de l'Équateur avec un éclat insupportable sur lequel des arbres jettent de loin en loin la tache sombre de leur feuillage.

Lorsqu'on s'éloigne de la côte et que l'on remonte vers le Nord, on trouve d'abord la région des palmiers à huile, qui est sans contredit la plus riche de la colonie; le sol est toujours plat, uni, il faut aller jusqu'à Abomey pour trouver des pierres. Les palmiers y sont là encore très nombreux, et les indigènes cultivent entre eux des plantes vivrières remarquablement bien tenues.

A partir d'Oumbégamé, le palmier devient plus rare et est remplacé par le karité.

Le sol, qui a commencé à s'élever à partir d'Abomey, est découpé par de nombreux petits ravins où émergent des granits. Le terrain est de même nature jusqu'après Atchéribé ; les plantations d'ignames et de mil deviennent plus nombreuses, et les roches de granit se rencontrent plus fréquemment, sans cependant que l'on trouve de véritables montagnes, tout au plus des collines. A partir de Paouignan, on commence à rencontrer les derniers échelons de l'Atacora, et les grandes forêts cessent, tant par suite de la diminution des pluies que du mode de culture des indigènes qui, tous les ans, mettent le feu avant de commencer à préparer le terrain qu'ils comptent ensemencer.

Le climat. — Au point de vue climatérique, le Dahomey peut se diviser en deux zones : la zone des fortes pluies, qui est en même temps celle du palmier, et va de la côte à Paouignan, — la zone des moyennes pluies, qui va de Paouignan au parallèle de Nikki, où l'on fait deux récoltes par an et où l'on compte encore une grande et une petite saison des pluies.

Placé sur le bord de la mer (1), bordé par de vastes lagunes, situé très près de l'équateur, entre le sixième et huitième degrés de latitude Nord et au fond d'un immense golfe, le Bas-Dahomey jouit d'un climat subissant l'influence de ces diverses causes, et la météorologie de ce pays en est une résultante logique.

Il doit au voisinage de la mer son climat marin, chaud et humide, pendant la saison où dominent les vents compris entre l'Ouest et le Sud-Est, époque des fortes pluies ; mais lorsque le soleil descend dans l'hémisphère Sud, entraînant avec

(1) Les renseignements qui suivent ont été recueillis et rédigés par M. Ducoux, pharmacien de première classe des colonies.

lui son éternelle zone de nuages, de grains et de tornades, les vents passent facilement entre le Nord et l'Est-Nord-Est.

Ces vents, prolongations des alizès généraux du monde, qui en hiver, dans l'hémisphère Nord, descendent vers l'Equateur, revêtent du fait de leur passage sur les terres sablonneuses brûlantes et desséchées du centre africain, des allures spéciales.

Le jour ils sont chauds et très secs, mais très froids la nuit; par suite de cette sécheresse même qui occasionne un rayonnement nocturne intense, on a enregistré 14 degrés à Porto-Novo, 4 degrés à Boussa (bord du Niger).

Ces vents sont appelés Harmattan; ils apportent avec eux, jusqu'à la côte, trop souvent des sauterelles et toujours un sable extrêmement divisé, qui couvre le ciel d'un voile blanchâtre où le soleil parait entouré d'une auréole, bien que l'on ne distingue aucun nuage.

C'est aussi au passage alternatif du soleil des deux côtés de l'Equateur, et par conséquent du Dahomey, qu'est dû le phénomène de la petite saison sèche qui a lieu lorsqu'il passe à 16 degrés au Nord du Dahomey, et de la grande saison sèche lorsqu'il redescend à 30 degrés au Sud.

Quand on s'écarte de la côte, cette régularité de phénomène est la règle, mais près des bords de la mer, au milieu des lagunes, elle n'existe plus, et l'on peut dire que la caractéristique de la constitution météorologique de Porto-Novo et de tout le littoral est l'instabilité, sous le rapport des pluies et des autres phénomènes météorologiques.

Les tableaux suivants, comprenant trois années, et dont les indications sont rendues plus évidentes par les courbes qui y sont annexées, montrent ces variations:

TEMPÉRATURE

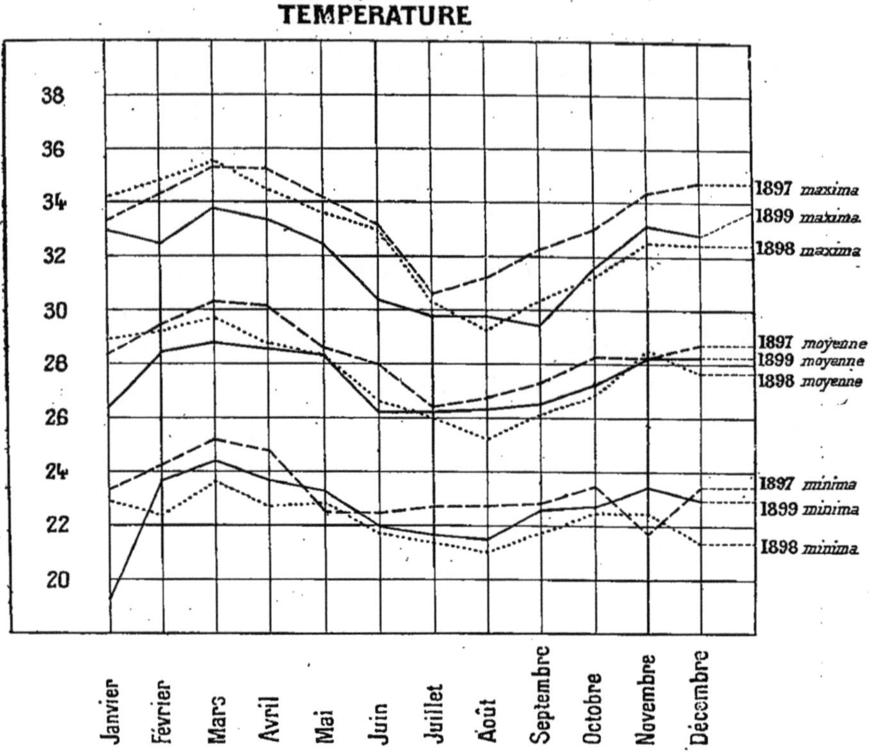

Les années peuvent, au point de vue température, présenter des écarts plus grands que ceux constatés habituellement dans les pays situés entre les deux alizés.

Les années 1897 et 1898 sont remarquables, l'une 97, par une haute température et l'autre 98 par une température relativement fraîche, tandis que 1899 serait une année moyenne.

On remarquera l'abaissement des maximas et par conséquent de la moyenne pendant toute la saison pluvieuse, de mai à novembre.

Cette époque est aussi celle de la grande humidité diurne, la saison sèche étant au contraire l'époque de la grande sécheresse diurne, et de la grande humidité nocturne.

L'air très refroidi la nuit à cette dernière époque atteint son point de saturation ; et il règne de 6 heures du soir à 9 heures du matin un épais brouillard pendant la période de l'Harmatan.

Les pluies varient beaucoup et comme nombre de jours de pluie et comme hauteur d'eau tombée sans que ces deux quantités soient fonction l'une de l'autre.

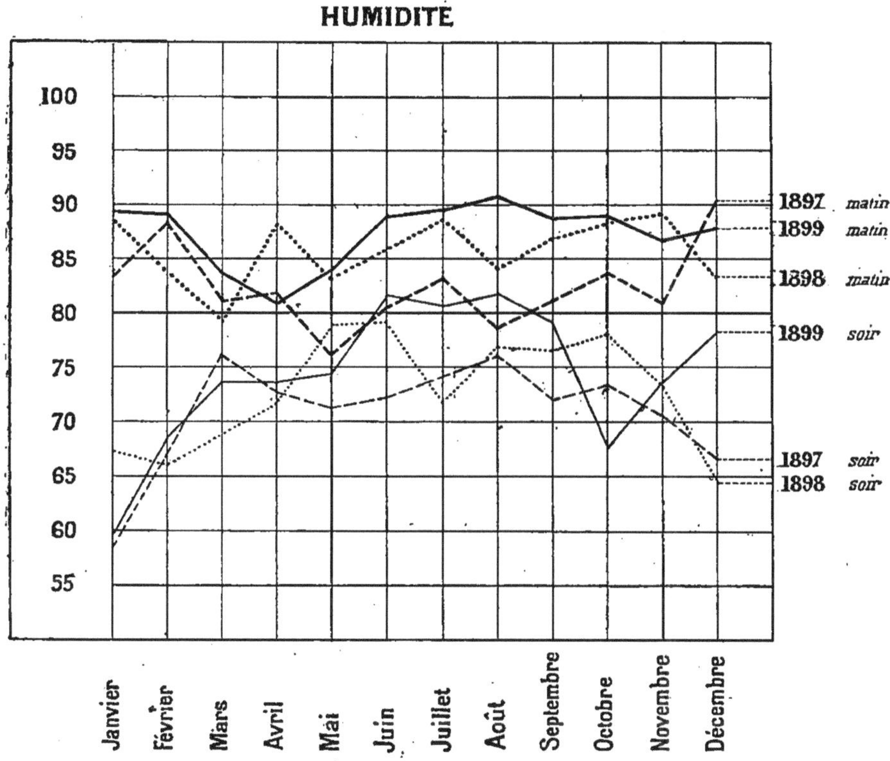

Ainsi l'année 97, avec 77 jours pluvieux, donne 0 m. 928 et l'année 99 avec 128 jours, ne fournit que 901.99 et 1898 avec 94 jours a donné 1 m. 687.07. Mais au point de vue agricole la répartition a plus d'importance que la quantité d'eau tombée, et l'année 97 avec 77 jours et 0 m. 928 d'eau tombée en grosses pluies, dont une grande partie de l'eau a ruisselé sur le sol,

ANNÉE 1897

MOIS	TEMPÉRATURE							HUMIDITÉ				PLUIE		ORAGE
	Moyenne	Maximum	Minimum	Maximum absolu	Minimum absolu	Matin 8 h.	Soir 4 h.	Matin 8 h.	Soir 4 h.	Maximum	Minimum	Jours	Hauteur	Jours
Janvier	28.39	33.40	23.39	37	17	25.90	31.30	83	58	98	38	0	0	0
Février	29.30	34.43	24.17	36.2	21.5	27.55	31.66	88	67	95	19	4	57.8	9
Mars	30.20	35.32	25.16	34	22	29.50	32.29	80.3	75.5	87	61	7	77.5	15
Avril	30.04	35.27	24.81	37	19	30.20	31.45	81.1	73.5	98	67	10	73	12
Mai	28.59	34.51	22.67	37	21	29.57	30.75	76	72.7	98	61	17	256.5	8
Juin	28.05	33.45	22.66	35.7	19 9	27.20	30.14	80.2	73.3	92	60	5	70.4	1
Juillet	26.59	30.47	22.72	35.5	20.8	25.70	27.80	83.5	74	95	59	2	30.0	1
Août	26.96	31.21	22.71	34.5	20.7	25.80	27.47	78.4	76.2	95	61	5	11.0	1
Septembre	27.59	32.25	22.94	34.2	21	26.42	29.14	81.6	72.3	98	61	10	52.0	2
Octobre	28.16	32.99	23.33	34.8	20	27.16	29.22	83.8	73.3	93	66	13	237.7	4
Novembre	28.13	34.32	21.94	35.3	19.8	25.88	30.45	80.9	70.3	91	50	4	63.0	3
Décembre	28.83	34.61	23.04	35.3	21.3	25.91	30.73	90	66.6	95	61	0	0	0
	28.42	33.44	23.29	37	17	27.34	30.19	82.2	71.3	98	19	77	928.9	56

ANNÉE 1898

MOIS	TEMPÉRATURE							HUMIDITÉ				PRESSION				PLUIE		ORAGE
	Moyenne	Maximum	Minimum	Maxim. absolu	Minim. absolu	Matin	Soir	Matin	Soir	Maxim. absolu	Minim. absolu	Matin	Soir	Maxim. absolu	Minim. absolu	Jours	Hauteur	Jours
Janvier	28.67	34 26	23.08	35.1	19	25.00	29 81	86.55	67.32	94	41	761 19	759 20	763.5	757.8	1	26.25	1
Février	28.83	34.98	22.68	37.40	18.5	25.89	30.65	83.20	66.61	96	44	761 05	758.06	762 6	756.8	1	1.00	1
Mars	29.58	35.35	23.81	37.2	21	27.55	30.71	79.93	69.81	98	64	759,94	757 84	761 7	756.8	5	57.00	2
Avril	28.66	34.36	22.97	36.4	20.8	27.05	30.42	87.70	71.93	98	65	761.33	758.80	762.2	757 9	11	182.93	3
Mai	28.16	33.53	22.79	36.3	20.2	25.77	29.67	83.03	78.60	98	65	761 89	760 35	762.7	758.9	11	320.45	1
Juin	26.56	31.26	21.87	31.5	20.7	26.25	27.61	85.43	78.77	98	71	763 61	761 60	764.5	760.5	15	382.40	1
Juillet	26.00	30.36	21.66	31.6	19.3	25.10	26.25	89.03	71.16	98	68	764 18	761.99	765.6	760	10	214.27	0
Août	25.42	29.17	21.03	32	19.0	24.45	25 52	84	76.61	96	66	764.83	762.17	765.7	760.9	5	25.45	0
Septembre	26.02	30.30	21.73	31.9	20	21.85	25.72	86.33	76.63	97	72	763 68	761 56	765.3	760.3	8	163.25	0
Octobre	26.86	31.50	22.43	33.8	20.3	25.77	27.63	87.70	77.13	98	70	762 65	760 75	764.5	759.2	13	249.87	3
Novembre	28.35	34.06	22.63	35 4	21.3	23.51	29 89	88.80	73.50	98	67	761 16	758.84	763.1	758.3	10	57.80	8
Décembre	27.61	34.06	21.47	35.2	14.5	25.76	29.29	83.3	64.97	100	34	762 17	759.36	764.1	758.8	4	6.40	2
	27.45	32.76	23.32	37.4	14.5	25.96	28.58	85.45	72.20	100	34	762 31	760.02	765.7	756.8	94	1.687.07	22

La rivière Adjarra

fut très mauvaise pour les cultures comme étant trop sèche, tandis qu'au contraire l'année 99 avec 128 jours et 0 m. 901 d'eau seulement répartis en petites pluies bien absorbées, paraît devoir fournir une très bonne récolte au commencement de 1900.

Les cours d'eau du Dahomey ayant généralement de fortes pentes ne sont navigables que sur une faible partie de leur cours; la saison des pluies les influence d'une façon très considérable et la différence est extrême entre la crue et l'étiage, mais comme ils sont divisés en biefs par des roches il n'y a pas coïncidence entre la crue et les pluies, les eaux devant remplir les biefs et les innombrables marigots qui parsèment la région avant de descendre vers la mer,

Les principaux cours d'eau du Dahomey sont, en commençant par l'Est, l'Ouémé, le plus important de tous, qui prend sa source dans la chaîne de l'Attacora. Ces montagnes servent de ligne de partage entre les affluents du Niger, des Volta et des rivières qui descendent à la côte. L'Ouémé reçoit : sur sa rive gauche l'Ocpara, qui, de Diabata, au 9e degré, sert de frontière entre le Dahomey et l'Agos — sur sa rive droite le Zou.

On rencontre ensuite en allant vers l'Ouest la rivière de So, qui se perd dans le lac Mokoué, le Couffo et enfin le Mono qui se jette à la mer devant Grand-Popo après avoir, sur une partie de son cours, servi de frontière entre le Dahomey et le Togo.

La tension électrique est généralement très forte au Dahomey et les orages y sont fréquents surtout dans les pays du Nord, mais les années semblent d'autant plus orageuses que les pluies ont été moins abondantes.

Ainsi on constate :

En 1897 jours orageux : 56 ; pluies 0 m. 928.

En 1898, jours orageux : 22 ; pluies 1 m. 637.

En 1899, jours orageux : 187 ; pluies 0 m. 901.

Le bac d'Atchoupa (banlieue de Porto-Novo)

L'année 1899 fut particulièrement orageuse et le réseau télégraphique de la Colonie eut à en souffrir considérablement.

Parmi les différentes manifestations de l'électricité atmosphérique, la plus remarquable est la tornade qui ne rappelle qu'en petit le cyclone des alizès.

Voici la marche habituelle au météore.

Par temps calme, on aperçoit tout d'abord, sous un ciel pur ou chargé, une bande de nuages en forme d'arc. Ces nuages, légers sur le bord de l'arc, deviennent de plus en plus noirs en approchant du centre et s'interrompent brusquement pour emprisonner un segment de cercle gris pâle, où brillent des éclairs.

Cet arc monte peu à peu; tout à coup, un vent violent arrive du côté de la tornade et cette dernière envahit brusquement tout le ciel. La pluie tombe avec violence, le vent fait rage, le tonnerre est au zénith. Ensuite, le vent cesse subitement, la pluie diminue d'intensité, le tonnerre s'éloigne, puis se rapproche encore, la pluie augmente, une brise faible et contraire au premier vent se lève; alors, le tonnerre s'éloigne, la pluie cesse et la tornade s'en va se perdre à l'horizon, marchant contre la brise. La durée totale du phénomène est de trois quarts d'heure à deux heures. Les tornades sont plus courtes et plus rares pendant la saison sèche, plus longues et plus fréquentes quand on approche de la saison des pluies. Quand cette dernière est établie, elles disparaissent habituellement pour faire place à des orages ordinaires à marche normale.

Hygiène (1). — Le Dahomey réalise, dans son type le plus pur, le climat de la zone intertropicale. La permanence de la chaleur humide, à peine atténuée aux saisons qualifiées sèches et qui elles-mêmes, sauf aux jours d'harmattan, ne sont que

(1) Les renseignements qui suivent ont été recueillis et rédigés par M. le Dr Paul Gouzien, médecin principal des colonies, chef du service de santé de la colonie du Dahomey.

des périodes de moindre humidité, la tension de la vapeur d'eau jointe à un état électrique subcontinu de l'atmosphère, les influences telluriques diverses créent, à de certains moments, chez l'Européen qui habite ces contrées, un état particulier de l'organisme caractérisé par de la paresse digestive, pouvant aller jusqu'à l'embarras gastrique fébrile, de la congestion des viscères abdominaux (foie et rate surtout), une inappétence de durée variable et un certain degré d'apathie intellectuelle. Ces phénomènes, qui se manifestent plus spécialement aux changements de saison (avril, mai, octobre, novembre), constituent, à proprement parler, *l'état bilieux*, autour duquel gravitent et se groupent la plupart des affections qui composent la physionomie pathologique de l'Ouest africain.

Les précautions hygiéniques à prendre par l'Européen devront surtout avoir pour objet de modérer, dans la mesure compatible avec les exigences de son service ou de ses affaires, les influences nocives du climat. Il peut beaucoup à cet égard, une bonne part des malaises ou des maladies auxquels il est en butte n'étant que la conséquence d'un mode de vie mal équilibré, qui vient aussi souvent de l'inexpérience que de l'imprudence.

Certes, le Dahomey, pas plus que les pays voisins, ne paraît destiné à devenir avant longtemps une colonie de peuplement direct. Les Européens, quant à présent, ne peuvent songer à y faire souche; car, à de rares exceptions près, la santé de la femme blanche s'accommode fort mal de son climat; rapidement, elle s'anémie, ses fonctions spéciales sont diversement troublées, et il est rare qu'elle puisse, sans inconvénient, y prolonger son séjour au delà de six mois.

Mais, pour le moment, et sans préjuger ce que sera l'avenir, la seule préoccupation de l'Européen immigrant au Bénin doit être d'y vivre, d'y résister. Il est évident qu'il ne peut actuelle ment songer à y résider d'une manière permanente. Un séjour de deux années consécutives à la côte est une moyenne qu'il ne convient pas, en principe, de dépasser, et bien souvent le rapatriement des fonctionnaires s'impose entre douze et dix-huit mois.

Mais si le paludisme et les diverses influences combinées, qui rendent l'anémie presque fatale au bout d'un temps relativement court, ne permettent pas à l'Européen de prolonger son séjour colonial au delà de certaines limites, il n'est pas sans intérêt de remarquer que le climat de Dahomey ne laisse habituellement pas de traces profondes, se traduisant par des lésions organiques graves, chez ceux qu'elle oblige à quitter prématurément ses rivages insalubres; en sorte qu'en faisant alterner convenablement les séjours à la côte, avec des périodes de repos suffisantes en climat tempéré, la plupart de nos fonctionnaires et commerçants arrivent à y résister de telle manière que l'on peut considérer le Dahomey comme étant, au point de vue de l'hygiène, une bonne colonie d'exploitation.

Il serait oiseux d'insister sur les dangers pouvant résulter de l'action du soleil des tropiques sur l'organisme européen. Ici, autant qu'ailleurs, il importe de s'en défendre avec une attention persistante. A moins de nécessité, il vaut mieux éviter de sortir, ou du moins de séjourner au soleil entre onze heures du matin et trois heures de l'après-midi. Mais il convient de remarquer qu'il y a là une question d'accoutumance et d'acclimatement, car nombre d'employés des travaux publics et d'agents de factoreries qui s'exposent, par métier, à l'insolation directe, en subissent rarement de fâcheux effets, à la condition expresse cependant de s'astreindre systématiquement au port d'un casque confortable à larges bords retombants et de ne point s'adonner à l'usage des boissons fortes. On a assurément moins à redouter, dans ces conditions, de l'action solaire, que si, aux heures où le soleil est encore haut, on s'y expose avec une coiffure trop légère, protégeant mal la nuque et les yeux. Il est probable que ce n'est pas à une autre cause qu'il faut attribuer les maux de tête rebelles, compliqués d'insomnie, d'embarras gastrique et parfois d'accidents plus graves dont se plaignent souvent les Européens et qu'un peu d'attention et de prudence eussent pu leur éviter.

Au-dessus de l'insolation, dont il est, en somme, assez facile de se garantir en dehors de certaines circonstances exceptionnelles, le *paludisme* joue un rôle prépondérant parmi les influences endémiques capables d'entraver les efforts de l'Européen qui cherche à s'acclimater au Dahomey. Mais ici encore, il a les moyens de se défendre efficacement en observant une bonne hygiène et en évitant, autant qu'il est en son pouvoir, les occasions propres à favoriser le développement de l'infection malarienne : promenades le soir sur les bords de la lagune ou, de grand matin, à travers les brouillards qui s'élèvent du sol, excursions cynégétiques, excès de spiritueux ou d'alimentation qui, par la fatigue qu'ils imposent à l'estomac et aux intestins provoquent et préparent la voie à l'intoxication palustre. Il devra se mettre également en garde contre les diverses causes de refroidissement, surtout fréquentes aux changements de saison et pendant les brises d'harmattan, époque que la faible élévation des eaux dans la lagune et un ensemble de conditions climatériques, dont la détermination est encore obscure, rendent éminemment propices à l'éclosion de la malaria dans ses formes variées et, spécialement, de la fièvre bilieuse hématurique, une des affections les plus redoutables de la côte occidentale d'Afrique.

C'est surtout à de telles époques qu'il conviendra, à côté de certaines mesures générales de précaution, telles que le port de la flanelle ou d'un tissu de coton fin sous la chemise, de faire un usage méthodique de la quinine à titre préventif.

Sans vouloir entrer dans le débat d'une question aussi controversée, nous dirons qu'à cet égard deux opinions dominent : celle qui consiste à préconiser l'emploi journalier du sel quinine à doses faibles (10 à 20 centigrammes), — c'est la pratique habituelle des missionnaires, dont plusieurs sont indemnes d'accidents palustres, — et la méthode des doses plus fortes, prises à intervalles espacés. Cette dernière prévaut actuellement, surtout depuis les récents travaux du savant allemand Koch. On prend, par exemple, 50 centigrammes de quinine tous les 5 jours ou 75 centigrammes toutes les semaines, de préférence au repas du soir, et cette pratique que tout nouvel arrivant peut adopter, au moins pendant les premiers temps d'acclimatement, est surtout recommandable aux sujets déjà éprouvés par le paludisme, Mais ce précepte n'a rien d'absolu, et, nous serions porté, pour notre part, à nous écarter de ce type régulier d'administration de la quinine, la périodicité des prises provoquant chez certains sujets de légers malaises cédant à la quinine elle-même ; aussi conseillerions-nous plus volontiers une imprégnation en quelque sorte discontinue de l'organisme par le spécifique antimalarien, afin d'éviter ces appels qui font songer, dans une mesure fort atténuée sans doute, aux sollicitations plus pressantes du morphinisme ou de l'éthérisme.

On pourra donc faire succéder les prises dans un ordre plutôt irrégulier, par exemple en les séparant par des intervalles de cinq jours, puis neuf, puis sept etc..., et en graduant les doses d'après ces intervalles, de manière à assurer la permanente influence de l'agent médicamenteux.

En dehors de cet emploi systématique de la quinine, on se trouvera bien d'y recourir, toujours à titre palliatif, dans les circonstances où son emploi paraîtra utile, soit pour combattre une indisposition légère qui n'est souvent qu'un symptôme avant-coureur de la fièvre, soit pour se prémunir contre les influences malariennes auxquelles on peut se trouver occasionnellement exposé : voyages en lagunes, explorations, marches forcées sous la pluie...

La fièvre bilieuse hématurique est une des affections les plus graves qui se rencontrent au Dahomey. C'est aussi l'entité morbide la plus fréquemment observée. Fort heureusement, on dispose aujourd'hui, pour la combattre, d'un ensemble de moyens des plus efficaces et parmi lesquels la *sérothérapie artificielle* ou, pour mieux préciser, la solution physiologique de sel marin (7 pour 1000), en lavements ou en injections hypodermiques massives, tient la première place. Cette médication nouvelle, érigée en méthode ordinaire de traitement, a donné au Dahomey des résultats particulièrement encourageants et tels que cette affection, naguère fort redoutée des Européens, est en voie de perdre une bonne partie de sa fâcheuse renommée.

Une plante du pays que les indigènes connaissent sous le nom d'*Ahouandémé* (Djedji), *Rere* (Nago), et qui n'est autre que le Cassia Occidentales, de la famille des légumineuses, assez répandue dans plusieurs autres contrées de l'Afrique et du monde, paraît également douée de propriétés spécifiques assez remarquables contre l'agent pathogène de la « fièvre à urines noires ». Il résulte, en effet, d'essais récemment effectués au Dahomey, que la décoction de feuilles de cette plante, prise à haute dose, dès le début de l'affection, amène fréquemment l'arrêt rapide, presque immédiat de l'évolution morbide, arrêt qui se traduit objectivement par l'éclaircissement des urines et leur émission en plus copieuse quantité.

Au demeurant, sur plus de cinquante cas de fièvre bilieuse hématurique traités dans ces trois dernières années, tant à Porto-Novo qu'à Cotonou et dans les autres postes médicaux de la colonie, aucun n'a été suivi de décès. Les quelques cas de mort survenus dans les localités dépourvues de médecin, ù les moyens de traitement sont souvent des plus précaires ne feraient que confirmer l'efficacité de la médication nouvelle, devenue en quelque sorte classique dans les établissements hospitaliers du Dahomey ; pour ne citer que l'année 1899, les 25 cas observés, dont 9 particulièrement graves, se sont terminés par la guérison.

D'ailleurs, indépendamment de ce fait, que nous avons tenu à mettre spécialement en évidence, la statistique générale de mortalité, par causes endémiques, dans la colonie du Bénin, devient de plus en plus favorable, au fur et à mesure que l'on s'éloigne de la période de conquête et que se multiplient les efforts de l'Administration en vue d'améliorer, par des travaux d'ordre public, les conditions d'hygiène générale et de salubrité de la Colonie. La future construction d'une ligne de chemin de fer réalisera encore, à cet égard, un progrès appréciable, en atténuant les fatigues du voyage pour les fonctionnaires que leur service appelle dans les postes du Nord, et en facilitant le ravitaillement de ces derniers.

Il sera nécessaire également de prévoir, pour un avenir prochain, l'établissement d'un *sanatorium* sur un des points les plus salubres, les plus élevés, les mieux cultivés de la Colonie où l'eau de consommation soit saine et abondante, les ressources locales suffisantes pour alimenter un certain nombre d'Européens convalescents. Sous ce rapport, le poste de Zagnanado situé à environ 120 kilomètres de Porto-Novo, à 45 kilomètres d'Abomey, non loin du fleuve Ouémé semble particulièrement indiqué, car il réunit dans leur ensemble la plupart des conditions précitées et sera, en outre, fort peu distant de la voie ferrée projetée. Actuellement, les convalescents sont habituellement dirigés sur Cotonou. Ils y trouvent, avec le repos, l'air vivifiant des bords de la mer et font ainsi provision de forces pour affronter à nouveau les régions moins salubres d'au-delà des lagunes. Mais cette localité est loin de répondre au but d'une station sanitaire type, et il est notamment une période de l'année. celle de décembre à février, correspondant aux brises d'harmattan, pendant laquelle les émanations de la lagune, balayées par le vent de N. E., traversent, avant de gagner la mer, la bande de sable qu'occupe la ville de Cotonou, occasionnant une recrudescence de paludisme et, à peu près toujours, d'accès bilieux hématuriques.

Poursuivant l'énumération des maladies endémiques au Dahomey, nous dirons que la *dysenterie* y est assez rare et cède facilement au traitement ordinaire. Le foie, si souvent en cause dans la pathologie de ces contrées, n'est pourtant que très rarement le siège de lésions graves.

Une affection assez commune depuis quelques années à la Côte est *l'obstruction intestinale spasmodique*, caractérisée par une stase fécale, dont la durée moyenne est de trois jours et qui paraît due à une contracture nerveuse de l'intestin. Cette maladie, qui a de grandes analogies avec la colique sèche des pays chauds, est extrêmement douloureuse, d'allure inquiétante, mais sans gravité immédiate, et n'atteint, en général, que les sujets déjà passablement anémiés par le climat. Comme elle récidive le plus souvent, et que chaque crise accentue l'état de faiblesse du malade, le rapatriement s'impose dans le plus bref délai.

Le TÉTANOS existe à l'état endémique dans la colonie ; plusieurs Européens ont succombé à cette affection au cours de l'expédition de guerre, et les indigènes lui paient annuellement un assez lourd tribut. C'est ainsi qu'en 1897, cinq décès de ce genre ont eu lieu à l'hôpital de Porto-Novo. Depuis que nous employons systématiquement les injections sous-cutanées de serum antitétanique, à titre préventif, dans les lésions traumatiques graves, notamment quand il s'agit de plaies anfractueuses, souillées par la terre et autres corps étrangers de nature suspecte, aucune complication semblable ne s'est produite dans nos postes médicaux de la Colonie.

La LÈPRE, sans être très repandue au Dahomey, atteint pourtant un assez grand nombre de noirs. On n'en cite pas de cas chez les Européens. La création prochaine d'une léproserie aux environs de Porto-Novo permettra de surveiller les malades de cette catégorie et de prévenir la dissémination de cette endémie redoutable.

Quant aux *morsures de serpents*, elles sont fort rares, bien que le pays regorge de reptiles, parmi lesquels certaines espèces dangereuses, telles que le trigonocéphale, le serpent-minute et le serpent-cracheur. Aucun décès, à notre connaissance, ne relève de cette cause.

Les affections épidémiques sont rares à la Côte des Esclaves. On n'y connaît ni le choléra, ni la peste, ni la fièvre jaune. Quelques cas d'influenza y ont été observés. Par contre, la *variole* sévit gravement sur les indigènes, mais les Européens, qui tous ont été vaccinés, au moins une fois, en sont généralement indemnes. On signale, de temps à autre, une épidémie de *rougeole* chez les enfants.

Parmi les affections parasitaires les plus fréquentes, nous citerons le *ver de Guinée*, le *ver du Cayor (Dermatobia)*, la *puce chique*, le *craw-craw*. La *gale* y est assez rare, l'indigène étant relativement soucieux de sa propreté corporelle. Les parasites intestinaux (*tenias*, *lombrics*, *strongles*) sont d'observation courante chez les noirs.

La *furonculose* apparaît à de certaines époques, surtout aux changements de saison, par poussées subites, atteignant aussi bien les tempéraments lymphatiques, affaiblis par l'anémie, que ceux qui se distinguent par des dispositions contraires. Cette affection, ordinairement bénigne, a, dans un cas, nécessité le rapatriement.

Flottille du Dahomey : canonnière *Onyx*

Quelle est l'époque de l'année la plus favorable à l'acclimatation des Européens au Dahomey? Sur ce point, les avis sont assez partagés, les uns préférant la saison sèche et très chaude (décembre à février) parce que leur tempérament s'en accommode mieux; les autres, pour un motif analogue, la saison des fortes pluies, où la température subit une baisse notable et se rapproche davantage de celle de nos climats, l'état hygrométique se maintenant toutefois à un taux fort élevé et souvent voisin du point de saturation. Nous nous rangerions assez volontiers à cette seconde opinion qui, d'ailleurs, est la plus communément admise. Juillet, août et septembre sont généralement réputés les mois les meilleurs de l'année, et l'époque la plus propice à l'acclimatation de l'Européen nous paraît être la fin du mois de juin, le nouvel arrivant ayant ainsi devant lui une longue série de beaux jours pour permettre à son organisme de se façonner au milieu nouveau où il est appelé à vivre.

C'est souvent du quatorzième au vingtième jour de son débarquement dans la colonie que l'Européen éprouve les premières manifestations du paludisme. Cependant, l'usage hâtif de la quinine préventive peut retarder la date d'éclosion du premier accès, et l'on rencontre même des tempéraments absolument réfractaires à la malaria.

Chez un certain nombre de sujets, si la quinine n'intervient à propos, la fièvre se reproduit à des intervalles assez réguliers — habituellement quinze jours ou trois semaines — et l'accès lui-même a une durée de trois jours, ou, pour parler plus exactement, se compose d'une série de trois accès quotidiens, séparés par de courts moments d'apyrexie. C'est là un type assez communément observé; mais, fort heureusement, les choses ne vont pas toujours de même. Et par une hygiène bien entendue, en évitant surtout les écarts de régime et toutes autres causes capables d'affaiblir sa résistance au climat, l'Européen pourra passer de longs mois sans indisposition notable et mener à bonne fin son séjour colonial, s'il ne s'obstine pas à le prolonger au delà de dix-huit mois à deux ans, terme maximum, dans les conditions de vie ordinaires.

CHAPITRE VIII

Agriculture. — Commerce. — Industrie

AGRICULTURE. — COMMERCE. — INDUSTRIES DIVERSES. — VOIES DE COMMUNICATION. — CENTRES COMMERCIAUX. — MAIN D'ŒUVRE. — PRIX DE REVIENT.

Agriculture. — Dans un rapport adressé au département le 2 décembre 1899, au sujet des concessions territoriales qu'il

Palmiers à huile

serait possible d'accorder au Dahomey, M. Pascal, [illegible] général de la Colonie divise nos possessions [illegible] en trois zones au point de vue agricole : 1°, la zone des palmiers : de la Côte à Savalou ; 2°, la région comprise entre le parallèle de Savalou, le Togo, la chaîne de l'Atacora, le Niger et la frontière anglaise ; 3°, le Gourma.

1° Zone des palmiers. — Cette région où sont situées les villes très importantes de Porto-Novo, Ouidah, Agoué et Grand-Popo est, sinon bien arrosée, du moins constamment humide. A peu de distance du sol on trouve en effet l'eau provenant des infiltrations de la lagune et des rivières Ouémé, Zou, So, Couffo etc... La terre, riche en humus, est propre à toutes les cultures, café, cacao etc... ; mais la richesse de cette région, la seule exploitée au Dahomey, est due au palmier à huile qui pousse presque partout et forme de véritables forêts. Dans les parties de cette zone dépourvues de palmiers on rencontre des cultures d'ignames, de manioc, qui servent à l'alimentation des indigènes. En raison de sa richesse cette région est extrêmement peuplée ; on ne fait pas un kilomètre sans rencontrer quelque village. Il ne faut donc pas songer à accorder des concessions importantes près du littoral, la terre atteint partout un prix élevé et chaque palmier a un propriétaire.

A partir de Zagnanado et jusqu'à Savalou les palmiers sont moins nombreux mais le pays est néanmoins très peuplé. Cette contrée, voisine d'Abomey, a été souvent dévastée et bien des villages ont été détruits par les anciens rois ou abandonnés par les habitants. Depuis que la France a pris possession du Dahomey, la confiance est revenue et beaucoup d'indigènes réfugiés à Lagos ou dans les forêts voisines de cette colonie reparaissent dans le pays. En allant de Zagnanado à Savalou on trouve encore des palmiers, mais en petite quantité. Cependant, d'après les indigènes, la terre se prêterait très bien à la culture de cet arbre. Ce sont les rois du Dahomey qui, paraît-il, l'auraient fait disparaître autrefois afin de diriger plus facilement leurs guerriers chez les Mahis et sur la rive gauche de l'Ocpara où ils allaient chercher leurs esclaves. Actuellement les indigènes cultivent seulement le maïs et l'igname.

En résumé, la prospérité du bas Dahomey est due au développement de l'agriculture et celle-ci ne réalisera des progrès rapides que si les terres disponibles sont distribuées par petites surfaces à des personnes ayant l'intention sincère de mettre leurs concessions en valeur. Il faut éviter à tout prix de faire appel aux spéculateurs qui n'ont d'autre but que de réaliser de faciles bénéfices en cédant à d'autres des terrains qui ne leur ont rien coûté.

Marché de Savalou

2° Région comprise entre le parallèle de Savalou, l'Atacora et le Niger. — Dès qu'on a dépassé Savalou, le palmier disparait et est remplacé par d'autres essences parmi lesquelles il convient de citer le karité. Cet arbre fournit une sorte de beurre végétal employé par les indigènes pour l'alimentation et l'éclairage. Cette substance graisseuse pourrait être utilisée comme l'huile de palme. Juqu'à présent le karité n'a pas été exploité commercialement faute de moyens de transport..... Donc, tant que le chemin de fer projeté n'aura pas été construit, il sera impossible de créer dans le haut Dahomey des exploitations agricoles. Le haut Dahomey ne peut servir actuellement qu'à produire les aliments nécessaires à la nourriture des indigènes qui l'habitent. La terre, presque partout recouverte de hautes herbes, est fertile mais le mil, l'igname et le maïs sont les seules cultures des habitants. De nombreux villages peuhls existent aux environs des villages baribas et font de l'élevage. Les bœufs du haut Dahomey sont de haute taille et constitueront plus tard une source de richesses importante si d'une part un chemin de fer permet de faire descendre le bétail, et si d'autre part la Colonie peut trouver le moyen de l'exporter.

3° La région du Gourma. — Cette région est d'aspect triste. La riche végétation des autres parties du Dahomey fait défaut. Le sol est ferrugineux, la terre sèche, sans humus. Les arbres sont rares et de petite taille. Le mil est la seule culture du pays. Cette contrée étant complètement inondée pendant la moitié de l'année, l'herbe pousse partout et sert à la nourriture de nombreux troupeaux de bœufs et de moutons. Dans le nord, les villages sont nombreux, mais les habitants des localités où résident les chefs sont pillards et ne prendront pas de longtemps l'habitude d'une existence paisible consacrée à la culture du sol ; ils laissent ce soin aux peuhls dont les cases, cachées dans la brousse, échappent à la vue. Ces derniers sont essentiellement nomades et n'hésitent pas à quitter le pays avec leurs troupeaux lorsqu'ils estiment trop forte la dîme prélevée sur eux par les chefs gourmabés dont il dépendent.

Les principaux produits cultivés dans la colonie du Dahomey sont :

Noix de palme. — Le palmier à huile produit, les bonnes

années, de 12 à 14 régimes de noix de palme, d'environ 150 noix chacun.

La récolte se fait durant les mois de janvier, février, mars et avril. — Une seconde récolte, toujours inférieure à la première, a lieu en août et septembre.

Le rendement d'un palmier est estimé de 4 à 5 francs par

Fabrication de l'huile de palme

an. Souvent les propriétaires louent leurs arbres à des cultivateurs à raison de 2 fr. 50 par pied et par année.

La récolte se fait en coupant sur l'arbre chaque régime d'où l'on extrait les noix une à une.

Huile de palme. — Les noix de palme arrivées à pleine maturité sont réunies dans un vaste récipient, très souvent une pirogue remplie d'eau, où elles sont écrasées soit avec les pieds, soit avec les mains. Hommes, femmes et enfants participent à ce travail.

Après un repos d'environ 12 heures l'huile monte à la surface. Elle est recueillie, mise dans de grandes marmites et soumise à un feu violent pendant 24 heures. Après refroidissement, l'huile pure est soigneusement enlevée, les corps étrangers et l'eau demeurent au fond des marmites. L'huile peut ainsi être livrée au commerce où elle est vendue a raison de 5 à 6 fr. 50 la mesure de 20 litres, suivant les cours d'Europe.

Les principaux marchés d'huile de palmes sont : Marseille, Liverpool, et Hambourg.

Les huiles sont exportées soit dans des anciennes futailles ayant renfermé de l'alcool et d'une contenance de 450 litres, soit dans des futailles spéciales d'une contenance de 750 à 800 litres.

Les huiles de palme de tout le territoire de Porto-Novo sont réputées comme très supérieures aux autres huiles de la Côte occidentale d'Afrique.

Pulpes. — Après avoir enlevé l'huile pour la soumettre à l'action de la chaleur, on retire des premiers récipients la pulpe des amandes de palme que les indigènes utilisent pour la cuisson de leurs aliments ; aussi est-il impossible de s'en procurer au Dahomey. Sur la Côte d'Or anglaise, au contraire, on en expédie de grandes quantités en Europe où elles sont soumises à une action chimique qui leur fait rendre de 30 à 35 % d'huile de palme.

Amandes de palme. — En outre de la pulpe, après avoir extrait l'huile de palme, il reste le noyau de la noix de palme. Ce noyau est exposé aux rayons du soleil durant plusieurs jours afin d'obtenir un état de sécheresse parfaite. Il est ensuite cassé entre deux pierres, à la main, et l'on retire l'amande de palme, dont le commerce est aussi important que celui de l'huile.

Le marché de Zagnanado-Covó

Les amandes de palme sont expédiées en Europe, soit en vrac dans les cales des navires, soit en sacs de 70 à 75 kilogs.

Dans les pays de production les amandes ont une valeur de 150 à 200 francs la tonne de mille kilogs.

Les principaux marchés sont : Marseille, Liverpool et Hambourg.

En Europe, les amandes de palme sont triturées et donnent une huile abondante et incolore. Le tourteau provenant de cette trituration sert à la nourriture des bestiaux et principalement des porcs.

Kolah. — La kolah du Dahomey est facilement reconnaissable à ce que chaque fruit se divise en 4 et 5 parties. Elle est principalement récoltée à Abomey-Calavi et dans les environs, en septembre et octobre. Les plus gros fruits sont d'une couleur rose tandis que les petits sont rouge vif ; on en trouve même quelques-uns de blancs.

Le commerce en est peu important, les indigènes du bas pays étant seuls à en consommer. La kolah du Dahomey n'est pas appréciée en Europe. Il y a quelques années on exportait énormément de kolah au Brésil. Les communications directes par voiliers ayant cessé, ce commerce est devenu nul. L'échange de la kolah entre indigènes est un gage d'amitié. Actuellement elle coûte de 2 fr. 50 à 3 fr. le kilogramme.

Coprah. — C'est seulement depuis trois années que les indigènes se sont aperçus qu'ils avaient plus d'intérêt à faire du coprah avec leurs cocos qu'à les employer pour la cuisine ou la nourriture des porcs ou de la volaille.

Malheureusement les cocotiers n'ont jamais été cultivés dans la Colonie et y sont peu nombreux ; le commerce du coprah s'y trouvera donc fort limité.

Ce produit, quand il est sain et bien sec, se vend sur place 200 francs la tonne.

L'huile de coprah étant surtout employée pour la savonnerie, le meilleur marché d'Europe est Marseille.

Caoutchouc. — Jusqu'àprésent le Dahomey produit peu de caoutchouc. Les forêts d'Allada et celles qui sont comprises entre l'Ouémé et la frontière anglaise, contiennent cependant beaucoup de lianes produisant un caoutchouc d'excellente qualité. Malheureusement les indigènes les exploitent mal et n'en connaissent pas encore la valeur. Ils récoltent le latex

Marché de Tchaourou

pendant toute l'année, mais surtout en septembre, octobre et novembre.

La valeur courante du caoutchouc est de 5 fr. le kilog. Des efforts sont faits par l'administration pour augmenter la production du caoutchouc.

Indigo. — L'indigo se récolte dans tout le Dahomey, les indigènes l'emploient énormément, la couleur bleue étant la seule adoptée par la population. Sa valeur est de 2 à 3 fr. le kilog.

Haricots. — Une espèce particulière, petite et brune, est cultivée dans toutes les parties du Dahomey et sert à l'alimentation de la population.

Les semis se font en mars et avril ou en octobre. Les récoltes ont lieu en juin, juillet, décembre et janvier. La valeur marchande est de 30 à 40 centimes le kilogramme.

Arachides. — Sont peu cultivées, le taux des frets pour l'Europe n'en permettant pas l'exportation toute la récolte sert à la consommation des indigènes.

Les semis ont lieu en mars et avril. La récolte en juin et juillet. La valeur marchande est de 0 fr. 30 à 0 fr. 35 le kilogramme non décortiqué.

Maïs. — Le maïs est la culture la plus répandue dans tout le bas Dahomey dont le climat semble lui convenir particulièrement car les récoltes sont presque toujours très abondantes sauf quand les sauterelles ont passé, ce qui fort heureusement n'arrive que rarement.

C'est la base de la nourriture de la population, qui le réduit en farine et le consomme sous les formes les plus diverses. Il s'en récolte des quantités considérables.

Les indigènes cultivent et consomment indifféremment le maïs blanc ou le maïs jaune ; ils connaissent également le maïs rouge mais il est d'une culture et d'un usage peu répandus.

En général il se conserve mal et est rapidement attaqué par les insectes. Cela tient, tant à l'humidité de l'atmosphère, qu'au manque de soins des indigènes qui le récoltent généralement avant qu'il soit complètement mûr et ne prennent aucune précaution pour l'emmagasiner.

Sa valeur courante n'est que de 4 à 5 francs les 100 kilog. et si les indigènes apportaient plus de soin à le récolter il pourrait peut être supporter les frais du transport en Europe. Les semis se font soit en mars et avril, au commencement de la saison de pluies, soit en octobre. Les récoltes en juin, juillet et en décembre et janvier.

Manioc. — La population indigène consomme aussi beaucoup de farine de manioc. Sa consommation semble même

Marché de Paouignan

depuis quelques années, augmenter au détriment de celle du maïs.

On plante le manioc par boutures en mars et avril, au début de la saison des pluies ; la récolte se fait en septembre. La valeur de la farine de manioc est d'environ 0 fr. 10 le kilogramme.

Le manioc vient remarquablement bien dans tout le Dahomey et il serait facile de l'exploiter en grand pour produire de la fécule qui trouverait en Europe un débouché illimité à des prix rémunérateurs.

Mil blanc. — Le mil blanc se sème généralement en avril et sa culture demande certains soins.

Les indigènes opèrent de la façon suivante :

Au moyen d'une houe, ils tracent des sillons en rejetant la terre au milieu de façon à séparer chacun d'eux par une arête vive qu'ils aplatissent ensuite légèrement avec le pied.

Dans cette terre fraîchement préparée, ils font des trous où ils placent une dizaine de graines qu'ils recouvrent de terre. Ils tassent ensuite la terre légèrement. La distance entre chaque semis est d'un pas et 0 m. 50 entre chaque bande.

Peu de temps après l'ensemencement des graines, quelques jours après qu'elles ont commencé à germer, on fait un piochage avec des houes du pays pour nettoyer et ameublir le sol durci par les pluies et le soleil. Dès que les plants ont pris une certaine consistance, on élimine ceux qui sont rachitiques afin de permettre aux autres de se développer avec plus de vigueur. Trois mois après les semis, c'est-à-dire en juin, les indigènes font la récolte en coupant l'épi. Pour en retirer les graines ils l'exposent au soleil et le frappent vigoureusement contre le sol. La récolte ne se fait qu'une fois par an ; le prix de vente est de 0 fr. 05 par kilog. Le mil n'est pas cultivé le long de la côte : on ne commence à le rencontrer qu'à partir d'Abomey et de Zagnanado. Les indigènes l'emploient aussi bien pour leur nourriture que pour celle des chevaux. Il sert aussi à fabriquer une boisson fermentée (Shappalou-ou-dolo) qui remplace les alcools de traite dans le nord où ils ne pénètrent encore que difficilement par suite du manque de moyens de transport.

Au fur et à mesure que l'on s'éloigne de la côte, on voit la culture du mil se substituer à celle du maïs et du manioc. Il sert de base à la nourriture des habitants dans tout le haut-Dahomey.

Mil rouge.. — Le mil rouge se cultive comme le mil blanc ; la récolte se fait de la même façon. Les semis ont cependant lieu un peu plus tard, en juin ; la récolte a lieu en novembre 5 mois après. Le prix de vente est de 0 fr. 04 centimes le kilog.

Marché de Savé

Riz rouge. — Les semis de riz rouge se font le plus souvent à proximité des cours d'eau. Le terrain est préparé comme pour les plantations de mil blanc, on met les graines en terre par paquets de 5 ou 6 placés à 0 m. 10 les uns des autres.

Les semis se font en avril. Dès que les graines commencent à apparaître on fait un désherbage puis elles sont abandonnées à elles-mêmes.

La récolte se fait trois mois après, les indigènes coupent les épis un par un au fur et à mesure qu'ils mûrissent. Ils les exposent au soleil pour les sécher et les secouent pour en faire tomber les graines.

Le riz se vend 0 fr. 07 en paille, 0 fr. 25 le kilog. décortiqué.

On ne commence à rencontrer cette culture qu'à partir d'Abomey, il semble cependant qu'elle réussirait parfaitement dans les terrains marécageux de la côte et pourrait devenir, en même temps qu'une ressource alimentaire de premier ordre, un produit susceptible d'être exporté. Des essais dans ce sens sont actuellement tentés par les soins de l'administration avec du riz du pays et du riz de Cochinchine.

Coton. — La culture du coton est assez répandue mais il n'a été jusqu'à ce jour employé que par les indigènes qui le tissent pour en faire des étoffes. Il n'a été fait jusqu'ici aucun essai sérieux d'exportation, tant à cause du peu d'importance de la culture de ce produit que de sa qualité inférieure. Les soies en sont courtes et seraient en Europe d'une vente difficile. Il se vend 0 fr. 25 le kilog.

Tabac en feuilles, nom indigéne cada. — Il est cultivé plus particulièrement dans les environs de Savalou, les feuilles sont dures, fibreuses et ne donnent qu'un produit de qualité inférieure; l'indigène place une certaine quantité de graines en terre les unes près des autres et les couvre de terre en tassant légèrement. Les graines commencent à germer au bout de 6 à 8 jours. La récolte se fait 8 ou 9 mois après le semis (en janvier, saison sèche) en coupant les feuilles une à une quand elles ont complètement séché sur pied. Les indigènes consomment beaucoup de tabac, et il en est importé de grandes quantités d'Amérique. Ce dernier, qui est naturellement préféré au produit indigène récolté d'une façon primitive, se vend de 1 fr. 80 à 2, le kilog.

Le Karité. — Le karité est connu sous le nom de « Cotoblé ».

par les indigènes. Il est très répandu dans les régions de Savalou et dans tout le haut pays.

Il produit, en abondance, des fruits vers le mois de juin. Les indigènes mangent la pulpe, qui a une saveur douce, et conservent l'amande dont ils obtiennent une graisse — « limou » — bien connue sous le nom de *beurre de karité*.

Un chargement d'huile de palme dans une factorerie

On le trouve couramment sur tous les marchés, en pains de 3 ou 4 kilog. que l'on vend de 3 à 4 francs.

Le prix élevé de cette denrée est dû au long travail que nécessitent les moyens primitifs employés pour sa préparation.

Ce produit sert à l'alimentation, à la fabrication de savon indigène, à l'éclairage, etc.

Il donne lieu à un commerce, déjà important, entre indigènes. Il pourrait être considérablement développé.

Le pays produit le karité en assez grande abondance pour permettre d'espérer qu'il serait susceptible d'être l'objet d'un intéressant et important trafic avec la métropole.

Les indigènes n'en recueillent qu'une bien infime partie et laissent perdre le reste sur place, faute de débouchés ou de moyens pratiques pour l'exploiter lucrativement, et surtout pour le transporter.

Comme on vient de le voir, cette énumération ne comprend guère que les cultures indigènes proprement dites. Il y en a cependant d'autres, et, bien que la Colonie ne date que de quelques années, des essais des plus intéressants ont été entrepris tant par des Européens que par des indigènes du pays.

Les cultures qui semblent devoir donner les meilleurs rendements, d'après les résultats acquis dès maintenant, sont le cacao et le café. Ce dernier produit suffit presque d'ores et déjà à satisfaire aux besoins de la consommation locale; quand les plantations déjà faites à Porto-Novo à Ouidah et à Allada seront en plein rapport, il pourra en être exporté des quantités importantes.

De nombreux essais ont été faits, tant par l'administration que par les particuliers, pour déterminer quelle est la meilleure espèce de liane à caoutchouc à introduire dans la Colonie, mais aucun résultat définitif n'a encore été obtenu.

En résumé le Dahomey est d'une extrême richesse agricole, on verra par le tableau ci-après qui donne le chiffre des exportations depuis dix ans, que, sauf une dépression causée par la mauvaise récolte de 1897, elles ont progressivement augmenté mais sans changer de nature. Cela tient à ce que la population est devenue plus dense et que les indigènes sachant que les produits de leur récolte ne leur seront plus enlevés, cultivent le sol avec plus de soin.

Il y a cependant place pour bien des cultures nouvelles, tant vivrières qu'industrielles ; nous avons déjà parlé de quelques

Le grand-marché à Porto-Novo

unes d'entre elles, le café, le cacao, le riz, le tabac, le caoutchouc, le manioc, le coprah. Les indigènes éclairés commencent à les cultiver, dans quelques années leur exemple sera suivi par la masse de la population. Le Dahomey, tout en échappant au danger de la monoculture, connaîtra alors une ère de prospérité sans précédente.

Commerce (1). — Une factorerie au Dahomey est une vaste construction comprenant le logement des employés, confortablement installés, des entrepôts pour emmagasiner les marchandises venant d'Europe, des magasins pour abriter l'huile de palme, des seinoris pour le triage des amandes, un atelier de tonneliers noirs pour le remontage des futailles envoyées d'Europe en botte pour diminuer les prix du fret ; à chaque factorerie est annexé un magasin de vente au détail, ouvrant sur la rue, sorte de bazar où sont étalées toutes les marchandises de traite venant d'Europe : tissus, liqueurs diverses, tabac, poudre et fusils, quincaillerie, verroterie, etc., etc.

On peut estimer à quatre-vingt mille francs environ l'installation d'une factorerie établie dans ces conditions, bâtiments et matériel compris.

Les factoreries sont toutes bâties au bord de l'océan ou des lagunes qui permettent les communications faciles par eau avec la mer.

Dès le début le commerce était exclusivement basé sur l'échange : les noirs apportaient à la factorerie les produits du sol, huile et amandes de palme, et recevaient en échange des marchandises de traite suivant un tarif déterminé ; mais peu à peu le contact des blancs, l'imitation de leurs mœurs, ont modifié ces coutumes : le noir connaît aujourd'hui la valeur

(1) Les renseignements concernant le commerce, les voies de communication, la main-d'œuvre et les prix de revient ont été rédigés par M. Philippot, chef du service des travaux publics de la colonie.

de l'argent, son usage, et il exige presque toujours le paiement de ses produits en argent monnayé. Il en est résulté tout d'abord une certaine diminution dans les bénéfices des gros négociants et une gêne provoquée par la difficulté de faire venir facilement d'Europe les espèces nécessaires, surtout de la monnaie divisionnaire en argent très en foveur chez les noirs. Profitant de la circonstance, la colonie anglaise de

Les rouleurs de ponchons

Lagos, notre voisine, établie depuis plus de cinquante ans, qui possède un établissement de crédit, inonda le Dahomey de monnaie anglaise ; malgré un droit d'entrée de 5 0[0, il en a été importé pour deux millions dans la seule année 1899. Les pièces les plus recherchées par la population indigène sont celles de 1 shilling, six pence, tri pence. En raison de la valeur intrinsèque de l'argent, qui n'est environ que la moitié de sa valeur nominale, il y a grand intérêt pour la France à introduire et à généraliser chez les noirs l'emploi de la monnaie française en argent. L'administration du Dahomey n'a pas cru devoir proscrire complètement l'usage des monnaies étrangères afin de ne pas entraver les transactions commerciales. La construction du chemin de fer remédiera promptement à cette situation en jetant dans le pays, de Cotonou à Atchéribé, plus de trois millions de pièces d'argent françaises.

Par suite du manque de moyens de transport, (les bêtes de trait ou de somme ne pouvant s'acclimater au Dahomey), les marchandises ne peuvent être transportées que sur la tête des porteurs noirs et sont par suite, même pour de petits parcours, grevées de frais considérables. Les négociants se trouvent ainsi dans l'impossibilité d'étendre leurs opérations dans l'intérieur du pays; aussi dès le début les deux seules maisons importantes établies sur la côte du Dahomey, les maisons Régis et Fabre de Marseille, ont-elles limité leur action au littoral proprement dit, se partageant sans concurrence le monopole de tout le commerce. Mais la disparition de Béhanzin et la pacification du pays, la connaissance plus exacte de ses ressources, la construction du wharf de Cotonou, attirèrent bientôt dans le pays des négociants français et étrangers; une concurrence fort vive s'établit de suite entre les anciens et les nouveaux venus, et eût pour conséquence de modifier le système des transactions.

Le gérant de factorerie, quoique sédentaire et ne parcourant pas le pays pour y chercher et traiter des affaires, fut, sur l'aiguillon de la concurrence, obligé de se créer des intelligences dans le pays environnant sa factorerie et parut alors un intermédiaire obligé entre le producteur et le négociant, le traitant noir.

Généralement très intelligent, très au courant de nos pratiques commerciales, le traitant noir habite un village indigène à peu de distance de la factorerie, où il se fait ouvrir un compte courant. Il y vient s'approvisionner de marchandises d'Europe qu'il échange ensuite sur les marchés intérieurs contre les produits du pays. Quand son stock est suffisant, il fait rouler jusqu'à la factorerie, par des sentiers souvent fort mauvais, les barriques ou punchons d'huile de palme et y fait transporter les amandes et depuis quelque temps du caoutchouc. A la réception des produits son compte est balancé ; le

Indigènes allant chercher de l'eau

traitant reçoit *en argent* la différence souvent assez considérable, et laisse en dépôt à la maison de commerce, à titre de couverture, des sommes quelquefois importantes. Mais il arrive fréquemment que le gérant, poussé par le désir de faire un gros chiffre d'affaires, aiguillonné par des transactions importantes réussies jusqu'alors, se laisse aller à faire au traitant noir de grosses avances, de gros crédits, qu'il lui devient impossible de faire rentrer, malgré l'appui officieux que lui prête toujours l'administration locale ; de là quelquefois de grosses pertes dues seulement à l'inexpérience de l'agent ou à sa trop grande confiance.

Il est évident que tous ces procédés commerciaux rudimentaires, absolument insuffisants, ne sont dus qu'au défaut de voies de pénétration, à l'absence complète de tout moyen de transport pratique. Le négociant européen ne peut en effet que difficilement se déplacer pour surveiller de près les opérations de ses clients, les traitants noirs ; il ne peut lui-même parcourir les marchés et conclure directement avec les producteurs. Il lui serait encore plus difficile de s'installer à l'intérieur du pays, d'y créer des factoreries ou même de simples annexes. Il était donc indispensable de doter la colonie du Dahomey d'un outil de transport rapide et économique ; M. Decrais, ministre des Colonies, vient de résoudre le problème en décidant la création d'une voie ferrée de pénétration longue de 350 kilomètres. La ligne, dont les travaux commenceront le 1er mai 1900, part de Cotonou sur l'Océan pour aboutir à Tchaourou, en traversant les régions les plus fertiles du Dahomey ; la première conséquence des travaux sera de créer, à chaque station du chemin de fer faisant en quelque sorte l'office d'un port sur l'Océan, une ligne d'opérations commerciales parallèles à la mer, sur laquelle s'effectuera pendant longtemps le commerce, de troc et d'échange qui fut jadis si rémunérateur sur le littoral.

Sans entrer dans des détails trop complexes, il est nécessaire d'attirer l'attention des négociants français sur les trois points suivants qui sont des vérités évidentes pour qui connait le pays :

1° En raison des difficultés actuelles de transport, le commerce n'étend réellement son action que sur une bande de terrain de 50 kilomètres de largeur sur 100 kilomètres environ de profondeur moyenne, soit sur *cinq mille kilomètres carrés* :

Marché d'Adjarra

le mouvement commercial annuel de cette zone est en moyenne de vingt-cinq millions (25.000.000);

2° Pour les mêmes raisons, la totalité des produits du sol ne peut être exploitée : les *deux cinquièmes* des produits au maximum peuvent arriver jusqu'aux factoreries du littoral;

3° L'ouverture du chemin de fer de pénétration permettra au commerce de s'étendre sur un territoire de *dix-huit mille* kilomètres carrés, aussi riche et aussi peuplé que le littoral; elle permettra en outre l'exploitation *complète* de tous les produits du sol.

Exportations

Le commerce d'exportation du Dahomey repose principalement sur deux produits du sol : l'huile et l'amande de palme.

Huile de palme. — Exportation en 1898 : 6,059 tonnes, 539 kilos.

Prix d'achat moyen au Dahomey, 240 francs la tonne.

Fret du Dahomey en Europe, 32 fr. 50 la tonne.

Cours du 27 octobre 1899, 570 francs la tonne.

Cours le plus bas constaté depuis deux ans, 470 francs la tonne.

Principaux débouchés : Marseille, Liverpool, Hambourg.

Amandes de palme. — Exportation en 1898 : 18,091 tonnes, 312 kilos.

Prix d'achat moyen au Dahomey, 140 francs la tonne.

Fret du Dahomey en Europe, 27 fr. 50 la tonne.

Cours du 27 octobre 1899, 270 francs la tonne.

Principaux débouchés : Marseille, Liverpool, Hambourg.

D'autres produits commencent à être exportés.

Caoutchouc. — Exportation en 1897 : 3 tonnes, 633 kilos.
— en 1898, 13 tonnes, 719 kilos.

Prix d'achat sur le littoral, de 2 fr. 75 à 5 francs le kilo, suivant la qualité.

Exportations du Dahomey

à destination de France, des Colonies françaises et de l'Etranger

Désignation des produits		1890	1891	1892	1893	1894	1895	1896	1897	1898	1899
		KILOS	KILOS	KILOS	KILOS	KILOS	KILOS	KILOS	KILOS	KILOS	KILOS
Amandes de palme	pr France	5.173.680	6.866.603	4.659.984	4.529.355	4.261.545	7.219.901	9 215.907	2.632.746	3.480.922	3.295.181
	Colonies fses	»	»	»	»	»	8.298	»	»	»	»
	Etranger	9.479.463	9.387.309	9.738.278	16.293.400	19.800.944	13.949.520	15.935.743	10.242 696	14.610.390	18.555.801
	Totaux	14.653.143	16.253.912	14.398.262	20.822.755	24.062.489	21.177.719	25.151.650	12.875.442	18.091 312	21.850.982
Huiles de palme	pr France	1.378 857	1.780 259	836.355	2.555.323	3.806.523	5.610.550	3.256.426	2.122.840	2.923.301	4.551.529
	Colonies fses	»	»	»	»	»	»	15.689	27.800	13 600	»
	Etranger	3.845.696	4.836.000	3.915.320	4.944.403	4.511.594	6.828.425	2.252.583	1.926.382	3.122 638	5.098.552
	Totaux	5.224.553	6.616.259	4.751.675	7.499.726	8.318.117	12.438.975	5.524.698	4 077.022	6.059.539	9.650.081
		NOIX	NOIX	NOIX	NOIX	NOIX	NOIX	NOIX	NOIX	NOIX	NOIX
Noix de cocos	pr France	»	»	»	»	»	»	»	»	28.506	»
	Colonies fses	»	»	»	»	»	»	»	»	»	»
	Etranger	132.500	63.050	29.259	750 997	643.390	254.753	392.057	494.317	219 576	455.847
	Totaux	132.500	63.050	29.259	750.997	643.390	254.753	392 057	494.317	248 082	455.847
		KILOS	KILOS	KILOS	KILOS	KILOS	KILOS	KILOS	KILOS	KILOS	KILOS
Coprah	pr France	»	»	»	»	»	»	»	»	»	14 308
	Colonies fses	»	»	»	»	»	»	»	»	»	»
	Etranger	»	»	»	»	»	»	»	»	»	41
	Totaux	»	»	»	»	»	»	»	»	»	14.349
Noix de kolas	pr France	»	»	«	»	»	1.124	325	»	703	336
	Colonies fses	»	»	»	»	»	»	342	»	»	375
	Etranger	»	70	40.870	61 936	102.985	21.787	31 481	24.074	28.992	42.637
	Totaux	»	70	40.870	61.936	102.985	22.911	32.148	24.074	29.695	43.348
Caoutchouc	pr France	»	»	»	»	»	»	174	101	1.379	2.148
	Colonies fses	»	»	»	»	»	»	»	»	»	»
	Etranger	»	»	122	»	»	303	1.731	2.711	12.340	12.307
	Totaux	»	»	122	»	»	303	1.905	2.812	13.719	14.455
Arachides	pr France	»	»	»	»	»	»	»	4.706	18.351	51.244
	Colonies fses	»	»	»	»	»	»	»	»	»	»
	Etranger	»	»	»	»	»	»	»	8.344	44.575	1.342
	Totaux	»	»	»	»	»	»	»	13.050	62.926	52.586

Fret, 40 francs la tonne.

Cours, de 8,000 à 12,000 francs la tonne.

Maïs. — Pousse admirablement dans le Dahomey et donne deux récoltes par an. Des échantillons ont été envoyés dans les usines du Nord et trouvés d'excellente qualité.

Exportation en 1898 : 74 tonnes, 933 kilos.

Prix moyen d'achat au Dahomey, 25 francs la tonne.

Fret jusqu'en Europe, 35 francs la tonne.

Cours à Marseille, de 90 à 120 francs la tonne.

Droits.— Il n'existe au Dahomey aucun droit de sortie sur les marchandises à l'exportation.

Importations

Alcool à 90 degrés. — L'alcool est importé en fûts de 450 litres environ appelés communément punchons (portugais).

Il provient soit du Nord de la Russie, en transit, par Hambourg, soit de Hongrie, en transit, par un des ports de l'Adriatique et Marseille.

Au lieu de venir en punchons, il est quelquefois logé dans des estagnons d'une contenance de 17 litres réunis par deuxdans des caisses qui forment exactement la charge d'un porteur.

Ce mode d'emballage ne se fait qu'à Hambourg. Il convient pour les contrées où les transports ne peuvent être faits qu'à dos d'hommes. Le prix de vente en gros d'une futaille de 450 litres varie entre 550 et 600 francs.

Les estagnons de 17 litres valent de 24 à 25 francs.

Les taxes de consommation sont de 90 francs par hectolitre d'alcool à 100 degrés, soit environ 365 francs par futaille d'alcool à 90 degrés et de 13 fr. 50 par estagnon de 17 litres.

Alcool à 60 degrés. — Pour faciliter les transactions commerciales, il est importé plus d'alcool à 60 degrés que d'alcool à 90 degrés, les coupages étant toujours mieux faits en Europe. Ils ne viennent qu'en punchons, l'emballage par estagnon étant plus coûteux et supposant un long transport, n'est employé que pour les alcools à 90 degrés.

Les prix de vente de l'alcool à 60 degrés varient entre 350 et 400 francs la futaille de 450 litres. Ainsi que pour l'alcool à 90 degrés, les futailles ne sont pas comprises dans ce prix.

La taxe de consommation est de 243 francs environ par futaille.

Anisado. — C'est de l'alcool réduit à 33 degrés, parfumé avec de l'extrait d'anis russe. Il est contenu dans des caisses renfermant 12 bouteilles rondes en verre blanc d'une capacité d'environ 50 centilitres, garnies chacune d'une étiquette et d'une capsule en étain.

Ce liquide est spécialement fabriqué à Marseille.

Taxes à la consommation, 1 fr. 65 par caisse.

Prix de vente en gros, de 6 fr. 50 à 7 francs la caisse de 12 bouteilles.

Rosolio, moscatel, liqueurs assorties. — Alcools de traite parfumés, importés à 18 degrés en caisses de 12 bouteilles rondes de verre blanc, chaque bouteille contenant 50 centilitres environ est garnie d'une étiquette et fermée par une capsule en étain.; ces produits sont spécialement fabriqués à Marseille.

Taxes à la consommation, 90 centimes par caisse.

Prix de vente en gros, de 6 fr. 50 à 7 francs la caisse.

Genièvre. — Importé en caisses de 12 bouteilles carrées de verre vert d'une contenance de 70 centilitres environ, munies d'une étiquette et d'une capsule en étain; fabriqué spécialement à Hambourg, 50 degrés alcooliques.

Taxe de consommation, environ 6 francs par caisse.

Tabac en feuilles. — Importé d'Amérique, soit en caisses de 180 kilos environ ou en boucauts de 300 à 500 kilos en transbordement à Marseille, Liverpool ou Hambourg,

Prix de vente, de 1 fr. 50 à 2 francs le kilo.

Taxe de consommation, 50 centimes le kilo.

Fusils rouges. — Ce sont des fusils à pierre dont le bois est peint en rouge et qui sont surtout dangereux pour ceux qui s'en servent. Ils viennent de Liège (Belgique) ou d'Angleterre par caisses de 20 fusils et servent à la chasse des gros animaux, plus particulièrement de l'éléphant.

Prix de vente, 20 francs par arme.

Taxes de consommation, 2 francs par fusil.

Fusils noirs. — Sont les mêmes que les précédents, mais sont de plus mauvaises qualité encore; le bois est peint en noir. Ils ont la même origine que les précédents et sont importés de la même façon.

Les indigènes s'en servent pour la chasse et pour tirer des coups de fusil en l'air dans les réjouissances.

Prix de vente, de 17 à 18 francs par fusil.

Taxes de consommation, 2 francs par arme.

Poudre de traite. — Importée en barils de France ou d'Allemagne. La poudre de France est de beaucoup préférée par les indigènes aux poudres étrangères. Elle provient de la poudrerie de Saint-Chamas (Bouches-du-Rhône) ou de Hambourg.

Couramment en vente, en barils de :

7 kilos 500 à	Fr.	12.50
3 — à		6.25
1 — à		3.75

Taxe de consommation, 50 centimes par kilo net.

Sel gemme. — Importé de Hambourg par sacs de 30 ou de 40 kilos.

De vente courante seulement dans le royaume de Porto-Novo.

Prix de vente : En sac de 20 kilos, 1 fr. 85 le kilo.
— En sac de 40 kilos, 3 70 —

Taxe de consommation, 14 francs par tonne de 1,000 kilos.

Sel marin. — Importé de Port-de-Bouc (Bouches-du-Rhône), en transit à Marseille ou de Cagliari (Sardaigne). De vente courante aux Popos et dans le Dahomey proprement dit.

Prix de vente, par sac de 25 kilos, 2 fr. 50.

Taxe de consommation, 6 francs les 1,000 kilos.

Tissus. — Il a été importé dans la seule année 1899 pour plus de 2.000.000 fr. de fil et tissus. Malheureusement, au Dahomey, comme dans toutes les colonies françaises, même celles où existent des droits protecteurs, la plus grande partie vient d'Angleterre et est fabriquée à Manchester.

La faute, il est bon de le dire une fois de plus, en incombe moins aux commerçants coloniaux qu'aux fabricants métropolitains qui consultent leur propre goût, ou se basent sur ceux d'une clientèle française, au lieu de fabriquer les articles qui conviennent à l'indigène.

Ce dernier n'apprécie ni la qualité, ni l'élégance. Il a des goûts, des habitudes, des manies, si l'on veut, dont on doit tenir compte sous peine de ne rien lui vendre. Il veut des étoffes de couleur voyante aux dessins variés, mais rentrant dans un certain nombre de types qui varient suivant les colonies et même les différentes races d'un même pays. Il est absolument rebelle au mètre et ne veut que des étoffes pliées au yard. Il faut que les dessins et les couleurs changent constamment. Un tissu trop connu devient invendable. Une balle de 100 pièces par exemple doit contenir au moins dix dessins différents avec plusieurs nuances pour chaque dessin.

Le prix est encore un élément important, car la moindre somme est forte pour l'indigène qui gagne de 0 fr. 75 à 1 fr. 50 par jour. Ce qu'il lui faut, c'est absolument le genre camelote, à aussi bas prix que possible.

Il y a quelques années, une société française a essayé de lutter contre les tissus anglais, malheureusement elle a envoyé de très belles étoffes, d'un prix élevé, qui n'ont pas trouvé d'acheteur.

Il faudrait d'abord envoyer des étoffes à bas prix et de qualité très inférieure, quitte, une fois que la marque et la qualité seraient connus à relever peu à peu le prix et la qualité des marchandises.

A côté des exigences plus ou moins justifiées des indigènes viennent celles des commerçants, motivées par les conditions particulières dans lesquelles se fait le commerce à la côte.

La première de toutes est la question de l'emballage. Les balles de tissus doivent, par suite des difficultés du débarquement et des transports, être entourées d'une enveloppe imperméable qui permettent, le cas échéant, de retirer une balle tombée à l'eau sans qu'il y ait une seule pièce de mouillée. Les emballages anglais, formés de plusieurs enveloppes de papier glacé, de papier gommé, de toile goudronnée et enfin de toile d'emballage, fortement pressés à la machine et retenus par des cercles en fer, sont incomparablement supérieurs aux emballages français faits de paille et de toile pressées à la main.

Chaque balle doit être suivie de son échantillon de référence de façon qu'on puisse la vendre sans l'ouvrir, car elle ne serait plus transportable et l'acheteur ne la prendrait pas.

La longueur des pièces varie suivant la catégorie. Dans les Régencias, elle est généralement de 26 mètres. Les coutils avaient 12 à 15 mètres, mais ces grandes longueurs tendent à disparaître, car les pièces se vendent d'autant plus facilement qu'elles sont plus courtes. Aux indiennes, qui sont le tissu le plus courant, on ne donne plus aujourd'hui que 7 m. 30 de longueur, soit huit yards qui forment huit plis et sont ensuite repliés en trois.

A côté des tissus courants, il existe une catégorie plus riche, dont la vente est fort importante, c'est celle des soieries et velours.

Ces pièces sont généralement présentées dans de beaux cartons blancs glacés sur filet doré, munis de vignettes élégantes. Elle ne mesurent pas plus de 6 yards de longueur, soit 5 m. 46.

Les velours surtout, d'une vente facile, sont l'objet de toute l'attention des fabricants qui s'étudient à varier de plus en plus les dessins et les nuances.

Les soieries et velours sont plus particulièrement fabriqués en Allemagne.

En résumé tous les tissus ayant cours au Dahomey peuvent se diviser en 8 catégories :

A. Cotonnades écrues ou Régencias.

B. Satinettes, madapolans, broydons, damas, brillantés (tissus blancs).

C. Coutils en tous genres.

D. Indiennes grandes et petites largeurs.

E. Mouchoirs carrés avec sujets (8 par pièce).

F. Divers, guinées, flanelles, etc.

G. Velours.

H. Soieries.

Droits. — Les droits sur les tissus se perçoivent au kilo à raison de 0 fr. 50 par kilogr. d'étoffe.

Il faut donc éviter de mettre des apprêts trop lourds sur les pièces pour ne pas leur donner trop de poids, sans cela les droits renchériraient tellement la pièce qu'elle ne pourrait supporter la concurrence anglaise.

Industries diverses. — L'industrie indigène est encore à l'état d'enfance ; les femmes tissent, avec le coton récolté dans le pays, des pagnes grossiers, qu'elles teignent avec l'indigo, qui pousse dans la région d'Abomey : elles font, avec le rafia et les fibres tendres du palmier, quelques objets de vannerie. Les forgerons indigènes forgent grossièrement quelques outils en fer ; enfin, les orfèvres noirs font quelques bijoux en or et en argent, bagues et bracelets, qui n'ont d'autre valeur que leur originalité. Mais, en somme, le noir dahoméen est industrieux, travailleur, et il serait facile d'arriver avec lui à des résultats remarquables si on mettait entre ses mains les outils perfectionnés d'Europe.

Les Européens n'ont fait aucun essai d'industrie importante au Dahomey; le pays était encore trop nouveau, les communications trop difficiles. Cependant, l'attention doit être attirée sur :

Les bois de construction et d'ébénisterie

Toutes les essences sont représentées au Dahomey.

On pourrait utiliser immédiatement :

1° Le rocco, bois d'ébénisterie ;

2° Le ronier, bois de pilotis très remarquable.

Ces bois peuvent également servir à la confection de parquets très originaux.

3° Le bois de fer, qui rendrait de grands services pour le pavage en bois.

La fabrication des tuiles et des briques

Il n'existe, dans le bas Dahomey, aucun gisement de pierres, aucune masse rocheuse à exploiter pour la construction. Les noirs fabriquent de la brique de très mauvaise qualité, et, plutôt que de faire venir d'Europe, à très grands frais, des matériaux de cette nature, on se résout à construire à la mode indigène, c'est-à-dire en pisé.

L'administration locale a fait analyser au laboratoire de l'Ecole des ponts et chaussées des échantillons d'argile pris à Nazoumé.

En transmettant les résultats obtenus au laboratoire et les échantillons fabriqués à l'usine Muller, à Ivry-sur-Seine, M. le ministre des colonies a fait connaître que les essais avaient donné d'excellents résultats et a engagé la colonie à aider le plus possible au développement de cette industrie, qui rendrait de très grands services, non seulement au Dahomey, mais aux colonies voisines.

Au point de vue géologique, le Dahomey et surtout l'Hinterland dahoméen sont encore peu connus. Dans le bas Dahomey, à l'exception de la limonite, qui se rencontre dans la province d'Abomey mléangée avec d'autres minerais de fer, on n'a pas encore rencontré de richesses minérales pouvant donner lieu à exploitation. Les masses rocheuses, les lits des cours d'eau, ne renferment guère que du granit, du feldspath, du gneiss, de la syénite, du quartz, du mica blanc et noir ; cependant, d'importants gisements de kaolin ont été signalés dans la région de Zagnanado.

Pour le haut Dahomey, les renseignements précis font défaut : les quelques spécialistes qui ont parcouru très rapidement le pays, le prospecteur Skertchly entre autres, affirment que la constitution géologique de l'Hinterland dahoméen est analogue à celle du Transvaal.

La construction de la voie ferrée de pénétration va permettre d'étudier de plus près le Dahomey à ce point de vue spécial.

Voies de communications. — Les rivières du Dahomey : l'Ouémé, le Sô, le Couffo (appelé dans sa partie basse Ahémé et rivière d'Aroh), le Mono, sont les seules voies de pénétration pratiquement utilisables par le commerce. Elles se jettent directement dans les lagunes courant parallèlement à l'Océan, de l'Est à l'Ouest, à peu de distance du littoral. Les pirogues du pays, apportant les produits du sol aux factoreries du littoral et remontant ensuite dans l'intérieur avec des marchandises de traite, peuvent donc circuler parallèlement à la mer et se rendre aux ports de Porto-Novo, de Cotonou, de Ouidah et de Grand-Popo.

Porto-Novo et Cotonou sont les débouchés naturels de la

région traversée par l'Ouémé et la rivière de Sô, Ouidah celui du pays arrosé par le Couffo, Grand-Popo celui de la contrée où coule le Mono. Les pirogues portant de deux à trois tonnes peuvent en tout temps remonter le Mono jusqu'à Vodomé, le Couffo jusqu'à Ayomé, la rivière de Sô jusqu'à Togbota, l'Ouémé jusqu'à Dogba. Toutes ces rivières présentent le même caractère : torrentielles dans la partie haute, coulant entre de hautes berges corrodées par la violence du courant, elles viennent, à 70 kilomètres environ du littoral, s'étaler dans une vaste plaine d'alluvions, couvrant, au moment des crues, tout le bas pays d'une nappe d'eaux limoneuses; le sol y est par suite d'une fertilité extraordinaire et pourrait être facilement transformé en rizières; mais, en revanche, les parties larges s'envasent rapidement, les passes sont obstruées par des dépôts de limon; les herbes flottantes créent souvent des barrages artificiels.

Le régime de ces cours d'eaux est encore inconnu dans ses détails; aussi l'objectif de la colonie a été de maintenir tout d'abord et simplement son réseau fluvial en bon état d'entretien : trois dragues, construites en France, ont été montées sur place; elles sont actuellement utilisées pour creuser les passes et maintenir faciles les communications par eau avec les villages importants construits sur les bords du lac Nokoué. Les chaloupes à vapeur de la Société française du wharf de Cotonou et les canonnières de la colonie vont sans encombre, en toute saison, de Porto-Novo à Cotonou et jusque dans le port intérieur d'Abomey-Calavi; les passes difficiles du Toché et d'Avansouri ont été reconnues et balisées ; les mouvements des dunes de sable sur le littoral, au point où les lagunes débouchent dans l'Océan, sont observés. L'hydrographie des cours d'eau, notamment de la rivière de Sô, commence à être étudiée; les crues de l'Ouémé sont observées et les résultats transmis journellement au chef-lieu par le télégraphe. En

Village lacustre d'Awansory

opérant ainsi, la colonie aura, dans quelques années, les éléments d'étude nécessaires pour établir les bases d'un programme d'améliorations raisonnées.

a) Routes ordinaires. — Il n'existe, dans tout le bas Dahomey, aucune bête de somme : ni ânes, ni chevaux, ni mulets, et toutes les tentatives d'acclimatation faites jusqu'ici n'ont donné que des résultats négatifs. Tous les transports, en dehors des voies fluviales, sont faits par des noirs qui portent sur la tête de 25 à 30 kilos et coûtent en moyenne 1 franc par journée de marche de 25 kilomètres.

Une tonne de marchandises transportée par terre à une distance de 50 kilomètres de l'Océan coûte donc au négociant européen environ 70 francs, sans compter les difficultés énormes qu'il éprouve à recruter les porteurs nécessaires ; ce qui ex plique pourquoi le champ d'action des factoreries, toutes placées sur le bord de la mer ou des lagunes, ne s'étend pas à plus de 60 kilomètres au maximum dans l'intérieur.

Il ne fallait donc pas, en l'absence de tout moteur animé ou mécanique, songer, pour développer le mouvement commercial, à construire un réseau de routes et de chemins conçus à la mode européenne et dont le prix de revient eût été d'ailleurs fort considérable. Des chemins de 5 ou 6 mètres de largeur, normalement tracés, ne seraient d'aucune utilité commerciale, et, d'ailleurs, des chemins ouverts à cette largeur seraient rapidement envahis par la brousse et les hautes herbes, et il ne resterait plus visible au bout de six mois que le sentier tracé paa les pieds des porteurs noirs se suivant à la file indienne.

Il n'y a donc pas intérêt à développer à la mode européenne le réseau des chemins du bas Dahomey ; il faut se contenter de créer ou d'améliorer des sentiers de 2 mètres de large, facilement praticables pour les porteurs et entretenus en bon

Travaux d'approfondissement du nouveau canal d'Abomey-Calavi

état par les villages indigènes situés sur le parcours, sous la surveillance des administrateurs.

L'activité la plus grande règne sur les sentiers ainsi tracés : des comptages faits à Allada, de septembre 1897 à février 1898, ont fait constater un passage journalier, au point de croisement de deux chemins importants, de 5 t. 206 transportées sur la tête des porteurs noirs ; en opérant de la sorte, on construit actuellement, à peu de frais, deux chemins très importants au point de vue commercial. Le premier, longeant le Mono non navigable, conduira au port de Grand-Popo les produits de la riche région d'Athiémé et de Locossa ; le second reliera au littoral les régions du haut Dahomey récemment cédées à la France.

b) Chemins de fer. — De l'exposé qui précède, il ressort clairement que le seul moyen pratique de développer le commerce actuellement cantonné sur le littoral est la construction d'une voie ferrée qui permettra aux négociants de pénétrer graduellement dans l'intérieur avec la locomotive, d'y établir des factoreries et de tirer complètement parti des produits du sol, dont les deux cinquièmes seulement arrivent aujourd'hui sur le littoral. Mais des considérations dictées par des événements récents ont fait de suite envisager la question sous un point de vue bien plus haut.

En effet, la convention du 14 juin 1898, qui fixe définitivement les frontières des possessions françaises, anglaises et allemandes dans la boucle du Niger, laisse à la France les communications libres entre la Méditerranée et l'Océan par l'Algérie, le Soudan ou la région du lac Tchad, et le Dahomey. De plus, la reconnaissance hydrographique du Niger faite par le lieutenant de vaissean Hourst démontre que le Grand Fleuve est divisé par des rapides en trois biefs navigables : le bief supérieur, celui de Tombouctou, aura son débouché par le chemin de fer du Soudan, reliant le Niger au Sénégal ;

navigable ; le bief inférieur, des rapides de Boussa à la mer, appartient à l'Angleterre ; le bief central, le plus important, ne peut être desservi que par une voie ferrée partant du littoral du Dahomey. La voie ferrée à construire ne doit donc pas être envisagée comme un simple chemin de fer d'intérêt local, destiné seulement à mettre en valeur les terrains fertiles du bas Dahomey, mais bien comme la première amorce d'une

Route de Ouidah à Abomey

ligne de pénétration directe vers le centre de l'Afrique, dirigée à peu de chose près suivant le méridien Cotonou-Alger.

Sur l'ordre du gouverneur Ballot, le service local fut chargé de réunir les premiers éléments de la question et de grouper tous les renseignements propres à élucider les points qui pouvaient paraître obcurs en France ; de nombreux rapports furent adressés à M. le ministre des colonies. Les résultats ne se firent pas longtemps attendre : le 18 mars 1899, une mission sous les ordres du commandant du génie Guyon, envoyée par M. Guillain, ministre des colonies, débarquait à Cotonou et commençait immédiatement les études sur ce terrain. Elle rentrait en France le 23 octobre de la même année, après avoir étudié le tracé définitif jusqu'à Atchéribé sur 180 kilomètres et fait la reconnaissance du terrain jusqu'à Tchaourou. Une décision récente de M. le ministre des colonies fixe au 1er mai 1900 la date de l'ouverture des travaux. La colonie exécute le premier tronçon de 180 kilomètres sur ses propres ressources, sans contracter d'emprunt, sans rien demander que l'appui moral de la métropole. Du 14 juin 1898, date de la convention qui donnait à la France la liberté d'agir à sa guise dans l'Hinterland dahoméen, au 1er mai 1900, jour où les terrassiers donneront le premier coup de pioche, la question si complexe et si délicate, mais d'une importance capitale pour la prépondérance du commerce français dans le centre de l'Afrique, aura été mise sur pied, étudiée dans tous ses détails techniques et financiers, et les travaux auront reçu un commencement d'exécution.

Un pareil exemple de rapidité dans la conception et dans l'exécution, de puissance financière, démontre mieux que de longs discours la vitalité et la richesse de la colonie naissante. Si l'on fait ailleurs grand bruit autour d'un projet hardi, mais encore à l'étude, la ligne du Cap au Caire, au Dahomey, au contraire, on est entré sans grand tapage, mais résolument, dans la période d'exécution d'un projet tout aussi grandiose, la ligne Cotonou-Alger.

Les intéressés trouveront dans les rapports de l'administration locale, dans ceux de la mission du génie militaire, des renseignements importants sur les ressources et le commerce des pays traversés, sur l'importance du développement commercial probable.

Centres commerciaux. — Porto-Novo, chef-lieu de la colonie, est bâti sur le bord de la lagune ; il communique directement par eau avec deux débouchés sur l'Océan : avec le port anglais de Lagos, d'une part ; avec le port français de Cotonou, d'autre part.

En 1895, année qui donne exactement la moyenne du trafic, le mouvement commercial de Porto-Novo a été :

Importations :	6.402 tonnes.
Exportations :	20.593 —
Total :	26.995 tonnes.

Par suite de circonstances dont le détail ne peut rentrer dans le cadre de cette notice, ce mouvement s'est réparti comme il suit entre les deux ports de Lagos et de Cotonou :

Vià Lagos.		
Importations :	1.851 tonnes	
Exportations :	12.603 —	
Total :	14.455 tonnes	14,455 tonnes
Vià Cotonou.		
Importations :	4.550 tonnes	
Exportations :	7.990 —	
Total :	12.540 tonnes	12.540 tonnes
	Totaux égaux :	26.995 tonnes

La différence en faveur de Lagos tient surtout à une question de fret. En effet les prix moyens sont les suivants :

Vià Lagos.	
De Porto-Novo à bord des navires en rade de Lagos	12 fr. 50
Fret de Lagos en Europe	15 50
La tonne.	27 fr. 50
Vià Cotonou.	
De Porto-Novo à bord des navires en rade de Cotonou	13 fr. 00
Fret de Cotonou en Europe	22 50
La tonne..	35 fr. 50

Soit une différence de 8 fr. par tonne au profit de Lagos.

Cotonou possède cependant un wharf dont la construction a supprimé toutes les difficultés du passage de la barre et donné aux négociants toute sécurité pour le débarquement et l'embarquement des marchandises. Cotonou va devenir la tête de ligne du chemin de fer de pénétration et par suite un des points

Wharf de Cotonou

commerciaux les plus importants de la côte occidentale d'Afrique. Tous les calculs, basés sur les statistiques de la Douane et sur les ressources du pays, permettent d'affirmer que dès la mise en exploitatton de la rive ferréé, le transit de Cotonou passera à cinquante mille tonnes (50.000 tx) au minimum. Il conviendrait de réserver au pavillon national le monopole de ce trafic important, et d'attirer sur ce point spécial l'attention des compagnies de navigation françaises, qui trouveront près de l'administration compétente tous les renseignement de détail nécessaires.

OUIDAH. — Ouidah-ville, bâti sur un plateau qui émereg de la plaine basse, est à 6 kilomètres de Ouidah-plage, construit sur le bord de la mer et où se trouvent tous les magasins de transit. Les deux agglomérations sont actuellement réunies par une bonne route.

Le mouvement commercial moyen de Ouidah est de :

Importations :	665 tonnes.
Exportations :	3,621 —
Total :	4.286 tonnes.

Ouidah est le port naturel de toute la région fertile traversée par le Couffo et l'Ahémé ; il sera relié par un embranchement de 14 kilom. 400 de longueur au chemin de fer de pénétration. Il possède un marché important, dont le trafic sera plus que doublé dès la mise en exploitation de la voie ferrée.

GRAND-POPO. — Bâti sur une étroite bande de sable comprise entre l'Océan et un faux bras de la lagune, Grand-Popo est le port naturel de la région traversée par le Mono.

Son mouvement commercial moyen est le suivant :

Importations :	3.905 tonnes
Exportations :	8.543 —
Total :	12.448 tonnes

GRAND-POPO est à 6 kilomètres du confluent du Mono avec la lagune. Grâce à la disposition très favorable des lieux, on peut facilement y creuser un port intérieur communiquant avec la lagune et le Mono, en réduisant au minimum les frais de manipulation des marchandises. Des études ont été entreprises dans ce sens : une drague a été reçue de France pour commencer les travaux et, dans un avenir prochain, la construction d'un wharf donnera aux négociants de Grand-Popo toutes les facilités nécessaires pour lutter avantageusement contre la concurrence des ports étrangers voisins.

La région, arrosée par le Mono et, par suite, tributaire de Grand-Popo, est presque en dehors de la zone où la construction de la voie ferrée fera ressentir son influence. Pour y remédier, l'administration de la colonie a fait commencer, dès 1899, la construction d'une route qui, longeant le Mono non navigable, drainera au profit de Grand-Popo le mouvement commercial de la région. (Cette route est à peu près terminée.)

Main-d'œuvre et prix de revient. — Contrairement à la croyance générale, il est facile de recruter dans la population dahoméenne, douce et soumise, le nombre des travailleurs nécessaires, même à une entreprise importante et de longue haleine. Ainsi, dans la région comprise entre le lttoral et Abomey, le génie militaire trouvera sans difficulté les 2,200 hommes qui lui seront nécessaires pour exécuter les terrassements de la voie ferrée.

Le rendement d'un ouvrier noir est environ les deux tiers du travail d'un ouvrier européen de force moyenne. Ils sont payés au tarif suivant :

Terrassiers.	1 franc par jour sur le littoral. De 40 à 50 centimes dans l'intérieur.
Maçons.	Chef, 5 francs par jour. Ouvriers, de 2 fr. 50 à 4 francs.
Menuisiers.	Chef, de 5 à 6 francs par jour. Ouvriers, de 3 francs à 4 fr. 50.
Forgerons :	De 2 à 4 francs par jour.

Enfin, on peut employer facilement au Dahomey des Krouman, noirs originaires de la côte de Krou, travailleurs robustes et intelligents qui, sous la conduite d'un chef, émigrent et louent par contrat régulier leur travail pour la durée d'une année.

Un Krouman coûte en moyenne, nourriture comprise, 1 fr. 30 par jour.

Prix de revient des matériaux

Prix moyens sur le littoral :

Chaux grasse, la tonne..................Fr.	85
Chaux hydraulique de France, la tonne......	99
Ciment de Grenoble, la tonne...............	126
— de Portland, la tonne.	135
Briques du pays, le mille....................	26
Briques de France, le mille.................	104
Plâtre blanc, la tonne.......................	88
Bois de chêne, le mètre cube...............	250
Sapin du Nord, le mètre cube...............	150

Ferronnerie, peinture, quincaillerie, les prix de France majorés de 35 à 40 0/0.

CHAPITRE IX

Situation financière de la Colonie au 1er janvier 1900

RESSOURCES LOCALES. — Nous avons étudié dans les chapitres précédents l'organisation des divers services de la Colonie et les bases sur lesquelles s'effectuent les transactions commerciales au Dahomey. Il nous reste maintenant à examiner la situation financière à la date du 1er janvier 1900. Disons immédiatement, et pour plus de clarté, que les ressources locales sont alimentées : 1° par les taxes de consommation sur les alcools et les spiritueux de toute nature, les tabacs, la poudre, les fusils de traite, le sel, etc., codifiées dans l'arrêté du 22 juin 1899 dont nous donnons ci-après le texte ; 2° par l'impôt indigène établi par arrêté du 28 juin 1899 que l'on trouvera plus loin. C'est en résumé sur ces deux actes que reposent actuellement les finances de la Colonie. Nous donnons également, afin que l'on puisse examiner les résultats obtenus depuis dix ans, divers tableaux contenant, en même temps que les prévisions budgétaires, par exercice, les recettes effectuées soit au titre des contributions indirectes, soit au titre des produits divers et de l'impôt indigène.

Le tableau n° 1 comprend les produits des contributions indirectes de 1890 à 1899 inclus. Après l'affaissement qui s'est produit à la suite des deux mauvaises récoltes de 1896 et 1897, les recettes se relèvent en 1898 sans cependant atteindre encore les prévisions ; mais en 1899 elles font un bond prodigieux et dépassent ces mêmes prévisions de 830.000. Cette différence s'explique par l'augmentation des taxes sur l'alcool

RECETTES DES CONTRIBUTIONS INDIRECTES

ANNÉE	RECETTES	
	Prévues	Réalisées
	FR. C.	FR. C.
1890	123 000 »	203.605 91
1891	342.000 »	398.497 47
1892	486 436 »	587 338 61
1893	1.006 000 »	1.191.390 52
1894	1 346.000 »	1.346.884 55
1895	1.555.000 »	1.626.881 62
1896	1 673 000 »	1.626.541 96
1897	1.673.000 »	1.328.626 68
1898	1.673.000 »	1 565.234 43
1899	1.960.834 »	2.790.010 08

apportées par l'arrêté du 9 octobre 1898 et surtout par celui du 22 juin 1899.

Le tableau n° 2 indique les recettes effectuées pendant la même période de dix ans, par année et par bureaux de perception.

Enfin, dans le tableau n° 3, nous indiquons par an et par nature de recettes les résultats obtenus au cours des dix dernières années. Il est bon de remarquer que si en 1896, 1897 et 1898 nous avons inscrit aux recettes les prélèvements effectués sur la caisse de réserve et le montant de la subvention accordée par la Métropole comme part contributive aux frais d'occupation du haut Dahomey, ces sommes n'en constituent pas moins des recettes réelles puisqu'elles ont servi à atténuer ou à combler le déficit. Disons enfin que l'impôt de capitation qui figure pour la première fois au budget de 1899 et qui a déjà donné une somme de 221.691 fr. 75, n'a pas encore dit son dernier mot. Lorsque les régularisations de l'impôt du haut

RECETTES DOUANIÈRES

au 31 Décembre de chacune des Années suivantes et par bureaux de perception

Bureaux	1890	1891	1892	1893	1894	1895	1896	1897	1898	1899
Porto-Novo...	86.691 »	107.102 65	305.914 09	430.567 71	449.734 21	437.886 52	217.431 15	197.180 39	222.796 68	296.221 74
Cotonou	61.550 68	116.871 57	169.357 25	362.915 62	394.479 04	623.046 »	909.009 27	791.362 14	839.896 86	1 418.897 10
Ouidah.......	»	»	»	96.950 71	125.228 76	143.451 60	139.659 93	129.035 12	201.935 09	277.093 14
Grand-Popo..	55.364 23	111.523 25	112.067 27	300.956.48	377.442 54	387.648.89	230.645 51	183.333 87	237.300 68	311.956 57
Agoué........						34.848 61	29.796 10	27.715 16	13.305 12	13.802 18
TOTAUX...	203.605 91	398.497 47	587.338 61	1.191.390 52	.346.884 55	1.626.881 62	1.526.541 96	1.328.626 68	1.565.234 43	2.317.970 70

COLONIE DU DAHOMEY ET DÉPENDANCES

SERVICE LOCAL

Relevé des prévisions budgétaires et des recettes réalisées du 1er Janvier 1890 jusqu'au 1er Février 1900

NOMENCLATURE DES RECETTES	Exercice 1890		Exercice 1891		Exercice 1892		Exercice 1893		Exercice 1894	
	Prévisions	Réalisations	Prévisions	Réalisations	Prévisions	Réalisations	Prévisions	Réalisations	Prévisions	Réalisations
Contributions directes (patentes).......	60.000 »	90.280 82	30.000 »	41.872 00	»	»	»	»	20.000 »	»
Contributions indirectes (douanes)...	60.000 »	202.938 28	303.500 »	411.056 99	420 233 »	603.960 67	1.006.000 »	1.001.915 65	1.355.000 »	1.280.014 60
Produits divers	3.000 »	31.950 79	5.500 »	7.593 86	6.200 »	32.044 22	26.700 »	44.152 31	5.000 »	548.270 65
Recettes des exercices clos	»	»	»	»	»	»	»	»	mémoire	192.196 80
Totaux fr....	123 000 »	325 249 89	342.000 »	460.523 45	426.433 »	639.004 89	1.032 700 »	1.046 057 90	1 380 000 »	2.021.082 05

NOMENCLATURE DES RECETTES	Exercice 1895		Exercice 1896		Exercice 1897		Exercice 1898		Année 1899 jusqu'au 1er février 1900	
	Prévisions	Réalisations	Prévisions	Réalisations	Prévisions	Réalisations	Prévisions	Réalisations	Prévisions exer. 1899	Réalisations
Contributions indirectes ..	1.589.000 »	1 626.884 62	1.673.000 »	1 526 541 93	1.673 000 »	1.323 623 63	1.673.000 »	1.565.234 43	1 696.000 »	2 417.070 70
Produits divers.	11.000 »	43 157 87	62.000 »	32 737 33	62.000 »	95.467 60	62 000 »	58.352 19	44.000 »	48.415 93
Recettes des exercices clos	mémoire	25.467 10	mémoire	6 195 27	mémoire	38.538 03	mémoire	46.328 88	mémoire	39 314 63
Prélèvements à la Caisse de réserve.	»	»	»	108 000 »	»	451.883 07	75.000 »	740.000 »	20.834 13	»
Recettes du Haut-Dahomey..........	»	»	»	»	»	»	»	»	200.000 »	62.617 07
Impôt indigène, de capitation............... ...	»	»	»	»	»	»	»	»	»	221.691 75
Totaux fr....	1.600.000 »	1.695.207 09	1 735.000 »	1.673 474 61	1.735.000 »	1.914.515 47	1.810.000 »	2.409.915 50	1.960.834 13	2.790.010 08

Dahomey auront pu être opérées, il n'est pas douteux qu'à la clôture de l'exercice, c'est-à-dire au 20 juin 1900, ce chiffre ne se trouve augmenté dans une forte proportion. Disons en terminant que les prévisions de recettes de l'exercice 1899 ayant été fixées à 1,960,834 fr. 13 et les réalisations ayant atteint celui de 2,790,010 fr. 08, il en est résulté au bénéfice de la Colonie un excédent de recettes de 830,000 francs qui pourront sans doute, lorsque toutes les dépenses afférentes au même exercice auront été liquidées, être versés en totalité à la caisse de réserve.

TARIF *des contributions et taxes locales perçues dans la colonie du Dahomey et dépendances*

1° Contributions indirectes

DROITS PERÇUS SUR LIQUIDATIONS. — Droits de consommation sur les marchandses importées.

1° Genièvre :

De 0° à 20° inclus, le litre 0.50

De 22° à 50° inclus, le litre 0.75

au-dessus de 50°, augmentation proportionnelle de 0,015 par litre et par degré.

2° Alcools, rhums, tafias et spiritueux de toute nature en fûts ou tout autre emballage :

(Les dames-jeannes et les estagnons sont l'objet de dispositions spéciales).

Par hectolitre et par degré 0.90

3° Alcools, rhums, tafias et spiritueux de toute nature contenus dans des dames-jeannes et estagnons seront soumis aux taxes des alcools, rhums, tafias et spiritueux en fûts, plus une surtaxe de 0.05 par litre.

Surtaxe par litre 0.05

Ceux contenus dans des bouteilles quadrangulaires imitant les bouteilles de genièvre, une surtaxe de 0 fr. 15 par bouteille.

4° Vins artificiels :

Le régime de l'alcool est applicable à tous les vins artificiels, c'est-à-dire ne résultant pas de la fermentation du raisin frais, de quelque façon qu'ils aient été obtenus.

5° Tabacs :

Par kilogramme 0.50

6° Poudre :

Par kilogramme 0.50

7° Fusils de traite :

Par pièce .... 2 »

Les armes de précision resteront soumises aux règlements actuellement en vigueur, c'est-à-dire ne pourront être introduites dans la colonie qu'en vertu d'une autorisation spéciale et nominative. Elles acquitteront le droit de 4 0/0 *ad valorem*.

8° Sel marin :

Par tonne de 1,000 kilogrammes .... 6 »

9° Sel gemme :

Par tonne de 1,000 kilogrammes .... 14 »

10° Tissus de toutes provenances, fabriqués dans la colonie ou provenant de l'extérieur :

Par kilogramme 0.50

Les marchandises et denrées de toute nature autres que celles dénommées ci-dessus provenant de la colonie ou importées de l'extérieur acquitteront une taxe à la consommation de 4 0/0 *ad valorem*.

Ad valorem 0/0 .... 4 »

La valeur sera déterminée d'après les prix portés sur les factures (frais de transport ou de fret compris s'il y a lieu), augmentés de 25 0/0.

Sont exemptées de la taxe de consommation les marchandises et denrées énumérées ci-après :

Amandes de palme;

Animaux vivants;

Approvisionnements destinés aux services publics et aux bâtiments de l'État;

Armes et munitions de guerre proprement dites;

Bois, fer, fontes et boulons pour constructions;

Charbon de terre;

Chaux, ciment, plâtre, pierres, sable, briques, ardoises et feutre pour couverture, verres à vitres;

Effets à l'usage des voyageurs;

Effets d'habillement, d'équipement pour les troupes et d'uniformes pour les fonctionnaires;

Emballages servant à l'exportation des marchandises;

Embarcations à vapeur ou autres;

Fruits frais et graines;

Fûts, futailles en bottes et en cercles;

Huile de palme;

Instruments aratoires;

Instruments de précision, de musique et de mathématiques;

Légumes frais;

Livres et registres imprimés, musique, étiquettes imprimées;

Machines à vapeur ou autres, chaudières à vapeur et pièces détachées de machines;

Maïs, manioc et ignames;

Matériel pour les services publics et de l'Etat;

Médicaments;

Monnaies ayant cours légal;

Noix de cocos et de kolas;

Objets mobiliers;

Ocres, tôles ondulées, clous à zinc et à feutre;

Ornements d'église et objets destinés au culte;

Outils, instruments d'art ou mécaniques;

Poissons frais;

Viandes fraîches.

(Arrêté du 22 juin 1899)

TAXES ACCESSOIRES

Droit d'ancrage : — de 0 fr. 50 par tonne pour les bâtiments français et de 1 franc par tonneau pour les bâtiments étrangers. Ce droit est dû pour chaque voyage par tous les navires de commerce français ou étrangers. Ce droit ne se rapporte qu'aux bateaux circulant en lagune.

(Arrêtés des 12 décembre 1889 et 20 août 1896)

Remboursement d'imprimés de liquidation de droits et autres. — 0 fr. 25 par imprimé.

(Arrêté du 1er mai 1895)

2° Produits divers

PRODUITS DOMANIAUX

100 francs par hectare et par an, pour les concessions faites aux étrangers, à titre provisoire.

Lorsque les concessions deviennent définitives, les concessionnaires acquittent une somme calculée sur le pied de 0 fr. 10 par mètre carré pour les terrains situés sur le littoral et de 0 fr. 01 par mètre carré pour les autres terrains.

(Arrêté du 18 février 1890)

DROITS D'ENREGISTREMENT

Ces droits sont perçus conformément à l'ordonnance du 28 décembre 1828, et à l'arrêté local du 18 décembre 1894

DROITS DE GREFFE

Ces droits sont perçus conformément à l'arrêté du 17 décembre 1894.

PRODUITS DES POSTES ET TÉLÉGRAPHIES

La taxe métropolitaine est appliquée dans la Colonie par le service des postes.

La taxe des télégrammes privés est fixée ainsi qu'il suit :

10 centimes par mot : minimum exigible par 10 mots et au-

dessous 1 franc, avec surtaxe fixe de 10 centimes, lorsque l'expéditeur demande un reçu.

(Arrêté local du 1er juin 1893)

Pour les télégrammes échangés entre les différentes colonies del'Afrique occidentale la taxe a été fixée à 20 centimes par mot.

(Arrêté local du 8 décembre 1899)

Les droits perçus sur les mandats-postes sont fixés ainsi qu'il suit :

Jusqu'à 50 francs, droit fixe de 0 fr. 25 ;

De 50 fr. 01 à 100 francs, cinquante centimes (0 fr. 50) ;

De 100 fr. 01 à 300 fr., soixante-quinze centimes (0 fr. 75) ;

De 300 fr. 01 à 500 francs, un franc (1 fr.);

(Loi du 4 avril 1898, rendue applicable dans la Colonie
par décret du 30 septembre 1899).

La taxe adoptée pour le téléphone est de 2 francs par cinq minutes de conversation.

(Arrêté du 14 septembre 1897)

3° Impôt indigène

Un impôt de capitation a été établi dans la Colonie sur les bases suivantes :

1° 2 fr. 25 par homme, femme et enfant âgé de plus de dix ans habitant les villes de Cotonou, Ouidah, Grand-Popo, Agoué, Porto-Novo et sa banlieue.

2° 1 fr. 25 par homme, femme et enfant âgé de plus de dix ans, habitant les autres localités de la Colonie.

(Arrêté du 28 juin 1899)

ARRÊTÉ

Du 28 juin 1899

Le gouverneur du Dahomey et dépendances, commandeur de la Légion d'honneur;

Vu l'article 15 de l'ordonnance organique du 7 septembre 1840;

Vu le décret du 30 janvier 1867 relatif aux pouvoirs des gouverneurs en matière de taxes et de contributions;

Vu le décret du 22 juin 1894 portant organisation de la colonie du Dahomey et dépendances ;

Le Conseil d'administration entendu ;

Sur la proposition du secrétaire général ;

Arrête :

Article premier. — Est établi dans la colonie du Dahomey et dépendances, au profit du budget local, une taxe de capitation perçue sur chaque habitant indigène.

Art. 2. — Les rôles de cet impôt, dressés annuellement par les administrateurs et résidents et soumis par eux à l'approbation du chef de la colonie, sont établis sur les bases suivantes :

1° Deux francs vingt-cinq centimes (2 fr. 25) par homme, femme et enfant âgé de plus de dix ans, habitant les villes de Cotonou, Ouidah, Grand-Popo, Agoué, Porto-Novo et sa banlieue ;

2° Un franc vingt-cinq centimes (1 fr. 25) par homme, femme et enfant âgé de plus de dix ans habitant les autres localités de la colonie.

Art. 3. — La taxe de capitation est perçue par les chefs de villages sous la surveillance des administrateurs, résidents et chefs de poste. Elle est acquittée par eux dans les six premiers mois de l'année.

Art. 4. — Les versements sont effectués en argent par les chefs eux-mêmes dans les caisses des agents spéciaux sous le contrôle des administrateurs et résidents.

Art. 5. — Transitoirement, les populations du cercle de Savalou et des territoires placés sous les ordres du résident supérieur du haut Dahomey auront la faculté d'acquitter la taxe de capitation en cauris, caoutchouc, bétail et denrées diverses. La valeur de ces objets sera évaluée suivant une mercuriale qui sera dressée annuellement par les administrateurs et soumise à l'approbation du gouverneur.

Art. 6. — Les administrateurs et résidents adressent annuellement, dans le courant du mois de juillet, au chef de la colonie, pour être soumises à son approbation, des demandes de degrèvement en faveur des indigènes indigents. Ces fonctionnaires sont autorisés également, en cas de sécheresse, de famine ou pour toute autre cause de force majeure, à proposer au gouverneur le degrèvement partiel ou total de la taxe en faveur d'un ou de plusieurs villages.

Art. 7. — Il est alloué, à titre de remise :

1° Aux rois et chefs supérieurs, vingt-cinq centimes (0,25) par habitant des villes capitales et dix centimes (0,10) par habitant des autres localités de ces royaumes ;

2° Aux chefs des villages relevant de ces rois, quinze centimes (0,15) ;

3° Aux chefs des villages indépendants, vingt-cinq centimes (0,25) par habitant.

Ces remises ne sont payées aux intéressés qu'après complet recouvrement des rôles.

Art. 8. — Le présent arrêté sera enregistré, communiqué partout où besoin sera, notifié au trésorier-payeur et inséré au *Journal officiel* de la colonie.

Porto-Novo, le 28 juin 1899.

Victor Ballot.

Par le gouverneur :

Le secrétaire général par intérim,

F. B. Fonssagrives.

CONCLUSION

Nous avons montré dans les chapitres qui précèdent comment, les premiers, nos marins sont venus visiter la Côte des Esclaves, en même temps que nous décrivions les origines de la formation politique des diverses peuplades africaines établies sur cette partie du golfe de Guinée. Nous avons ensuite indiqué de quelle manière le protectorat avait été établi à la suite de nombreux traités passés soit avec les chefs indigènes, soit entre les nations européennes elles-mêmes. Après avoir ainsi vu naître et s'organiser la future colonie du Dahomey, nous avons assisté aux diverses phases de la conquête militaire et à celles de l'organisation administrative et financière ainsi qu'à l'expansion territoriale de la côte au Niger. Nous avons assisté peu à peu au développement économique et commercial du Dahomey et nous nous sommes rendus compte des ressources naturelles que possède la Colonie et des débouchés qu'elle peut offrir; nous en sommes arrivés enfin à démontrer combien la situation au 1er janvier 1900, c'est-à-dire après un peu plus de dix ans d'existence, était riche de promesses pour l'avenir.

N'est-il pas permis, en présence des heureux résultats obtenus en si peu de temps, en présence de ceux que l'on peut espérer réaliser dans un avenir très prochain, de ressentir et de laisser percer un sentiment de satisfaction? Il est incontestable que depuis dix ans il a été dépensé dans ce petit coin du continent noir, en dehors des existences noblement sacrifiées, une somme considérable d'énergie et de bonne volonté. C'est grâce à ces efforts que les trois phases de la colonisation, telle qu'elle est comprise à l'époque contemporaine : occupation du sol, expansion territoriale et mise en valeur, ont pu être rapidement franchies. Et ce qu'il y a de plus remarquable dans cette conjoncture, c'est que le Dahomey a eu la rare bonne fortune de pouvoir mener de front ces trois conquêtes. En effet, lorsque nos troupes se sont retirées après la pacification du Dahomey, les résultats économiques déjà obtenus en dépit des événements étaient si favorables que la Colonie a pu, dès lors, non seulement subvenir par ses propres ressources à la totalité de ses dépenses normales, mais encore procéder aux frais d'études et gager les frais de construction du chemin de fer qui doit, si Dieu le veut, développer encore ses richesses naturelles et affirmer à nouveau son étonnante vitalité.

Le mérite de cette situation doit être attribué aux deux chefs éminents : le général Doods, le gouverneur Ballot qui, dans des sphères d'action différentes, ont su inspirer à leurs collaborateurs, fiers d'avoir servi sous leurs ordres, l'ardeur et le dévouement patriotiques dont ils étaient eux-mêmes animés.

En résumé, l'œuvre acccomplie au Dahomey est remarquable, non pas seulement par elle-même, mais surtout parce qu'elle a permis de démontrer une fois de plus, en dépit des formules toutes faites, que la France possède, comme autrefois, l'esprit colonisateur dont on attribue trop facilement le monopole à nos rivaux d'outre-Manche et plus récemment d'Outre-Rhin.

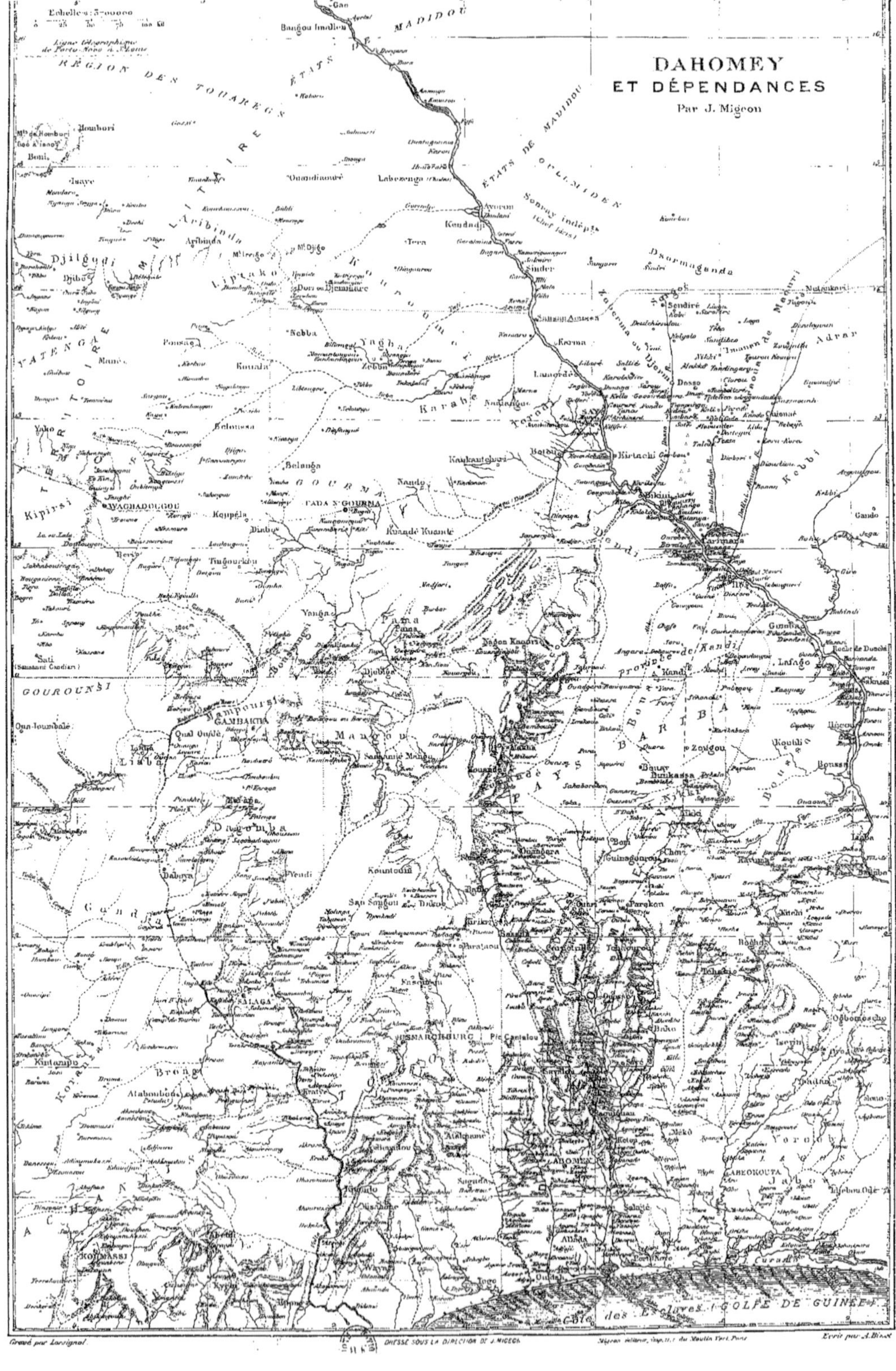
DAHOMEY
ET DÉPENDANCES
Par J. Migeon
GOLFE DE GUINÉE
Gravé par Lanslgnal.
Ecrit par A. Bineé

TABLE DES MATIÈRES

Paris. — Imprimerie Alcan-Lévy, 24, rue Chauchat

www.ingramcontent.com/pod-product-compliance
Ingram Content Group UK Ltd.
Pitfield, Milton Keynes, MK11 3LW, UK
UKHW020317200726
13857UKWH00001B/195